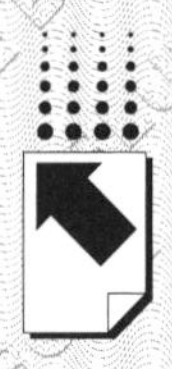

权威·前沿·原创

皮书系列为

“十二五”“十三五”国家重点图书出版规划项目

智库成果出版与传播平台

中国移动互联网发展报告（2021）

ANNUAL REPORT ON CHINA'S MOBILE INTERNET DEVELOPMENT(2021)

主　　编 / 唐维红
执行主编 / 唐胜宏
副 主 编 / 刘志华

社会科学文献出版社
SOCIAL SCIENCES ACADEMIC PRESS (CHINA)

图书在版编目（CIP）数据

中国移动互联网发展报告. 2021 / 唐维红主编. --
北京：社会科学文献出版社，2021.7
（移动互联网蓝皮书）
ISBN 978 -7 -5201 -8495 -3

Ⅰ. ①中… Ⅱ. ①唐… Ⅲ. ①移动网 - 研究报告 - 中国 - 2021 Ⅳ. ①TN929.5

中国版本图书馆 CIP 数据核字（2021）第 104214 号

移动互联网蓝皮书
中国移动互联网发展报告（2021）

主　　编 / 唐维红
执行主编 / 唐胜宏
副 主 编 / 刘志华

出 版 人 / 王利民
组稿编辑 / 邓泳红
责任编辑 / 吴　敏
文稿编辑 / 吴云苓

出　　版 / 社会科学文献出版社 · 皮书出版分社（010）59367127
地址：北京市北三环中路甲 29 号院华龙大厦　邮编：100029
网址：www.ssap.com.cn
发　　行 / 市场营销中心（010）59367081　59367083
印　　装 / 天津千鹤文化传播有限公司

规　　格 / 开 本：787mm × 1092mm　1/16
印 张：25　字 数：378 千字
版　　次 / 2021 年 7 月第 1 版　2021 年 7 月第 1 次印刷
书　　号 / ISBN 978 -7 -5201 -8495 -3
定　　价 / 129.00 元

移动互联网蓝皮书编委会

主要编撰者简介

唐维红　人民网党委委员、监事会主席、人民网研究院院长，高级编辑、全国优秀新闻工作者、全国三八红旗手。长期活跃在媒体一线，创办的原创网络评论专栏“人民时评”曾获首届“中国互联网品牌栏目”和中国新闻奖一等奖，参与策划并统筹完成的大型融媒体直播报道《两会进行时》获得中国新闻奖特别奖。对行业有深入的、具有前瞻性的洞察和分析，是媒体融合发展的亲历者，在国内国际会议上多次发表主旨演讲，在期刊发表多篇论文。

唐胜宏　人民网研究院常务副院长，高级编辑。参与或主持完成多项国家社科基金项目和中宣部、中央网信办课题研究，《融合元年——中国媒体融合发展年度报告（2014）》《融合坐标——中国媒体融合发展年度报告（2015）》执行主编之一。代表作有《网上舆论的形成与传播规律及对策》《运用好、管理好新媒体的重要性和紧迫性》《利用大数据技术创新社会治理》《融合发展：核心要义是创新内容凝聚人心》等。2012 年至今担任移动互联网蓝皮书副主编、执行主编。

潘　峰　中国信息通信研究院无线电研究中心副主任，高级工程师，主要从事无线网规划、无线网测评优化、无线新技术和产业发展方面的重大问题研究；组织研究 5G 产业和融合应用、移动物联网战略和产业规划，承担过多项“新一代宽带无线移动通信网”国家科技重大专项课题的研究工作。

孙　克　北京大学经济学博士，中国信息通信研究院政策与经济研究所副所长，教授级高级工程师，主要从事ICT产业经济与社会贡献相关研究，曾主持GSMA、SYLFF等重大国际项目，是国务院数字经济、信息消费、宽带中国、“互联网+”等重大政策文件课题组的主要参与人。

方兴东　浙江大学特聘教授，清华大学新闻传播学博士，南加大（USC）Annenberg传播与新闻学院和新加坡国立大学东亚研究所访问学者。浙江大学融媒体研究中心副主任，浙江大学社会治理研究院首席专家，浙江传媒学院互联网与社会研究院院长，“互联网口述历史”（OHI）项目发起人，国家社科基金重大项目互联网史研究项目首席专家，中国互联网协会研究中心主任。互联网实验室和博客中国创始人。著有《网络强国》《IT史记》等相关著作30本。主编“互联网口述历史”“网络空间战略丛书”等系列丛书。

序

2020年是决胜全面建成小康社会、决战脱贫攻坚之年，也是“十三五”规划收官之年。面对严峻复杂的国内外形势，以习近平同志为核心的党中央统揽全局、运筹帷幄，团结带领亿万人民奋勇拼搏，交出一份沉甸甸的中国答卷。

这一年，疫情突发，数字化进程加速，一定意义上倒逼中国移动互联网的发展创新。从支撑数亿人出行、助力精准防控的“健康码”，到满足群众多样需求的在线教育、网络办公与远程医疗，再到推动复工复产的一体化政务服务平台和促进提升消费水平的直播带货、网络零售等，这些基于移动互联网的应用与服务为统筹推进疫情防控和经济社会发展工作提供了有力支撑。

随着我国新型基础设施建设的不断推进，移动网络基础设施加速换挡升级。2020年，我国建成全球最大的5G网络，实现所有地级以上城市5G网络全覆盖，网络普及率远高于世界平均水平。工业互联网高速发展，已覆盖全国300个城市30多个行业，连接18万家工业企业。5G的发展进一步推动移动互联网与智能制造、智慧交通、城市管理、医疗健康等产业深度融合，为产业数字化转型升级提供了重要支撑。受疫情影响，更多的工作生活、消费娱乐场景从线下转至线上，移动互联网用户规模与流量需求保持高速增长。截至2020年12月，我国手机网民规模达9.86亿。全年移动互联网接入流量消费达1656亿GB，比上年增长35.7%。网络购物、手机游戏、网络视频、在线教育、网络订餐等行业蓬勃发展，成为驱动经济增长的新动能。顺应智能化、网络化、信息化的发展潮流，许多地方加快推进智慧城市、数字政府与数字乡村建设，充分发挥移动互联网在提升社会治理水平方面的重要作用，更好地满足人民群众的美好需求。

当今世界正经历百年未有之大变局，新冠肺炎疫情全球大流行使这个大变局加速演变，两者深刻交织，不稳定不确定因素明显增多，今后一个时期我们将面对更为复杂多变的外部环境。在“两个一百年”奋斗目标的历史交汇点上，党中央召开十九届五中全会，重点研究“十四五”规划问题，描绘国家未来发展蓝图，明确前进方向和奋斗目标，这为我们未来一段时期的发展提供了必须遵循的指导思想和原则。

今年全国两会审议通过的《中华人民共和国国民经济和社会发展第十四个五年规划和2035年远景目标纲要》明确提出，“推进网络强国建设，加快建设数字经济、数字社会、数字政府，以数字化转型整体驱动生产方式、生活方式和治理方式变革”“构建基于5G的应用场景和产业生态”。这些顶层设计赋予移动互联网的明天更多想象和可能。

2021年是中国共产党成立100周年，也是实施“十四五”规划、开启全面建设社会主义现代化国家新征程的第一年。站在新的历史起点上，我们坚信，中国移动互联网将进一步赋能经济高质量发展，为构建形成以国内大循环为主体、国内国际双循环相互促进的新发展格局提供更加有力的支撑。

自2012年首次出版以来，移动互联网蓝皮书已连续出版十年。十年如一日，十年磨一剑。这一蓝皮书的编写者始终秉持这样的初心——忠实记录中国移动互联网振奋人心的发展历程，深入分析移动互联网领域的热点焦点问题，为中国移动互联网发展提供有益的观察和思考。今天呈现在大家面前的这本书，汇集了这一领域部分专家学者的最新成果，希望本书能够与更多读者相逢，碰撞出更多智慧火花。

人民日报社编委委员兼总编室主任

2021年4月

摘 要

《中国移动互联网发展报告（2021）》由人民网研究院组织相关专家、学者与研究人员撰写。本书全面总结了2020年中国移动互联网发展状况，分析了移动互联网年度发展特点，并对未来发展趋势进行预判。

全书由总报告、综合篇、产业篇、市场篇、专题篇和附录六部分组成。

2020年，在新冠肺炎疫情冲击及“新基建”大背景下，我国移动互联网基础设施进一步优化升级，用户和流量消费呈现“双增长”，移动互联网成为经济发展“强牵引”，在支撑疫情精准防控、保障居民生活、助力复产复工与经济社会全面恢复、赋能脱贫攻坚等方面发挥了重要作用。未来移动互联网将进一步助力经济高质量发展，为构建“双循环”新发展格局提供有力的支撑。

2020年，我国在网络安全、信息内容治理、产业发展等方面加强移动互联网新规则、新制度建设，移动互联网技术的发展和网络基础设施的不断完善有力支撑了全面打赢脱贫攻坚战，持续推动城市治理创新。移动舆论场作为社会舆论生成发酵主要平台的地位更加凸显，同时全球移动互联网进入历史性拐点，由数字技术引发的治理困境成为数字时代的新挑战，世界各区域都在做出各自的应对。

2020年，我国宽带移动网络建设稳步发展，5G应用发展走深向实，移动终端发展呈现新趋势，移动应用领先全球市场，释放巨大产业价值。我国移动互联网发展与实体经济深度融合，对促进我国实体经济转型发展起着至关重要的作用。

2020年“停课不停学”的教育实践激发了在线教育活力，移动互联网医疗迎来了以互联网医院、远程医疗、互联网诊疗为基础的全面快速发展时期；“短视频+”强势崛起，线上娱乐需求增长；移动游戏产业快速发展；直播电商产业生态日趋完善；智能汽车已由试验品走向商业化、产业化前期。

个人信息立法应区分个人信息与个人数据，力求合理平衡个人利益与产业利益；媒体融合需要关注人工智能技术在系统性完善、多模态、人机耦合方面可能带来的新突破；未来中国数字社会的建设要在对老年人等数字社会的新边缘群体的包容性层面投入更多力量；对移动互联技术发展催生的新职业需进一步创新就业政策与服务；线下、线上教育融合常态化背景下提升师生信息素养成为关键；未来物联网智慧家庭建设将进入加速期。

关键词： 移动互联网　新基建　5G应用　新发展格局

目 录

Ⅰ 总报告

B.1 大变局下的中国移动互联网………… 唐维红 唐胜宏 廖灿亮 / 001

一 2020 年中国移动互联网发展概况 ……………………………… / 002

二 2020 年中国移动互联网发展主要特点 ………………………… / 008

三 中国移动互联网发展面临挑战 ………………………………… / 024

四 中国移动互联网发展趋势 ……………………………………… / 027

Ⅱ 综合篇

B.2 2020年移动互联网法规政策发展与趋势

……………………………………………… 刘佳琨 丁文婕 支振锋 / 030

B.3 巩固网络脱贫攻坚成果，共同迈向数字乡村

…………………… 郭顺义 贾 晖 胡 穆 韩维娜 雷 鸣 / 047

B.4 移动互联网时代的城市治理创新

……………………………………………… 张延强 唐斯斯 单志广 / 059

B.5 2020年中国移动舆论场研究报告
…………………………………… 刘志华 孟 竹 田 烁 / 073
B.6 开启全球数字治理元年
——2020～2021年全球移动互联网发展报告
…………………………………… 方兴东 钟祥铭 徐忠良 / 088

Ⅲ 产业篇

B.7 2020年中国宽带移动通信发展及趋势分析
…………………………………… 潘 峰 鲁长恺 张春明 / 106
B.8 5G核心技术发展与应用分析 …………………… 张 沛 / 121
B.9 2020年移动通信终端的发展趋势概述
………………………………… 李 娟 康 劼 赵晓昕 李东豫 / 136
B.10 移动互联网助推实体经济转型发展 …………… 孙 克 / 148
B.11 2020年中国工业互联网发展报告 ……………… 高晓雨 / 161
B.12 2020年中国移动应用市场发展现状及趋势分析
…………………………………………… 董月娇 胡修昊 / 177

Ⅳ 市场篇

B.13 2020年移动在线教育发展报告
………………………………… 黄荣怀 王运武 杨俊锋 庄榕霞 / 193
B.14 2020年移动互联网医疗的新发展 ……………… 舒 婷 / 211
B.15 “短视频＋”重塑媒体格局和产业生态
…………………………………… 申 宁 孟琳达 孙丰欣 / 223
B.16 2020年中国移动游戏市场发展现状及趋势分析 ……… 高东旭 / 236

B.17 2020年直播电商：从眼球秀到新经济产业发展 …………………… 张 毅 王清霖 / 251

B.18 2020年中国自动驾驶行业发展报告 …………………… 孟 醒 赵兴华 高 红 / 266

Ⅴ 专题篇

B.19 大数据战略目标与个人信息立法的价值冲突与协调 …………………… 刘德良 靳雨露 / 280

B.20 移动互联网新技术与媒体融合发展 …………………… 杨 崑 / 292

B.21 融入、排斥与包容性未来：2020年中国老年人移动数字化生存研究 …………………… 翁之颢 何 畅 / 306

B.22 移动互联网发展促进就业的现状、挑战与对策 ……… 韩 巍 / 318

B.23 提升师生信息素养，优化在线教育质量 …………… 熊 璋 / 330

B.24 物联网时代智慧家庭发展及趋势分析 …………… 李华刚 / 340

Ⅵ 附录

B.25 2020年中国移动互联网大事记 …………………… / 352

Abstract …………………… / 361

Contents …………………… / 364

总 报 告

General Report

B.1
大变局下的中国移动互联网

唐维红　唐胜宏　廖灿亮*

摘　要：　2020年，在新冠肺炎疫情冲击及“新基建”大背景下，移动互联网基础设施进一步优化升级，用户和流量消费呈现“双增长”，移动互联网成为经济发展“强牵引”，在支撑疫情精准防控、保障居民生活、助力复产复工与经济社会全面恢复、赋能脱贫攻坚等方面发挥了重要作用。随着疫情防控进入常态化，5G与工业互联网、车联网及超高清视频将进一步深度融合，智慧城市、数字政府与数字乡村建设将会提速，产业数字化转型升级进程加快，移动互联网将进一步助力经济高质量发展，为构建“双循环”新发展格局提供更加有力的支撑。

关键词：　移动互联网　新基建　疫情防控　工业互联网　新发展格局

* 唐维红，人民网党委委员、监事会主席，人民网研究院院长，高级编辑；唐胜宏，人民网研究院常务副院长，高级编辑；廖灿亮，人民网研究院研究员。

2020 年，是极不平凡的一年，突如其来的新冠肺炎疫情给各行各业带来了不同程度的冲击，但在客观上也加快了第五代移动通信（5G）、工业互联网、大数据中心等新型基础设施建设（简称“新基建”）的进程。新冠肺炎疫情之下，直播带货、在线教育、远程办公、健康码、远程医疗等基于移动互联网的应用与服务，为我国疫情防控阻击战取得重大战略成果、成为全球唯一实现经济正增长的主要经济体、脱贫攻坚战取得全面胜利、决胜全面建成小康社会取得决定性成就提供了强大支撑。与此同时，中共中央政治局会议、党的十九届五中全会通过的《中共中央关于制定国民经济和社会发展第十四个五年规划和二〇三五年远景目标的建议》指出要加快新型基础设施建设，相关项目加速落地布局。2020 年，我国在 5G、工业互联网、大数据中心、人工智能等“新基建”重点领域投资规模约1万亿元。[①]“新基建”的落地布局推动移动互联网基础设施实现技术突破与智能升级，移动互联网发展迎来了全新发展变革。

一 2020年中国移动互联网发展概况

（一）移动互联网基础设施

1. 5G 网络建设快速推进，蜂窝物联网用户数增长迅速

截至 2020 年底，我国已建成全球最大 5G 网络，建成 5G 基站 71.8 万个，覆盖全国地级以上城市及重点县市。[②] 2020 年全国移动通信基站总数达 931 万个，全年净增 90 万个。其中 4G 基站总数达到 575 万个，城镇地区实

① 赛迪研究院、腾讯云、腾讯研究院：《新基建引领产业互联网发展，新基建、新要素、新服务、新生态》，http：//www. cbdio. com/BigData/2020 - 12/17/content_ 6161892. htm。

② 工业和信息化部：《2020 年通信业统计公报》，http：//www. gov. cn/xinwen/2021 - 01/26/content_ 5582523. htm。

现深度覆盖。[①] 三家基础电信企业发展蜂窝物联网用户达 11.36 亿户，全年净增 1.08 亿户，其中应用于智能制造、智慧交通、智慧公共事业的终端用户占比分别达 18.5%、18.3%、22.1%。[②]

2. IPv6网络改造全面完成，应用迈向新阶段

2020 年是我国《推进互联网协议第六版（IPv6）规模部署行动计划》第二阶段的收官之年，IPv6 网络规模部署与应用取得阶段性成果。2020 年 8 月，工业和信息化部宣布我国 IPv6 网络改造全面完成，IPv6 国际出入口带宽已开通 90Gbps，全国 13 个骨干网直连点已全部实现 IPv6 互联互通，中国电信、中国移动、中国联通、中国广电、教育网和科技网累计开通 IPv6 网间互联带宽 6.39Tbps。[③] 截至 2020 年 11 月，我国 IPv6 活跃用户数已达 4.35 亿，IPv6 地址资源位居全球第二。我国前 100 名商业网站及应用已经支持 IPv6 访问，政府官网、新闻网站等的 IPv6 支持率持续提升。[④] 截至 2020 年 12 月，我国 IPv6 地址数量为 57634 块/32，较 2019 年底增长 13.3%。[⑤]

（二）移动互联网用户和流量消费

受新冠肺炎疫情影响，更多的消费娱乐、工作生活场景转移至线上，带来移动互联网用户和流量消费“双增长”。

1. 移动互联网用户稳步增长

2020 年我国移动电话用户总数为 15.94 亿户，全年净减 728 万户；我国 4G 用户总数达到 12.89 亿户，全年净增 679 万户，占移动电话用户数的

---

① 工业和信息化部：《2020 年通信业统计公报》，http://www.gov.cn/xinwen/2021-01/26/content_5582523.htm。

② 工业和信息化部：《2020 年通信业统计公报》，http://www.gov.cn/xinwen/2021-01/26/content_5582523.htm。

③ 《IPv6 网络基础设施改造成果出炉：IPv6 网络流量显著增长》，通信世界网，http://field.10jqka.com.cn/20200828/c623216021.shtml。

④ 《中国信通院：我国 IPv6 部署全球排名进入前十》，https://baijiahao.baidu.com/s?id=1687044580801620865&wfr=spider&for=pc。

⑤ 中国互联网络信息中心：《第 47 次〈中国互联网络发展状况统计报告〉》，http://www.cac.gov.cn/2021-02/03/c_1613923423079314.htm。

80.9%。我国5G用户规模快速扩大，呈爆发式增长，5G手机终端连接数突破2亿户。[①] 截至2020年12月，中国手机网民规模已达9.86亿，较2020年3月增加8885万，占整体网民规模的99.7%。[②] 不过，移动互联网用户增速继续放缓。2020年月活跃用户数的月均增长率已由2019年的2.3%放缓至1.7%。[③]

2. 移动互联网流量消费较快增长

受新冠肺炎疫情影响，诸多消费场景向线上转移，加上直播、短视频、手机游戏、电子商务、外卖、网约车、移动支付等线上线下融合创新，2020年中国移动互联网接入流量消费呈现爆发式增长。全年移动互联网接入流量消费达1656亿GB，比上年增长35.7%。全年移动互联网月户均流量（DOU）达10.35GB/（户·月），比上年增长32%；12月当月DOU高达11.92GB/（户·月）。其中，手机上网流量达到1568亿GB，比上年增长29.6%，在总流量中占94.7%。[④]

（三）移动智能终端发展

1. 移动智能终端出货量总体下降

受新冠肺炎疫情影响，消费者购买欲望及购买能力下降，主要移动智能终端设备出货量、销售量出现小幅下降。2020年，国内手机市场总体出货量3.08亿部，同比下降20.8%。其中智能手机出货量2.96亿部，同比下降20.4%，占同期手机出货量的96.0%。国产品牌手机出货量2.70亿部，同比下降23.5%，占同期手机出货量的87.5%。[⑤] 智能音箱市场销量3676万

---

① 《〈2020年通信业统计公报〉解读》，人民网，http：//5gcenter. people. cn/n1/2021/0127/c430159－32013868. html。

② 中国互联网络信息中心：《第47次〈中国互联网络发展状况统计报告〉》，http：//www. cac. gov. cn/2021－02/03/c_ 1613923423079314. htm。

③ QuestMobile：《2020年中国移动互联网年度大报告》，https：//www. questmobile. com. cn/research/report－new/142。

④ 工业和信息化部：《2020年通信业统计公报》，http：//www. gov. cn/xinwen/2021－01/26/content_ 5582523. htm。

⑤ 中国信通院：《2020年12月国内手机市场月度运行报告》，https：//www. sohu. com/a/443793797_ 162522。

台，同比下降8.6%。[①] 2020年上半年智能家居设备市场出货量为9286.6万台，同比下降5.4%。[②] 2020全年智能家居设备市场出货量为2亿台，同比下降1.9%。[③] 不过，受新冠肺炎疫情影响，公众更加关注健康和健身应用，2020年中国可穿戴设备市场出货量近1.1亿台，同比增长7.5%，其中智能蓝牙耳机市场出货量为5078万台，同比增长41%；成人手表市场出货量为1532万台，同比增长48%。[④]

2. 5G手机逆势增长，迈上新台阶

2020年国内市场5G手机累计出货量为1.63亿部，占同期手机出货量的52.9%，上市新机型累计218款，占同期手机上市新机型数量的47.2%。[⑤] 与国内手机出货量下降趋势相反，2020年5G手机占同期手机出货量比重不断攀升。2020年1月，5G手机出货量占同期手机出货量的26.3%；2020年12月，5G手机出货量为1820万部，占比达68.4%，创历史新高（见图1）。随着国内5G手机市场逐渐进入成熟阶段，预计越来越多的手机用户将更换5G手机。

（四）移动应用数量和下载量

国内市场上移动应用数量小幅减少。截至2020年12月，国内市场上共监测到App数量为345万款，较2019年减少22万款。其中，本土第三方应用商店App数量为205万款，苹果商店（中国区）App数量为140万款。[⑥] App数量排在前四位的应用类型占比合计达59.2%。其中，游戏类App数量

---

① 互联网数据中心：《IDC中国智能音箱设备市场月度跟踪报告》，http：//www.eepw.com.cn/article/202101/422476.htm。

② IDC：《IDC中国智能家居设备市场季度跟踪报告》，https：//baijiahao.baidu.com/s？id=1681678215698602829&wfr=spider&for=pc。

③ 《2020年第四季度中国智能家居设备市场出货量达6087万》，凤凰网，https：//techifeng.com/c/84tb7eFCtFb。

④ 互联网数据中心：《中国可穿戴设备市场季度跟踪报告，2020年第四季度》，https：//tech.ifeng.com/c/84YJ85G97QT。

⑤ 中国信通院：《2020年12月份国内手机市场报告》，https：//baijiahao.baidu.com/s？id=1688580188991612459&wfr=spider&for=pc。

⑥ 工业和信息化部：《2020年互联网和相关服务业运行情况》，https：//www.miit.gov.cn/jgsj/yxj/xxfb/art/2021/art_12c3219068d34c0494df817942a29fe5.html。

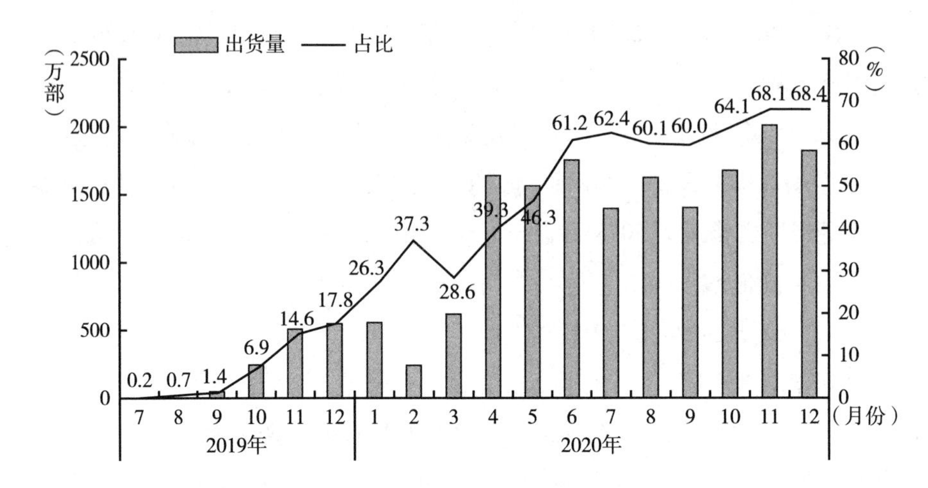

图1　国内5G手机出货量及占比

资料来源：中国信通院。

排名第一，共88.7万款，占全部App数量的25.7%。日常工具类、电子商务类和生活服务类App数量分别达50.3万款、34.0万款和31.0万款，分列第二、第三、第四位，占全部App数量的比重分别为14.6%、9.9%和9.0%。[①] 截至2020年12月，我国第三方应用商店在架应用分发总量达到16040亿次。其中，游戏类应用下载量居首，达2584亿次，环比增长6%。音乐视频类、日常工具类、社交通信类、系统工具类下载量分别达1993亿次、1798亿次、1790亿次、1493亿次，分列下载量第二名至第五名。[②]

与此同时，5G网络建设快速推进，用户规模不断攀升，5G创新应用日益丰富。目前，全国5G行业创新应用已超5000个。[③] 在2020年新冠肺炎疫情防控中，智慧医疗、智能制造、远程办公、在线教育、媒体融合等场景与5G进一步融合发展，为疫情防控、经济发展与工作生活提供了有效支撑。

① 工业和信息化部：《2020年互联网和相关服务业运行情况》，https://www.miit.gov.cn/jgsj/yxj/xxfb/art/2021/art_12c3219068d34c0494df817942a29fe5.html。

② 工业和信息化部：《2020年互联网和相关服务业运行情况》，https://www.miit.gov.cn/jgsj/yxj/xxfb/art/2021/art_12c3219068d34c0494df817942a29fe5.html。

③《华为汪涛：已有5000多个5G to B商用创新项目实施落地》，中国证券网，https://baijiahao.baidu.com/s?id=1692389242654095409&wfr=spider&for=pc。

（五）移动互联网企业投融资规模

2020 年，我国互联网企业市值大幅增长，京东（二次上市）、达达集团、网易（二次上市）、贝壳等互联网企业扎堆上市，展现蓬勃发展态势。截至 2020 年 12 月，我国互联网上市企业在境内外的总市值达 16.80 万亿元人民币，较 2019 年底增长 51.2%，再创历史新高。①

随着我国新冠肺炎疫情防控阻击战取得重大战略成果，经济持续复苏，互联网投融资规模也大幅增长（见图 2）。2020 年中国互联网行业共发生投融资事件 1719 笔，完成融资额 360.7 亿美元，② 比 2019 年（326.8 亿美元）增长 10.37%，资本市场活跃度开始提高。企业服务、电子商务、在线教育、互联网金融、医疗健康等领域成为 2020 年互联网投融资重点领域。其中企业服务领域投融资数量最多，共 315 笔，电子商务次之，共 216 笔。③

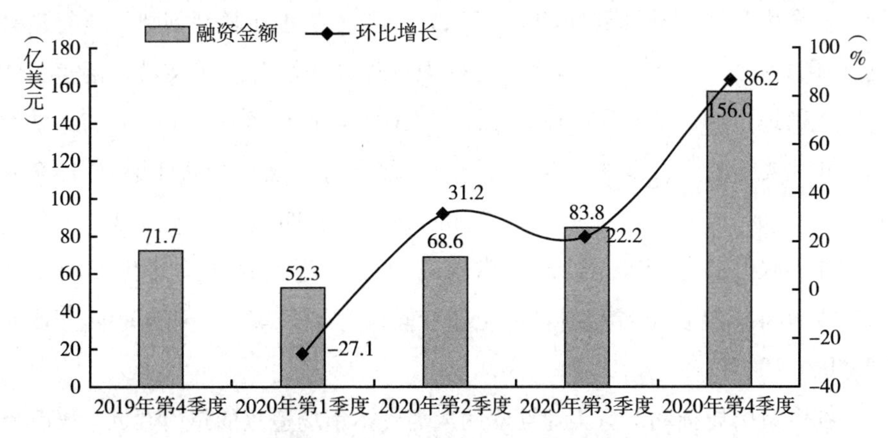

图 2　2020 年中国互联网投融资金额及增长速度

资料来源：中国信通院。

① 中国互联网络信息中心：《第 47 次〈中国互联网络发展状况统计报告〉》，http://www.cac.gov.cn/2021-02/03/c_1613923423079314.htm。

② 中国信通院：《2020 年四季度互联网投融资运行情况》，https://baijiahao.baidu.com/s?id=1689373179815058390&wfr=spider&for=pc。

③ 中国信通院：《2020 年四季度互联网投融资运行情况》，https://baijiahao.baidu.com/s?id=1689373179815058390&wfr=spider&for=pc。

受新冠肺炎疫情影响，在线教育与医疗健康需求增长，相关领域备受资本关注，全年在线教育与医疗健康投融资数分别达143笔与102笔。

二 2020年中国移动互联网发展主要特点

（一）5G带动工业互联网、区块链应用等不断拓展

1. 工业互联网进入快速发展期，赋能千行百业数字化转型

受新冠肺炎疫情影响，各行业“云端迁移”进程加速，工业互联网发展驶入快车道。2020年4月，工业互联网被列入“新基建”范畴，相关政策密集出台。工业和信息化部、国家发改委等部委先后发布《关于推动工业互联网加快发展的通知》《关于工业大数据发展的指导意见》《“工业互联网+安全生产”行动计划（2021~2023年）》《工业互联网创新发展行动计划（2021~2023年）》《工业互联网标识管理办法》等政策文件，涵盖工业互联网落地布局、安全保障体系建设、工业互联网监管等领域。各省市陆续出台相关支持政策，例如，上海实施“工赋上海”三年行动计划，[①] 广东发布首批八个“5G+工业互联网”应用示范园区，四川、重庆提出“通过携手构建一张‘工业互联网’，共建成渝地区工业互联网一体化发展示范区”，[②] 山东青岛提出“打造世界工业互联网之都”等，工业互联网产业实现全国布局。

在政策引导推动下，工业互联网成为资本市场追逐的热门领域，投融资活跃度持续走高。2020年共有98起与工业互联网相关的投资事件，涵盖工业平台、工业软件、工业安全等六大领域，投资金额达123.6亿元。[③] 截至

---

① 《推动工业互联网创新升级 实施“工赋上海”三年行动计划（2020~2022年）》，http://www.sheitc.sh.gov.cn/zxxx/20200619/53cf52e4de22417286609e2295d6019b.html。

② 《成渝工业互联网一体化发展示范区战略合作协议》，http://www.sc.gov.cn/10462/10464/10797/2020/5/26/64a1ff62dd9243ef98f96b3d748cfcff.shtml。

③ 《权威发布：2020年度中国工业互联网十件大事》，https://baijiahao.baidu.com/s?id=1689351780196751051&wfr=spider&for=pc。

2020 年 11 月，包括华为 FusionPlant、青岛海尔 cosmopolant、上海宝信 xIn3Plat 在内，我国已建成具有较强行业和区域影响力的工业互联网平台超 70 个，连接工业设备数量达 4000 万台（套），工业 App 突破 25 万个，工业互联网标识注册量超过 80 亿。工业互联网网络覆盖全国 300 个城市，覆盖汽车、机械、煤炭、装备制造、航空航天等 30 余个行业，连接 18 万家工业企业，[①] 有效赋能国民经济重点行业，推进企业“上云用数赋智”与制造业转型升级，打造我国数字经济新优势。

工业互联网蓬勃发展，驱动产业市场规模迅速扩大。2020 年，我国工业互联网产值规模约为 3.1 万亿元，同比增长 47.9%，占 GDP 比重为 2.9%，对 GDP 贡献率超过 11%，带动超过 255 万个新增就业岗位。[②] 工业互联网还有效支撑了疫情防控与复工复产。2020 年 8 月，工业和信息化部发布了“基于 5G 的远程影像诊断与协同服务解决方案”等 66 个支撑疫情防控和复工复产的工业互联网平台解决方案，为疫情防控与复工复产提供网络支撑。

2. 区块链产业蓬勃发展，应用场景持续扩大

2020 年，随着区块链技术被列入“新基建”范围，区块链产业迎来新发展。从第一次被写入 2020 年中央一号文件[③]到《金融分布式账本技术安全规范》的发布，中央及各大部委陆续出台推动区块链应用落地政策，广泛覆盖数字乡村、金融科技、政务服务、工业互联网、教育就业、司法、交通等社会经济民生多个领域。湖北、四川、浙江等多个省份将发展区块链摆在“新基建”政策的重要位置，北京、湖南、贵州、海南、江苏等省份还相继出台推动区块链产业发展的行动计划，积极布局区块链产业，抢占发展

① 《工业互联网进入快速成长期》，《经济参考报》2021 年 1 月 14 日。

② 《我国工业互联网产值超 3 万亿　运营商创新驱动千行百业转型》，央视新闻，http://www.cinic.org.cn/hy/tx/1021536.html?from=singlemessage。

③ 2020 年 2 月 5 日，2020 年中央一号文件《中共中央　国务院关于全面推进乡村振兴加快农业农村现代化的意见》提出，要依托现有资源建设农业农村大数据中心，加快物联网、大数据、区块链、人工智能、第五代移动通信网络、智慧气象等现代信息技术在农业领域的应用。

制高点。仅 2020 年上半年各地政府出台的鼓励区块链发展政策就超过 120 项。①

在中央与地方密集政策的推动下，2020 年区块链应用持续拓展。在政务领域，区块链在城市治理及政务服务领域应用较为广泛。通过建立区块链政务服务平台，推进政务数据上链，打通“数据孤岛”，深度推进区块链技术在行政审批、电子证照、电子票据等方面的应用。2020 年疫情防控期间，区块链技术为“不见面审批”“在线办理”“健康码互认”“一网通办”等政务服务平台项目赋能，在支撑精准防控与经济社会全面恢复等方面发挥了重要作用。在金融领域，2020 年 4 月，国家网信办发布《第三批境内区块链信息服务备案编号》。在备案信息中，区块链在金融行业应用最广泛，包括数字资产、供应链金融、票据、金融服务平台、存证等细分应用。2020 年疫情防控期间，国家外汇管理局跨境金融区块链服务平台发挥作用，切实解决中小微外贸企业融资困难。多家银行开展线上供应链金融服务，支持中小微企业在线融资，有效支撑复工复产。在能源领域，国家电网基于区块链技术建成“国网链”，并围绕电力交易、新能源云、数据共享、安全生产等业务场景稳步开展推广与应用。在司法领域，2020 年，最高人民法院信息中心牵头制定《司法区块链管理规范》《司法区块链技术要求》，指导规范全国法院数据上链。广州建成“公法链”，全市鉴定机构“上链”实行电子司法鉴定意见书对外存证、取证服务和管理。在司法部发布的疫情防控和企业复工复产公共法律服务典型案例中，包括多起司法机关运用区块链破解司法鉴定管理难题的案例。

随着区块链上升为国家战略，相关政策红利逐步释放，区块链产业也呈现爆发式增长态势。相关统计数据显示，2020 年我国区块链市场规模达到 32.43 亿元，较 2019 年增长 60%。② 2020 年全国共有 1958 个区块链项目，

---

① 中国电子信息产业发展研究院（赛迪研究院）等：《2020 年中国区块链发展现状与展望（上半年）》，https：//baijiahao. baidu. com/s？ id = 1681758758912000641&wfr = spider&for = pc。

② 《赛智时代：2020 年我国区块链产业发展研究》，鹿儿网，https：//baijiahao. baidu. com/s？ id = 1690488237485800617&wfr = spider&for = pc。

已建成40个区块链产业园区，主要集中在长三角、珠三角、环渤海及湘黔渝地区，区块链相关企业数达64996家。[①]

3. 人工智能等技术不断突破，各类移动应用发展势头迅猛

2020年，人工智能建设成为各地政府“新基建”重点投资领域。北京、广东、重庆、贵州等10余个省份均出台相关政策，[②] 进一步推动人工智能发展与产业落地。与此同时，人工智能基础技术不断取得突破。2020年11月，北斗星通发布GNSS芯片“和芯星云 NebulasⅣ”，可实现实时厘米级和处理后毫米级精度，信号覆盖全系统全频点。

人工智能与移动互联网相结合的应用场景日趋丰富，自动驾驶汽车、智能语音、虚拟现实和增强现实等越来越广泛地应用在社会生活领域，社会飞速进入人工智能时代。受新冠肺炎疫情影响，人工智能在医疗领域应用加速。2020年2月，工业和信息化部发布《充分发挥人工智能赋能效用　协力抗击新型冠状病毒感染的肺炎疫情倡议书》。疾病监测预警人工智能、医学影像辅助诊断人工智能、导诊机器人、语音电子病历、人工智能医疗支付等应用不断拓展，人工智能辅助疫苗研发与药物临床研究也得到进一步深化。比如疫情防控期间，许多医院利用人工智能影像辅助诊断技术提高诊断效率，缓解医护人员紧缺问题。2020年3月，华为推出AI研发平台医疗智能体（EIHealth），可用于抗病毒药物研发、病毒基因组研究及抗疫医疗影像分析。

2020年，被认为是下一代网络关键技术的量子信息技术发展日益受到重视。2020年10月16日，习近平总书记在主持中共中央政治局就量子科技研究和应用前景举行第二十四次集体学习时强调，“要充分认识推动量子科技发展的重要性和紧迫性，加强量子科技发展战略谋划和系统布局，把握大趋势，下好先手棋”。党的十九届五中全会通过的《中共中央关于制定国民经济和社

---

① 中国互联网络信息中心：《第47次〈中国互联网络发展状况统计报告〉》，http://www.cac.gov.cn/2021-02/03/c_1613923423079314.htm。

② 中国互联网络信息中心：《第47次〈中国互联网络发展状况统计报告〉》，http://www.cnnic.net.cn/hlwfzyj/hlwxzbg/hlwtjbg/202102/P020210203334633480104.pdf。

会发展第十四个五年规划和二〇三五年远景目标的建议》指出，“瞄准人工智能、量子信息、集成电路、生命健康、脑科学、生物育种、空天科技、深地深海等前沿领域，实施一批具有前瞻性、战略性的国家重大科技项目”。

在中央政策指导下，量子信息成为各地“新基建”重点投资领域。例如，浙江提出推进量子通信城市间干线和中心城市城域网等商用网络建设，打造量子通信商业化标杆；[①] 广东提出全方位多元化推动量子信息产业应用示范，探索量子信息在政务、金融、电力、国防等国计民生的重要行业和领域的推广应用；[②] 重庆提出提前布局量子通信网，探索量子通信信息安全加密服务应用，建设重庆至北京、上海等地的保密通信干线网，逐步拓展量子安全认证和量子加密终端等新型应用场景。[③] 在我国量子科技相关政策取得重大进展的同时，相关研究与应用也不断深入。2020 年中国科学院利用“墨子号”量子卫星实现千公里级量子密钥分发，实现了量子通信向现实应用的重要突破；量子计算原型机“九章”的成功研发，使我国成为全球第二个实现“量子优越性”的国家。随着政策催化与量子科技研究取得突破，量子科技行业有望加速发展，整体市场规模预计将超过千亿元。[④]

（二）移动互联网新业态成经济发展“强牵引”

1. 网上零售、直播带货赋予消费新活力

新冠肺炎疫情在一定程度上“重塑”了人们的消费方式，网络消费习惯集中养成，推动了网上零售、直播带货等新模式全面爆发。截至 2020 年 12 月，我国手机网络购物用户规模达 7.81 亿，较 2020 年 3 月增加 7309 万，电商直播超

---

① 浙江省人民政府办公厅：《浙江省新型基础设施建设三年行动计划（2020 ~ 2022 年）》，http：//www.zj.gov.cn/art/2020/7/9/art_1229019365_900639.html。

② 广东省科技厅等：《广东省培育区块链与量子信息战略性新兴产业集群行动计划（2021 ~ 2025 年）》，http：//gdii.gd.gov.cn/attachment/0/402/402601/3095720.pdf。

③ 中国互联网络信息中心：《第 47 次〈中国互联网络发展状况统计报告〉》，http：//www.cnnic.net.cn/hlwfzyj/hlwxzbg/hlwtjbg/202102/P020210203334633480104.pdf。

④ 《量子通信获重磅会议点名！市场规模有望超过千亿》，财联社，https：//finance.china.com/tech/13001906/20201018/37244368.html。

2400 万场，电商直播用户规模达 3.88 亿，较 2020 年 3 月增加 1.23 亿。2020 年全国网上零售额达 11.76 万亿元，同比增长 10.9%，实物商品网上零售额达 9.76 万亿元，同比增长 14.8%，占社会消费品零售总额的比重接近 1/4。①

网络零售的蓬勃发展推动各地复工复产与经济复苏。2020 年新冠肺炎疫情防控期间，不少地方领导干部走进网络直播间推销本地产品，参与直播带货，获得舆论与市场的积极反馈。4 月 8 日，时任武汉市政府党组成员李强等领导干部参与“市长带你看湖北”直播带货活动，当天累计观看人数超过 252 万，热销产品超过 29.9 万件，直播带货总销售额达 1793 万元。② 4 月 12 日，时任湖北十堰市副市长王晓等领导干部参与央视“谢谢你为湖北拼单”直播带货活动，当天共卖出 6100 万元的湖北产品。③

不少地区制订城市直播发展计划，抢占直播经济这一新风口。比如，广州提出建设“全国著名的直播电商之都”，强调到 2022 年构建一批直播电商产业集聚区、扶持 10 家具有示范带动作用的头部直播机构、培育 100 家有影响力的 MCN 机构、孵化 1000 个网红品牌（企业名牌、产地品牌、产品品牌、新品等）、培训 10000 名带货达人。④ 济南提出打造“直播经济总部基地”，⑤ 着力打造一批直播经济基地、建设一批产业直播经济集群。四川提出建设“直播电商网络流量新高地”，⑥ 力争到 2022 年底实现直播带货超 100 亿元。随着网上零售用户与市场规模的不断扩大，消费新动能必将不断释放，推动相关企业数字化转型，助力扩大内需与构建国内国际“双循环”新发展格局。

---

① 《商务部：去年全国电商直播超 2400 万场》，封面新闻，https://baijiahao.baidu.com/s?id=1692563430044065926&wfr=spider&for=pc。

② 《武汉市政府党组成员李强抖音直播带货　总销售额达 1793 万元》，http://www.cnii.com.cn/rmydb/202004/t20200409_167305.html。

③ 《央视主播欧阳夏丹直播带货一晚卖出 6100 万元湖北货》，中国经济网，https://baijiahao.baidu.com/s?id=1663907203724418271&wfr=spider&for=pc。

④ 《广州市直播电商发展行动方案（2020～2022 年）》，https://baijiahao.baidu.com/s?id=1662046608517462936&wfr=spider&for=pc。

⑤ 《济南大力发展电商经济打造直播经济总部基地的实施方案》，http://www.jinan.gov.cn/art/2020/5/24/art_1861_4418633.html。

⑥ 《品质川货直播电商网络流量新高地行动计划（2020～2022 年）》，http://n.eastday.com/pnews/1585819950012183。

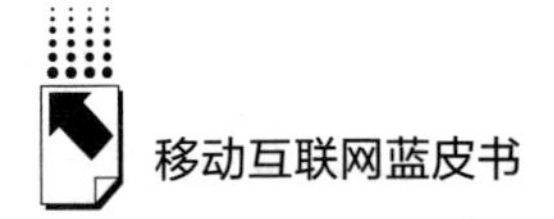

2. “宅经济”催生经济增长新动能

2020 年新冠肺炎疫情让许多线下消费转移至线上，在线办公、远程医疗、在线教育、外卖闪送等移动生活服务呈现爆发式增长，由此催生的“宅经济”成为拉动经济增长的重要引擎。

面向企业领域，在线办公、远程会议等移动互联网应用需求激增，华为、阿里、腾讯等企业纷纷力推在线办公产品，主打“不出门”办公、会议、培训等应用场景，在疫情防控期间获得大量用户。2020 年新春复工期间，国内超 1800 万家企业超 3 亿人使用在线办公应用。[①] 中国互联网络信息中心数据显示，2020 年 6 月至 7 月，远程会议日均使用时长达 110 分钟，用户使用日趋常态化。全年在线办公市场规模预计将达到 375 亿元，增长率为 30.2%。

面向个人领域，在线教育、远程医疗、手机外卖等行业在 2020 年蓬勃发展，家庭重新成为最重要的消费场景。

在线教育领域，2020 年 2 月，教育部印发《关于在疫情防控期间做好普通高等学校在线教学组织与管理工作的指导意见》，要求实施并保障高校在疫情防控期间的在线教学，实现“停课不停教，停课不停学”，同时众多资本进入在线教育领域，有力地推动了在线教育的普及与蓬勃发展。截至 2020 年 12 月，我国在线教育用户规模达 3.52 亿人，[②] 2020 年在线教育销售额同比增长超过 140%。[③] 2020 年前 10 个月，在线教育企业新增 8.2 万家，在整个教育行业中占比约 17.3%。[④] 相关机构预测，2020 年我国在线教育市场规模将超 4800 亿元。[⑤]

远程医疗领域，截至 2020 年 12 月，远程医疗用户规模达 2.15 亿，占

---

① 艾媒咨询：《2020 年中国新春远程办公行业热点专题报告》，https://kuaibao.qq.com/s/20200217AZP6NU00?refer=spider。

② 中国互联网络信息中心：《第 47 次〈中国互联网络发展状况统计报告〉》，http://www.cnnic.net.cn/hlwfzyj/hlwxzbg/hlwtjbg/202102/P020210203334633480104.pdf。

③ 《中国电商为何活力十足》，http://paper.people.com.cn/rmrbhwb/images/2021-02/05/08/rmrbhwb2021020508.pdf。

④ 《2020 教育行业发展报告》，天眼查，https://baijiahao.baidu.com/s?id=1685960961336324637&wfr=spider&for=pc。

⑤ 艾媒咨询：《后疫情时代中国在线教育行业研究报告》，https://baijiahao.baidu.com/s?id=1674633414998224179&wfr=spider&for=pc。

整体网民规模的21%，远程医疗患者咨询人次同比增长73.4%。疫情防控期间，许多远程医疗服务平台为民众免费提供与新冠肺炎疫情相关的信息，推动线上线下医疗协同发展。如人民网“人民好医生”App发挥全国三甲医院专家资源优势和传播特长，搭建疫情防控中央平台，传递权威信息，回应关切，稳定人心。同时，开通在线“发热咨询”服务，帮助网民答疑解惑，减少不必要的外出，减轻定点医院的负担。相关数据显示，2020年中国远程医疗市场规模达千亿元，保守预测2026年达到2000亿元。①

手机外卖方面，截至2020年12月，手机外卖用户达4.18亿，占手机网民规模的42.4%，较2020年3月增加2160万。② 截至2020年底，外卖市场总体规模达到8352亿元，同比增长14.8%。③ 疫情防控期间，手机外卖平台纷纷推出“无接触配送”服务，降低病毒人际传播风险，保障居民生活物资供应及企业复工、复产。

3. “云旅游”、网络视频创新消费新业态

新冠肺炎疫情在一定程度上助推在线旅行预定、手机游戏、网络视频等文旅行业保持较快增长势头。

旅行预定方面，基于移动互联网的“云上游”“云看展”“云看剧”“数字景点”等旅游新业态、新模式迅速发展，为行业发展赋予了新动能。疫情防控期间，全国有超过100个城市的500余个景点“上云”，网民可利用手机在网上参观游览。故宫博物院推出“云游故宫”活动，多个区域可进行VR全景观赏，给游客带来了全新的体验。截至2020年12月，我国在线旅行用户规模为3.42亿，占全体网民规模的34.6%。④ 随着疫情防控进

---

① 《互联网医疗新蓝海千亿市场待开发》，https：//baijiahao. baidu. com/s？ id = 1664630775028677828&wfr = spider&for = pc。

② 中国互联网信息中心：《第47次〈中国互联网络发展状况统计报告〉》，http：//www. cnnic. net. cn/hlwfzyj/hlwxzbg/hlwtjbg/202102/P020210203334633480104. pdf。

③ 《“外卖+”开启行业发展新业态》，http：//paper. people. com. cn/rmrbhwb/images/2021 - 02/05/08/rmrbhwb2021020508. pdf。

④ 中国互联网络信息中心：《第47次〈中国互联网络发展状况统计报告〉》，http：//www. cnnic. net. cn/hlwfzyj/hlwxzbg/hlwtjbg/202102/P020210203334633480104. pdf。

入常态化，被抑制的文旅消费将逐步释放。移动互联网必将进一步拓展各地文旅线上业务，推动文旅产业数字化升级，进一步增强游客体验感、融入感。

手机游戏方面，截至2020年12月，我国手机游戏用户达5.16亿，占手机网民的52.4%。2020年我国手机游戏市场销售规模达2096.76亿元，同比增长20.71%，[①] 仅手机游戏《王者荣耀》在大年三十当天便完成约20亿元销售额。[②]

网络视频方面，观看短视频已经成为移动用户的新常态，网络视频（包含短视频）使用率、用户规模持续增长。截至2020年12月，我国网络视频用户规模达9.27亿，较2020年3月增加7633万。其中短视频用户规模为8.73亿，较2020年3月增加1.00亿。[③]

疫情防控期间，网民通过短视频记录日常生活，了解疫情防控动态，在一定程度上释放了对疫情的恐慌。各大短视频平台也积极发力布局直播带货模式，引领了新型消费方式。各大主流媒体积极开展"慢直播"[④]。2020年武汉火神山、雷神山医院建设期间，央视连续多日24小时不间断地对医院建造进行直播，吸引近1.5亿网民观看。数亿网民自发在直播评论区对建设情况实行"监督"，被称为"在线云监工"。2020年3月13日，人民日报社通过"AI移动慢直播"报道武汉东湖樱花，一天内浏览量就超过1000万。网络视频的蓬勃发展，必将进一步丰富群众精神文化生活，助力扩大内需，促进国内消费，拉动经济"内循环"。

（三）移动互联网赋能民生与社会治理

1. 支撑疫情精准防控，方便公众出行

2020年新冠肺炎疫情防控中，大数据、云计算、人工智能、区块链等前沿

---

① 中国互联网络信息中心：《第47次〈中国互联网络发展状况统计报告〉》，http://www.cnnic.net.cn/hlwfzyj/hlwxzbg/hlwtjbg/202102/P020210203334633480104.pdf。

② 《王者荣耀一日流水20亿，疫情下游戏行业迎来春天？中小型厂商未能吃上"红利"》，https://finance.ifeng.com/c/7uAxxxmsNVi?ivk_sa=1023197a。

③ 中国互联网络信息中心：《第47次〈中国互联网络发展状况统计报告〉》，http://www.cnnic.net.cn/hlwfzyj/hlwxzbg/hlwtjbg/202102/P020210203334633480104.pdf。

④ "慢直播"，主要是指在直播过程中不进行干预，没有音乐、旁白、字幕与话题设置等，只是展现现场真实情况，让用户自己去探索和发现感兴趣的内容。

科技不断注入移动互联网领域，为打赢疫情防控阻击战提供了重要支撑与保障。全国一体化政务服务平台推出基于大数据技术的“健康码”，不但是疫情防控期间个人健康信息的通行凭证，也是疫情防控部门的精准防控工具。截至2020年12月，“健康码”已经覆盖9亿人，支撑全国绝大部分地区实现“一码通行”。多地政府、主流媒体及一些企业推出提供疫情查询与问诊服务的移动产品，上线“密切接触者测量仪”“新冠肺炎病例曾活动场所地图”“新冠肺炎疫情小区查询”等应用小程序，方便广大民众及时知晓疫情传播态势与防控信息。

移动互联网在智能诊断和治疗、智能物流配送、交通保障等方面也发挥了重要作用。例如，武汉火神山医院搭建远程会诊平台，借助“5G网络+高清智能”会议终端等，支持多地医疗专家通过视频分享病患的医疗档案进行诊断。全国多地启用智能无人机送药、智能机器人消毒与物流配送，避免防疫人员交叉感染，减轻工作人员的负担。多地火车站、飞机场采用“5G+热成像技术”，快速完成大量人员的测温及体温监控，实现精准疫情防控。

2. 助力乡村振兴，推动内容和公共服务“双下沉”

2020年是决胜全面建成小康社会、决战脱贫攻坚之年，移动互联网在带动乡村地区产业发展、繁荣乡村地区文化、赋能乡村社会治理与推动公共服务均等化等方面的潜力进一步呈现。农村网络、物流等基础设施的完善，网上购物、直播带货等新模式的普及，有效推动农产品“上线”与电商“下乡”，带动乡村产业发展，助力农民增收，有力支持打赢脱贫攻坚战。2020年全国农村网络零售额达到1.79万亿元，[①] 国家级贫困县网络零售额为3014.5亿元，同比增长26.0%。[②] 特别在2020年疫情防控期间，电商平台助力农产品销售，取得突出成效。相关数据显示，疫情防控期间，京东和14个原产地达成了1万吨的滞销农产品包销合作，阿里巴巴

① 《〈数字中国发展报告（2020年）〉发布》，中国新闻网，https://baijiahao.baidu.com/s?id=1698018765708534384&wfr=spider&for=pc。

② 新华社：《2020年全国832个国家级贫困县网络零售总额超3000亿元》，http://www.gov.cn/xinwen/2021-01/28/content_5583360.htm。

“爱心助农”计划帮助农户销售农产品超过3万吨。[①] 拼多多2020年农产品订单的成交总额超2700亿元，占全年成交额的16.2%，同比增长超100%。[②]

移动互联网带动乡村地区产业发展的同时，也进一步推动内容和公共服务的“下沉”。一方面，网络直播、短视频等各类平台不断下沉至乡村地区，进一步丰富乡村地区文化生活。另一方面，来源于乡村地区用户上传的内容也不断增加，移动互联网正在成为乡村文化新的发源地和重塑乡村文化的新场域。移动互联网也进一步赋能乡村地区社会治理与数字乡村建设。如依托移动互联网建立农村基层信息平台，推动乡村党务、政务、财务等信息公开，为实现数字乡村治理提供了新途径。移动互联网进一步推进在线教育、医疗健康等公共服务均等化，促进乡村地区用户获得公平教育机会与个性化的医疗服务。

3. 催生新就业形态，助力稳定和扩大就业

就业是最大的民生，居“六稳”工作[③]、“六保”任务[④]首位。随着移动互联网的发展，网约车、外卖、网络直播等新业态催生了网约车司机、外卖骑手、网络主播等大量新就业形态。移动互联网不但成为扩大就业的新引擎，在疫情防控期间也是实现“稳就业”工作的重要载体。

当前，我国有7800万人在依托互联网的新就业形态就业。[⑤] 新冠肺炎疫情暴发以来，美团外卖平台2020年1月20日至3月18日新招33.6万名骑手，[⑥]

---

① 《商务部：全国大部分地区的农产品滞销问题得到明显缓解》，https://baijiahao.baidu.com/s?id=1661490489652415181&wfr=spider&for=pc。

② 《拼多多2020年活跃买家数7.88亿，超阿里巴巴》，https://news.bjd.com.cn/finance/2021/03/17/62042t147.html。

③ “六稳”工作：稳就业、稳金融、稳外贸、稳外资、稳投资、稳预期。

④ “六保”任务：保居民就业、保基本民生、保市场主体、保粮食能源安全、保产业链供应链稳定、保基层运转。

⑤ 《全国1亿人灵活就业，这个领域需求以3倍增速领跑》，https://baijiahao.baidu.com/s?id=1680396513999601590&wfr=spider&for=pc。

⑥ 美团研究院：《2019年及2020年疫情期间美团骑手就业报告》，https://baijiahao.baidu.com/s?id=1661598150674982891&wfr=spider&for=pc。

出行平台滴滴在8个月内新招150余万名网约车司机。[①] 2020年直播带货迅猛发展也带动了大量就业。电商平台淘宝直播一年就带动包括主播、脚本策划、运营、场控等在内的超170万个就业岗位。2020年第二季度，直播平台以347.8%的增速领跑灵活就业招聘需求。[②] 2020年电商平台购物节“6·18”前夕，带货主播和直播运营两大岗位需求量比2019年同期高11.6倍。[③] 网约配送员、互联网营销师（含直播销售员）、在线学习服务师、全媒体运营师等成为人社部认定的新职业。移动互联网平台成为社会化就业的“蓄水池”。

4. 赋能数字政府建设，推进“一网通办”

2020年，我国数字政府建设取得关键进展。截至2020年12月，我国互联网政务服务用户规模达8.43亿，较2020年3月增长21.6%，占网民整体规模的85.3%。[④] 全国一体化政务服务平台基本建成，面向全国14亿多人口和1亿多市场主体提供服务，推动“一网通办”进入新阶段。国务院“国家政务服务平台”作为全国一体化政务服务平台的总枢纽，汇聚了31个省（自治区、直辖市）和新疆生产建设兵团，以及46个国务院部门的政务服务事项，提供涵盖电子证照及教育、助残、司法、民政等多领域服务，自上线运行以来至2021年1月31日，总浏览量达133亿次，注册总数为2.02亿人，访问用户数超过10亿。[⑤] 安徽的“皖事通办”平台，接入安徽16个市20个类别1500余项便民服务事项，实现了省、市、县、乡、村五级“一网覆盖”。广东“粤省事”平台用户超1亿，上线1632项服务、87种电子证照，其中1113

---

① 《网约车司机、兼职外卖骑手　灵活就业背后的法律空白》，中宏网豫闻，https://baijiahao.baidu.com/s?id=1688301819776215377&wfr=spider&for=pc。

② 《2020雇佣关系趋势报告（三）——新格局下的新就业形态》，智联招聘，https://www.sohu.com/a/428124874_413600。

③ 《2020上半年直播带货人才报告》，BOSS直聘，https://www.ali213.net/news/html/2020-6/520005.html。

④ 中国互联网络信息中心：《第47次〈中国互联网络发展状况统计报告〉》，http://www.cnnic.net.cn/hlwfzyj/hlwxzbg/hlwtjbg/202102/P020210203334633480104.pdf。

⑤ 新华社：《2亿人注册，2亿次点亮！国家政务服务平台持续“上新”用户数再创新高》，http://www.xinhuanet.com/2021-02/03/c_1127059002.htm。

项服务实现群众办事“零跑动”。①

2020 年疫情防控期间，一体化政务服务平台在支撑精准防控、助力复产复工与经济社会全面恢复等方面发挥了重要作用。如国务院“国家政务服务平台”上线“新型冠状病毒肺炎疫情防控”“小微企业和个体工商户服务”“复工复产”“就业服务”等专题，提供包括疫情防控实时动态、确诊患者同行人员自查、就医指引、企业复工复产、企业优惠政策等 60 余项服务，2020 年为 33 亿人次及时提供了“无接触”线上服务。不少地区政务服务平台利用“移动办”“自助办”等特点，实现了企业事务在线办理、不见面审批，提升了政务服务效率与质量，让政务服务不因疫情而停摆，也最大限度地减少了交叉感染的风险。比如，江苏政务服务 App 先后推出“小微企业和个体工商户复工复产服务”“苏政 50 条”专栏，汇聚政策信息、发布办事指南、嵌入部分事项办理入口，推动惠企政策全面落地，帮助企业共渡难关。

（四）移动网络政策法规不断完善

1. 大数据应用与个人信息保护备受关注

新冠肺炎疫情加速大数据时代到来，各地政府通过大数据助力精准防控和复工复产，各行各业借助大数据提高效率、创造效益。与此同时，大数据应用与个人信息保护也成为相关部门重点关注的议题，相关政策规定密集出台。如中央网信办发布《关于做好个人信息保护利用大数据支撑联防联控工作的通知》，民政部办公厅等四部门联合印发《新冠肺炎疫情社区防控工作信息化建设和应用指引》等，规范疫情防控期间信息收集与使用，保障公民个人信息安全。此外，《数据安全法（草案）》《个人信息保护法（草案）》分别在 2020 年 7 月和 10 月公布，向社会公开征求意见。相关法律法规体系的逐渐完善，将切实保障关键信息基础设施、重要数据和个人信息

---

① 《“粤省事”注册用户破亿》，https：//baijiahao. baidu. com/s? id = 1690725082653335064& wfr = spider&for = pc。

安全。

2. 强化反垄断和防止资本无序扩张成监管重点

2020年以来，党中央多次强调强化反垄断和防止资本无序扩张。2020年中央经济工作会议将强化反垄断和防止资本无序扩张作为2021年经济工作中的八项重点任务之一。2021年政府工作报告再次指出，“强化反垄断和防止资本无序扩张，坚决维护公平竞争市场环境”。政府部门在相关领域的监管不断加强。2020年12月，国家市场监督管理总局依法对阿里巴巴集团控股有限公司涉嫌垄断行为立案调查。中国人民银行、中国银行保险监督管理委员会、中国证券监督管理委员会、国家外汇管理局等部门联合约谈蚂蚁科技集团股份有限公司，督促其落实公平竞争、保护消费者合法权益等要求。

移动互联网是平台经济的重要支撑，互联网平台的垄断和资本无序扩张将损害市场公平竞争和消费者合法权益，不利于形成高效规范、公平竞争的国内统一市场。2020年11月，国家市场监督管理总局发布《关于平台经济领域的反垄断指南（征求意见稿）》，对不公平价格行为、限定交易、大数据杀熟、不合理搭售等行为进行了界定。2021年2月，《国务院反垄断委员会关于平台经济领域的反垄断指南》发布，明确大数据杀熟可能构成滥用市场支配地位差别待遇行为，明确“二选一”可能构成滥用市场支配地位限定交易行为等，为加强平台经济领域反垄断监管提供了科学有效、针对性强的制度规则。相关政策法规的落地，有助于进一步维护健康的市场竞争秩序和消费者权益，促进移动互联网健康有序发展。

3. 网络生态治理不断优化升级

2020年，一系列网络治理专项行动陆续开展，相关法律法规陆续出台，标志着移动互联网治理进一步深入。2019年12月15日，针对网络暴力、人肉搜索、深度伪造、流量造假、操纵账号等行为，国家网信办发布《网络信息内容生态治理规定》，自2020年3月1日起施行。2020年4月9日，全国扫黄打非办在全国开展“扫黄打非·新风”集中行动；4月24日，国家网信办启动专项整治行动，严厉打击网络恶意营销账号；6月17日，国家版权局、工业和信息化部等4个部门开展“剑网2020”专项行动，打击网络侵权盗版；10月19日，国家市场监督管理总局等14个部门开展“网剑”行动，集中整治网络市场突出问题；10月26日，国家网信办对手机浏览器扰乱网络传播秩序突出问题开展专项集中整治；11月5日，国家网信办开展推进移动应用程序信息内容乱象专项整治，集中整治网络“有偿删帖”“软色情”问题，规范“知识社区问答”。

针对网络直播、未成年人网络安全的监管成为互联网治理的一大重点。2020年6月6日，国家网信办等8个部门对网络直播开展专项整治活动；8月3日，国家网信办等8个部门深入推进网络直播行业专项整治和规范管理；2021年2月，国家网信办等7个部门印发《关于加强网络直播规范管理工作的指导意见》，通过完善法律体系、加强行政监管等引导网络直播带货良性发展。2020年7月13日，国家网信办开展2020“清朗”未成年人暑期网络环境专项整治，集中整治商业网站平台和“自媒体”违法违规行为；8月7日，国家网信办启动涉未成年人网课平台专项整治；12月13日，国家网信办、教育部印发《关于进一步加强涉未成年人网课平台规范管理的通知》，建立未成年人网课平台长效治理机制，给未成年人健康成长营造清朗的网络环境。相关监管持续发力，网络生态治理不断强化，移动网络空间更加清朗。

4. 互联网适老化改造稳步推进

2020年疫情防控期间，健康码等数字技术的广泛应用，在助力疫情防控、加速数字经济发展的同时，也使老年人“数字鸿沟”问题浮出水面，全国发生多起老年人因不会扫健康码而在公共场所受阻事件。2020年11月，国务院办公厅印发《关于切实解决老年人运用智能技术困难的实施方案》，对解决老年人运用智能技术困难作出部署。当前，全国有近1.4亿老人使用功能机或使用智能机，但不上网。① 推动移动互联网适老化及无障碍

① 《1.4亿老人上网难　工信部发布首批“适老化无障碍改造名单”》，中新网，http://news.xmnn.cn/xmnn/2020/12/25/100828117.shtml。

改造不但能让人民共享数字技术发展成果，也将扩大移动互联网应用用户与市场规模，催生移动互联网“银发经济”。

（五）移动网络空间正能量充沛

1. 主流媒体发挥主流价值引领作用，移动空间主旋律高昂

2020 年，媒体融合发展持续向纵深推进，极大地增强了移动舆论场正能量的内容供给，持续引领移动互联网主流价值。人民网发布的《2020 全国党报融合传播指数报告》显示，2020 年 1 月 1 日至 8 月 15 日，全国三级党报在各个渠道的传播覆盖率均较上年同期有所增长，自建客户端下载量有较大幅度增长。监测期正值 2020 年新冠肺炎疫情防控期间，各级党报第一时间报道疫情最新动态、解读相关政策、引导社会舆论、回应群众关切、辟除谣言消息，凝聚起抗疫的强大力量。特别是地市级党报进步明显，媒体融合发展呈现新成效。

2020 年，新冠肺炎疫情防控取得重大战略成果，京沈、京雄、沪通等多条高铁建成通车，中国北斗卫星导航实现全球覆盖，嫦娥 5 号登月探测发射成功等发展成就点燃了网民爱国热情，微博相关话题阅读量均破亿，网上爱国情绪和民族自豪感勃发。网上涉港澳台舆论保持正面主导态势，看好“一国两制”与香港未来前景的思想观点占据主流。2020 年 5 月，《全国人民代表大会关于建立健全香港特别行政区维护国家安全的法律制度和执行机制的决定》从国家层面推动建立健全香港维护国家安全的法律制度，在网上得到了广泛支持，获评“重新点亮了香港发展的希望之光”。

2. 制度认同和文化自信进一步强化,展望未来网民信心倍增

2020 年全球暴发新冠肺炎疫情，疫情防控持续时间长、舆情热度高、话题爆点多、影响范围广。广大网民对中国疫情防控工作表示积极肯定，高度认同中国的制度优势和文化优势，中国人民的民族自尊心、自信心与爱国热情又一次被极大地激发。特别是我国疫情防控取得重大战略成果与美国的疫情泛滥形成鲜明对照，网民对中国的制度优势和文化优势的认同进一步强化。

党的十九届五中全会对国内外形势、“十四五”时期经济社会发展主要

目标、2035年远景目标等作出科学分析与部署，审议通过了《中共中央关于制定国民经济和社会发展第十四个五年规划和二〇三五年远景目标的建议》，舆论盛赞“为夺取全面建设社会主义现代化国家新胜利擘画宏伟蓝图”，“吹响了向全面建设社会主义现代化国家进军的冲锋号”。网民纷纷表示此次全会振奋人心，备受鼓舞，信心倍增。有网民在移动端跟评，“全会描绘了一幅新时代迈向更加美好生活的社会主义现代化的图景，体现了以人民为中心的发展思想”，“期待‘十四五’，相信我们的生活会更加美好”。

三　中国移动互联网发展面临挑战

（一）自主核心技术待突破

2020年，美国对中国“技术断供”成为事实。2020年9月15日，美国商务部针对华为及其子公司的芯片升级禁令正式生效，华为宣布整体出售荣耀手机业务资产。美国政府无理抹黑、以举国之力打压一家中国科技企业，实行政治化禁令，备受舆论谴责。当前，中国5G、人工智能、大数据、区块链等技术发展已经走在世界前列，但移动互联网核心技术和平台对外依赖程度依然较高，核心技术“卡脖子”问题仍不容忽视。进一步加快移动互联网发展，还须突破芯片、算法、操作系统等关键核心技术，增强相关产业链应对全球外部冲击的韧性，把技术和发展的主动权掌握在自己手中。

2020年6月29日，印度电子信息技术部宣布已禁用59款中国手机应用软件，包括抖音国际版TikTok、微信、快手等App，声称这些应用“损害印度的主权和完整，损害国家安全和公共秩序”。① 2020年7月开始，美国政府以所谓“涉嫌威胁美国国家安全”为由频繁打压抖音国际版TikTok。我国移动互联网企业在海外的发展面临新的不确定性风险。2020年8月，商

① 《印度以“安全”为由禁用59款中国App，包括TikTok、微信和UC浏览器》，中国经济网，https://baijiahao.baidu.com/s?id=1670887793821595759&wfr=spider&for=pc。

务部、科技部调整发布了《中国禁止出口限制出口技术目录》，对禁止进口和限制进口的技术项目进行压缩的同时，对移动互联网企业向境外出口技术与提供技术服务提出了新要求。

（二）5G应用场景待拓展

当前，5G、人工智能、区块链等技术应用不断深化，但相关应用场景还有待拓展、深化。2021年政府工作报告明确提出，加大5G网络和千兆光网建设力度，丰富应用场景。当前5G在矿山、电力、钢铁、交通运输和自动驾驶等领域已经涌现一些领先应用，但仍需进一步拓展，以适应各行各业千差万别的业务需求，与行业应用场景深度融合。5G在个人应用方面目前以文化生活领域超高清视频、VR/AR、人工智能应用等为主，但总体上还处于先导期，用户感知度和接受度还不高，还缺少规模化、现象级的应用，有待进一步结合需求、场景和终端等深度研发。

在4G已经普及、移动互联网广泛应用的同时，各类“数字鸿沟”问题也相继出现。例如，多地要求市民出示健康码才能乘坐公共交通工具和进出居民小区，而很多老年人使用非智能手机或不会操作智能手机，无法出示健康码。再如，在线教育领域，中国发展研究基金会调研显示，仅一半农村学生能按时上网课，拥有电脑的农村学生不足一成；农村信息化教学缺乏家庭支持，疫情防控期间的居家在线学习，或将拉大城乡教育差距。从弥合“数字鸿沟”角度，移动互联网应用还有待进一步普及与拓展。

（三）法律法规短板待补齐

习近平总书记指出，新冠肺炎疫情突如其来，“新就业形态”也是脱颖而出，要顺势而为。当然这个领域也存在法律法规一时跟不上的问题，当前最突出的就是“新就业形态”劳动者法律保障问题、保护好消费者合法权益问题等。要及时跟上研究，把法律短板及时补齐，在变化中不断完善。[①]

① 《习近平谈“新就业形态”：顺势而为、补齐短板》，《人民日报》2020年5月23日。

当前，移动互联网催生的新就业形态在蓬勃发展的同时，也出现了一些短板。例如，网络外卖平台用算法系统设置的时间限制，锁定外卖骑手的时间、收入及生命安全，曾引发舆论争议；直播带货存在的刷单、假货、虚假宣传、售后瑕疵等现象，为舆论所诟病；互联网平台“二选一”“大数据杀熟”等问题备受质疑；蛋壳公寓等互联网平台爆雷，引发金融及社会稳定风险；互联网平台利用资本优势布局社区团购买菜领域，冲击小摊小贩民生，引发社会担忧；在线教育的快速扩张伴随着虚假宣传、价格欺诈等乱象不止，相关投诉不断。

《中华人民共和国国民经济和社会发展第十四个五年规划和2035 年远景目标纲要》（以下简称《“十四五”规划纲要》）指出，探索建立无人驾驶、在线医疗、金融科技、智能配送等监管框架，完善相关法律法规和伦理审查规则。如何顺势而为进一步推动移动互联网及其相关领域发展，同时补齐相关法律法规短板，成为当前亟须解决的问题。

（四）数字资源产权等制度待建立

新冠肺炎疫情防控是中国大数据应用的一个里程碑。数据在经济和社会运行中越来越重要，更成为推动许多新兴产业发展的基础。疫情过后，数据的采集、储存、分析和应用都将进入一个新的阶段，加强大数据应用与权益保护，明确数据采集及使用的流程和权限，关乎移动互联网的进一步发展。当前，数据产权制度还有待完善，比如在消费、出行、医疗中产生的数据，其产权归属比较模糊，可能带来数据滥用与个人隐私泄露问题，而数据产权如果完全归个人所有，会影响数据资源的开发利用，制约数字经济发展。

《“十四五”规划纲要》已明确提出，统筹数据开发利用、隐私保护和公共安全，加快建立数据资源产权交易流通、跨境传输和安全保护等基础制度和标准规范。这提示我们必须加快确立数据资源产权，促进数据要素流通，从而促进数字经济乃至整个经济的良性发展。

四　中国移动互联网发展趋势

（一）移动互联网助力构建新发展格局

当今世界正经历百年未有之大变局。2020 年以来，面对新冠肺炎疫情冲击，以习近平同志为核心的党中央提出加快形成以国内大循环为主体、国内国际双循环相互促进的新发展格局。构建“双循环”新发展格局需要充分发挥我国内需潜力，以创新驱动、高质量供给引领和创造新需求。当前，中国电子科技集团已成功实现离子注入机全谱系产品国产化，华为鸿蒙系统 2021 年装机至少 3 亿台设备等利好消息，无疑将加速推进芯片与操作系统国产化进程，为移动互联网进一步发展增添韧性。

与此同时，网络零售、带货直播、社区团购、在线教育、在线医疗等基于移动互联网的新应用、新业态呈爆发式增长，必将进一步促进消费增长和潜力释放。5G 网络、数据中心、工业互联网等新型基础设施建设将进一步扩大规模，也将进一步助力产业数字化转型升级，为打造经济高质量发展新引擎、构建“双循环”新发展格局提供强劲动力。

（二）5G 与工业互联网、车联网及超高清视频进一步深度融合

5G 迎来正式商用后，5G 边缘计算、终端节点技术、5G 定位技术、5G V2X 车联网技术等新技术的应用与突破将进一步推动移动互联网优化升级。在垂直行业应用领域，5G 与 C－V2X（基于蜂窝网络的车用无线通信技术）的整合，将进一步推动车联网快速发展，推进 C－V2X 产业化部署进程。5G 也将进一步推动 4K/8K 超高清视频的普及与产业链升级，助力移动互联网开启超高清视频时代。

新冠肺炎疫情期间，工业互联网平台在医疗设施建设、医疗物资对接、药物研发支持、疫情防控、复产复工等方面向社会展示了“互联互通、资源共享、智能协同”的价值，让社会各界对工业互联网有了新的深刻认识，

加快推进工业互联网建设已成为各界共识。当前，我国经济正处在新旧动能转换的关键时期，“5G＋工业互联网”融合应用成为传统制造业转型升级的方向和趋势。随着党和国家相关政策的密集出台、5G 网络建设的加快推进，5G 与工业互联网必将进一步深度融合，推进工业互联网迈入新阶段，加速中国新型工业化进程的同时为中国经济发展注入新动能。

（三）加快智慧城市、数字乡村建设进程

新冠肺炎疫情成为检验城市智慧水平和政府社会治理能力的大考，人工智能、大数据、区块链等移动互联网前沿技术在政务、交通、医疗、教育等领域的应用价值逐渐显现。2020 年，上海、深圳等多市发布加快智慧城市建设政策文件，工业和信息化部也印发通知支持北京、天津（滨海新区）、杭州、广州、成都创建国家人工智能创新应用先导区，聚焦推动智慧城市、智慧社区等建设，释放出加快智慧城市建设的积极信号。2021 年我国脱贫攻坚战取得了全面胜利，将全面推进乡村振兴。2021 年中央一号文件再次指出“实施数字乡村建设发展工程”，提出要发展智慧农业，建立农业农村大数据体系，推动新一代信息技术与农业生产经营深度融合，加强乡村公共服务、社会治理等数字化智能化建设。可以预见，移动互联网在智慧城市、数字乡村建设中的应用将会全面加速，为社会治理和乡村振兴提供有力支撑。

（四）连接人与物的超级网络应用空间无限

《“十四五”规划纲要》指出，“推动物联网全面发展，打造支持固移融合、宽窄结合的物联接入能力”“分级分类推进新型智慧城市建设，将物联网感知设施、通信系统等纳入公共基础设施统一规划建设，推进市政公用设施、建筑等物联网应用和智能化改造”。随着 5G 大规模建设和 4G 全面普及，“万物智联”的时代正向我们走来，不仅人与人之间便捷相连，更多的物体加入人类社会网络，形成人与物的大规模同时在线。工业互联网上的各种机械设备、农田里的各类监测传感器、交通线路上的各种摄像头和无人驾驶车辆、进入家庭和公共场所的各种智能电器和日常用品，随时随地与人进

行交互。移动互联网将演变成人与海量物品共生的超级网络。仅 2021 年第一季度，中国智能家居设备出货量达到 4699 万台，同比增长 27.7%。[①] 上海等城市相继落地自动驾驶出租车。2021 年，智能家居生活、自动驾乘体验、远程田间管理等，离人们将不再遥远。

（五）在线教育、远程医疗行业迎来爆发式发展

新冠肺炎疫情在一定程度上改变了公众的工作、生活模式，在线教育、远程医疗需求大增。随着疫情防控进入常态化，远程医疗、在线教育等消费习惯将被保留。《“十四五”规划纲要》指出，“聚焦教育、医疗、养老、抚幼、就业、文体、助残等重点领域，推动数字化服务普惠应用，持续提升群众获得感”。在我国人均医疗支出不断增加的背景下，随着 5G 技术发展与智能手机的普及，加上互联网医疗纳入医保等政策利好，公众对远程医疗的需求将会增加，远程医疗行业将迎来爆发式发展。与此同时，各大学校、企业积极布局在线教育，将进一步推动相关产业发展，助推教育方式创新变革。与此同时，在线教育、远程医疗的政府监管也将趋严，行业将更加规范，有利于进一步拓宽移动互联网应用，推动移动互联网发展红利进一步在全社会普及。

参考文献

工业和信息化部：《2020 年通信业统计公报》，http：//www. gov. cn/xinwen/2021 - 01/26/content_ 5582523. htm。

中国互联网络信息中心：《第 47 次〈中国互联网络发展状况统计报告〉》，http：//www. cac. gov. cn/2021 - 02/03/c_ 1613923423079314. htm。

中国信通院：《2020 年 12 月国内手机市场月度运行报告》，https：//www. sohu. com/a/443793797_ 162522。

中国信通院：《2020 年四季度互联网投融资运行情况》，https：//baijiahao. baidu. com/s? id = 1689373179815058390&wfr = spider&for = pc。

---

① IDC：《中国智能家居设备市场季度跟踪报告，2021 年第一季度》，https：//www. cqcb. com/keji/hulianwang/2021 - 06 - 21/4225200_ pc. html。

综 合 篇

Overall Reports

B.2
2020年移动互联网法规政策发展与趋势

刘佳琨　丁文婕　支振锋*

摘　要：　2020年，我国加强移动互联网新规则、新制度建设，涉及国家治理、网络安全、信息内容治理、产业发展等方面。在个人信息保护、未成年人保护、信息内容治理、知识产权保护、行业反垄断等领域展开了专项治理行动。面对新冠肺炎疫情所带来的新的问题和挑战，应进一步加强个人信息保护，构建信息化支撑的社会治理平台，推动网络经济新业态、新模式蓬勃发展，打造移动互联网安全发展新格局。

关键词：　移动互联网　网络安全　政策法规　内容治理　产业发展

---

* 刘佳琨，中国社会科学院大学（研究生院），主要研究方向为网络法治；丁文婕，中国社会科学院大学（研究生院），主要研究方向为网络与信息法；支振锋，中国社会科学院法学研究所研究员，网络法治蓝皮书主编，主要研究方向为法理学、网络法治。

随着移动互联网基础设施不断完善，大数据、工业互联网、5G 商用进入新一轮快速发展期，移动互联网新业态开始成为经济发展新引擎。2020 年新冠肺炎疫情在给移动互联网信息平台带来发展机遇的同时，也给个人信息保护、网络生态治理带来挑战。公民隐私与信息公开、个人信息保护与疫情管控之间时有冲突，信息化支撑的社会治理平台亟待建成，网络空间生态建设仍须推进。2020 年，我国移动互联网政策法规不断完善，以《民法典》《个人信息保护法（草案）》《数据安全法（草案）》《网络安全审查办法》为基础框架，移动互联网治理不断优化升级。

一　2020年移动互联网新规则、新制度

（一）综合治理

1. “平战结合”，信息化助力公共卫生服务

2020 年的新冠肺炎疫情是对我国治理体系和治理能力现代化的一次大考。面对突如其来的疫情，党和政府迅速采取了有效措施，及时控制疫情发展态势，最大限度地保护了人民群众的生命安全和身体健康。其中，信息化在辅助疫情研判、创新诊疗模式、提升服务效率等方面发挥了重要的支撑作用。2020 年 2 月 4 日，国家卫生健康委办公厅发布《关于加强信息化支撑新型冠状病毒感染的肺炎疫情防控工作的通知》，要求利用大数据技术对疫情情况进行实时跟踪、重点筛查、有效预测，使信息化服务于疫情防控、临床救治和科研攻关。3 月 5 日，《新冠肺炎疫情社区防控工作信息化建设和应用指引（第一版）》发布，强调社区防控工作应当发挥互联网、大数据、人工智能等信息技术优势，构筑起人防、物防、技防、智防相结合的社区防线。12 月 12 日，全国疫情防控形势已总体平稳，《全国公共卫生信息化建设标准与规范（试行）》出台，明确全国公共卫生信息化建设的基本内容，要求“补短板、堵漏洞、强弱项”，加快信息技术与公共卫生融合应用，提升公共卫生信息化“平战结合”能力。

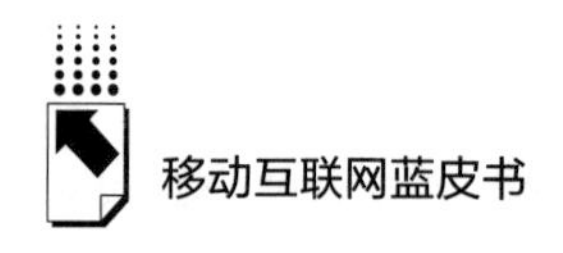

2. 标准化引领，加强电子政务标准化顶层设计

电子政务是深化“放管服”改革和建设服务型政府的重要战略举措。2017 年，中央网信办、国家质检总局、国家标准委联合印发的《“十三五”信息化标准工作指南》就提出了修订完善电子政务标准化指南的要求。2020 年 6 月，《国家电子政务标准体系建设指南》出台，围绕政务数据开放共享、公共信息资源开发利用、电子文件、“互联网 + 政务”等重点工作，提出相应体系框架建设重点。此外，为规范全国司法行政信息化建设，12 月 31 日，司法部发布《司法行政移动执法系统技术规范（SF/T0049 - 2020)》行业标准，规范司法行政移动执法系统的设计、建设、管理和应用，从技术层面加强对全国司法行政业务工作的指导。

3. 智慧执行，服务执行当事人延伸至移动端

2020 年，人民法院坚持问题导向，在执行领域广泛应用大数据、云计算、人工智能等信息化技术。继执行指挥地理信息系统（Geographic Information System，GIS）可视化实战管理系统、智慧执行 App（执行干警端）之后，智慧执行 App（当事人公众端）于 12 月 25 日上线。公民得以更便捷地获取执行信息、联系执行法官，更深入、更直观、更全面地了解、参与、监督执行，对于切实解决执行难、提高人民群众对执行工作的满意度和获得感有重要意义。至此，人民法院已经形成“专网 + 互联网”全覆盖的执行信息化工作模式，法院可对内进行较为高效的执行管理和执行调度，服务执行干警移动办案，对外切实保障人民群众在执行领域的参与权、表达权、监督权，为实现执行公开、破解执行难问题提供高效渠道。①

4. 深化“放管服”改革，网络营商环境进一步优化

面对新冠肺炎疫情所带来的国内外风险和挑战，我国坚持把优化营商环境作为推动经济高质量发展的重要支点，打出一系列“放管服”组合拳。2020 年 1 月 1 日，《优化营商环境条例》正式施行，要求加快建设全国一体

① 《智慧执行 App 上线　为社会公众提供多元执行诉讼服务》，《人民法院报》2020 年 12 月 26 日，第 1 版。

化在线政务服务平台，推动政务服务事项在全国范围内实现“一网通办”，标志着我国优化营商环境制度建设进入新阶段。随后，自然资源部等部门相继发布《关于矿业权申请资料实行互联网远程申报的公告》、《关于协同推进“互联网+不动产登记”方便企业和群众办事的意见》和《“互联网+不动产登记”建设指南》，提出加快建立集成统一的网上“一窗受理”平台、大力推进网上受理审核等意见，推动更多服务事项一网通办，深化“放管服”改革，进一步优化营商环境。

（二）网络安全

1. 严格网络安全审查，保障信息安全

2020年6月1日起，由国家互联网信息办公室、国家发展和改革委员会等12个部门依据《国家安全法》第59条和《网络安全法》第35条联合制定的《网络安全审查办法》（以下简称《办法》）正式实施。与2017年5月发布的《网络产品和服务安全审查办法（试行）》相比，新的《办法》对网络安全审查的工作定位、适用范围、审查内容等进行了明确规定，从适应当前国际网络安全新形势、满足维护国家安全新需要的角度出发，对关键信息基础设施运营者采购网络产品和服务时影响或可能影响国家安全的风险进行审查，确保关键信息基础设施供应链安全。

2. 规范数据活动，数据安全治理有法可依

数据是国家基础性战略资源。国家保护公民、组织的合法数据权益，鼓励依法合理有效利用数据，保障数据依法有序自由流动。2020年4月10日，国务院发布《关于构建更加完善的要素市场化配置体制机制的意见》，强调要加快培育数据要素市场。数据作为一种新型生产要素首次被写入文件。随后，为进一步适应信息网络社会发展客观需要，《民法典》也将数据和网络虚拟财产纳入法律保护范围。7月3日，《数据安全法（草案）》公开征求意见，除确立数据安全管理各项基本制度外，还提出建立政务数据相关制度，促进数据安全与发展。安全发展，标准先行。12月25日，《电信和互联网行业数据安全标准体系建设指南》出台，要求该行业参照基础共性标准、

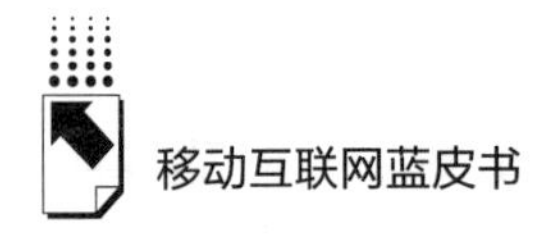

关键技术标准、安全管理标准，结合新一代信息通信技术发展情况，在5G、移动互联网等重点领域进行布局，规范数据活动，保障数据安全。

3. 多措并举，平衡个人信息保护与利用

2020年，新冠肺炎疫情的防控需求使针对个人信息的采集力度陡增，带来如何妥善使用和处理个人信息的难题。为了厘清各方边界与权责，处理好个人隐私与防控安全间的关系，2月4日，国家互联网信息办公室发布《关于做好个人信息保护利用大数据支撑联防联控工作的通知》，要求收集联防联控所必需的个人信息应坚持最小范围原则，采取严格的管理和技术防护措施，防止相关信息被窃取和泄露。在立法方面，在《网络安全法》一系列规定的基础上，《民法典》进一步明确了处理和使用个人信息应遵循的原则和条件，基本上建立了个人信息保护“全周期”保护链条。10月21日，《个人信息保护法（草案）》公布，具有域外适用效力，增加个人信息处理合法性基础，构建个人信息跨境流动制度，从源头上赋予自然人各项个人信息权利，明确个人信息处理者和国家机关的各项义务。这是我国个人信息保护的第一部专门立法，对于保障个人信息合法利用与有序流动有重要意义。

（三）信息内容治理

1. 体系化推进网络生态多主体综合治理

党的十九大报告指出，要“加强互联网内容建设，建立网络综合治理体系，营造清朗的网络空间”。为落实十九大精神及中央全面深化改革委员会《关于加快建立网络综合治理体系的意见》，营造良好网络生态，弘扬网络正能量，由国家互联网信息办公室发布的《网络信息内容生态治理规定》（以下简称《规定》）于2020年3月1日起施行。《规定》在网络信息内容领域对各主体提出要求，强调网络信息内容服务使用者和生产者、平台应当遵守法律法规，不得开展网络暴力、人肉搜索、深度伪造、流量造假、操纵账号等违法活动。在《规定》指导下，“净网2020”专项行动、“清朗”未成年人暑期网络环境专项整治等网络生态治理活动有序开展，并取得良好成效。

2. 强化未成年人网络保护，净化网络学习环境

网络空间作为现实世界的延展，已经成为未成年人成长的新环境。《青少年蓝皮书：中国未成年人互联网运用报告（2020）》显示，当代未成年人“数字化生存”程度不断提升，未成年人的互联网普及率已达99.2%，首次触网年龄不断降低，10岁及以下开始接触互联网的人数比例达78%。[①] 2020年10月17日，新修订的《未成年人保护法》增设“网络保护”专章，对网络保护理念、网络环境管理、相关企业责任、个人信息保护、网络沉迷防治等作出全面规范，力图实现对未成年人的线上、线下全方位保护。11月27日，国家互联网信息办公室、教育部联合下发《关于进一步加强涉未成年人网课平台规范管理的通知》，要求对涉未成年人网课平台加强备案管理、资质审核和日常监管，建立跨部门巡查机制，切实保障优质线上教育资源供给，以正确价值导向引领平台健康有序发展，营造未成年人良好网络学习环境。

3. 治理虚假信息，严厉打击涉疫网络谣言

新冠肺炎疫情暴发初期，社会各界对这一全新的病毒缺乏了解，疫情一度引发社会恐慌，涉疫网络谣言层出不穷。2020年2月6日，最高人民法院、最高人民检察院、公安部、司法部发布《关于依法惩治妨害新型冠状病毒感染肺炎疫情防控违法犯罪的意见》，提出要严厉打击编造、故意传播虚假疫情信息的行为，保障人民群众生命安全和社会安定有序，推动疫情防控工作顺利开展。各地也采取相应措施，严厉打击涉疫网络谣言。12月1日，《天津市网络虚假信息治理若干规定》出台，明确了信息发布传输和健康文明用网的要求，规定政府、有关部门及网络信息平台的责任与义务，对于规范网络传播秩序、营造健康的网络环境、维护国家安全和社会公共利益具有重要意义。

（四）产业发展

1. 标准化顶层设计推动人工智能产业健康可持续发展

人工智能是新一轮科技革命和产业变革的重要驱动力量。2020年，人

---

① 《〈青少年蓝皮书：中国未成年人互联网运用报告（2020）〉在京发布》，中国社会科学网，http：//www.cssn.cn/zx/bwyc/202009/t20200922_ 5185844.shtml。

工智能产业发展势头强劲。7 月 27 日，《国家新一代人工智能标准体系建设指南》（以下简称《指南》）出台，为人工智能领域标准化顶层设计提供参照，推动人工智能产业技术研发和标准制定，促进产业健康可持续发展。《指南》提出，到 2021 年，明确人工智能标准化顶层设计，研究标准体系建设和标准研制的总体规则；有序开展人工智能标准化工作，完成关键通用技术、关键领域技术、伦理等 20 项以上重点标准的预研工作；到 2023 年，初步建立人工智能标准体系，重点研制数据、算法、系统、服务等重点急需标准，并率先在制造、交通、金融、安防、家居、养老、环保、教育、医疗健康、司法等重点行业和领域进行推进。

2. 启动互联网适老化及无障碍改造

当前，互联网应用逐渐覆盖出行、购物等各个领域，老年人、残疾人等特殊群体拥抱互联网已成为不可逆转的趋势。在此背景下，工业和信息化部印发《互联网应用适老化及无障碍改造专项行动方案》，决定自 2021 年 1 月起，在全国范围内组织开展为期一年的互联网应用适老化及无障碍改造专项行动，着力解决老年人、残疾人等特殊群体在使用互联网等时遇到的困难，首批将涵盖社交通信、生活购物、金融服务等领域 8 大类 115 家网站、6 大类 43 个 App。该方案有利于推动充分兼顾老年人、残疾人需求的信息化社会建设，是以人民为中心的基本价值立场和根本发展遵循的生动体现。

3. 逐步构建立体化的互联网金融制度体系

2020 年，针对互联网金融业务中存在的突出问题，中国银行保险监督管理委员会（以下简称银保监会）采取了一系列措施，推动互联网新业态的持续健康发展。为提升互联网保险业服务实体经济和社会民生的水平，6 月 22 日，银保监会发布《关于规范互联网保险销售行为可回溯管理的通知》，对保险机构互联网销售过程管理、可回溯内控管理做出要求。12 月 14 日，《互联网保险业务监管办法》出台，以问题导向、统筹推进、服务实践、审慎包容为原则，规定互联网保险的业务规则和监督管理事项。此外，在互联网贷款业务方面，《商业银行互联网贷款管理暂行办法》自 7 月 17 日起施行，明确互联网贷款的内涵、范围及小额、短期、高效和风险可控原则，提出要加快建

立健全全面风险管理体系、合作机构准入和退出机制，以及互联网借款人权益保护机制，加强事中、事后监管，引导互联网金融新型业态健康合规成长。

4. 促进直播营销新业态健康发展

作为新冠肺炎疫情期间我国经济发展的重要新动力，电商直播打破了线下市场原有的营销、交易二元分割态势，在扩大内需、刺激消费的同时，也伴生出监管规则不清晰、监管部门执法难度大等问题。2020 年 11 月 6 日，国家市场监管总局发布《关于加强网络直播营销活动监管的指导意见》（以下简称《指导意见》），密切关注电商直播热点争议问题，从压实有关主体法律责任、严格规范网络直播营销行为、依法查处网络直播营销违法行为三个方面，引导网络直播营销活动有序进行。《指导意见》的出台，回应了社会公众对保障消费者权益与规范电商直播秩序的诉求，对指导执法部门监管和促进电商直播行业稳步发展具有重要意义。

5. 积极推进“互联网 +”产业发展

2020 年，新冠肺炎疫情加速“互联网 +”产业发展。5 月 22 日，国务院总理李克强在 2020 年政府工作报告中提出，要全面推进“互联网 +”，打造数字经济新优势。在医疗保障领域，《关于积极推进“互联网 +”医疗服务医保支付工作的指导意见》《关于深入推进“互联网 + 医疗健康”“五个一”服务行动的通知》相继发布，聚焦人民群众看病就医的“急难愁盼”问题，为“互联网 +”医疗服务医保支付工作和“互联网 + 医疗健康”便民惠民服务提供有力保障。在旅游发展领域，11 月 30 日，文化和旅游部等 10 个部门联合印发《关于深化“互联网 + 旅游”推动旅游业高质量发展的意见》，提出加快建设智慧旅游景区、完善旅游信息基础设施、创新旅游公共服务模式等重点任务。在上网服务行业，12 月 4 日，文化和旅游部发布《关于进一步优化营商环境　推动互联网上网服务行业规范发展的通知》，要求加强综合性与自助式上网服务场所管理，推进互联网上网服务行业转型升级。各部门“互联网 +”产业指导意见的印发实施，有利于依托互联网特有优势，促进产品和服务供给优化升级，实现各行业发展质量、效率和动力变革，助力优化营商环境，构建新发展格局。

二　2020年移动互联网监管典型事件与案例

（一）个人信息保护：App 违法违规收集使用个人信息治理工作

2020 年，我国移动互联网市场中 App 数量已超 500 万款，违法违规收集使用个人信息问题依然严峻。7 月 22 日，国家网信办、工业和信息化部、公安部、国家市场监管总局四部门联合启动 2020 年 App 违法违规收集使用个人信息治理工作。①

有关部门主要针对面部特征等生物特征信息收集使用不规范，App 后台自启动、关联启动、私自调用权限上传个人信息，录音、拍照等敏感权限滥用等社会反映强烈的重点问题，开展专题研究和深度检测，通过受理举报信息、开展深度评估、问题核查等方式，对用户规模大、问题突出的 App 采取了公开曝光、约谈、下架等处罚措施。治理工作取得了良好成效，公众常用 App 存在的违法违规收集使用个人信息的典型问题得到明显改善，App 运营者履行个人信息保护责任义务的能力和水平得到有效提升。行政外部约束和行业内部自律机制双管齐下，形成 App 违法违规收集使用个人信息治理的有效路径，为维护公民在网络空间的合法权益，促进 App 行业的持续健康发展奠定坚实基础。

（二）未成年人保护：涉未成年人网课平台规范管理

受新冠肺炎疫情影响，“互联网 + 教育”成为学生学习的重要渠道。但一些平台无视社会责任，在相关课程中夹带网游信息、交友广告甚至散布色情信息，不仅未实现原有的“云教学”功能，还严重危害未成年人身心健康。2020 年 7 月，国家网信办启动为期 2 个月的“清朗”未成年人暑

---

① 《2020 年 App 违法违规收集使用个人信息治理工作启动会在京召开》，中国网信网，http：//www. cac. gov. cn/2020 -07/25/c_ 1597240741055830. htm。

期网络环境专项整治，严查学习教育类网站平台和其他网站网课学习板块。[①] 针对网民举报的某网校 App 存在低俗视频、教唆早恋内容等突出问题，依法约谈网站负责人，责令限期整改，加强内容审核，完善信息安全制度。[②]

2020 年 11 月 27 日，国家网信办、教育部联合印发《关于进一步加强涉未成年人网课平台规范管理的通知》，巩固和深化整治成果，提出要对网课平台加强备案管理、强化日常监管、提升人员素质、注重协同治理，督促网站平台切实履行主体责任，对违法违规网课平台保持高压严打态势。加强涉未成年人网课平台规范管理，对推动涉未成年人网课平台健康有序发展、把好信息内容管理“第一道关口”具有深远意义，有利于改善未成年人上网生态，真正为未成年人打造一片清朗的网络学习空间。

（三）信息内容治理：网络恶意营销账号专项整治行动

2020 年 4 月 24 日起，国家网信办组织各地网信部门开展为期两个月的网络恶意营销账号专项整治行动，进一步聚焦突出问题，压实主体责任，加大惩治力度，对问题严重、影响恶劣的网站平台、网络账号及相关责任人依法依规严肃处置。2020 年 3 月以来，部分网络账号为获取流量和广告进行恶意营销，无底线地哗众取宠，谋取利益，侵害企业或个人合法权益，扰乱正常网络传播秩序。[③]

在自媒体生态中，数量庞大的网络营销号通过违反常识、捏造事实、用机器批量生产信息的行为炮制网络热点，博取受众眼球，利用公众情绪实现流量变现，获取非正当利益。因监管难点众多、处罚力度不够，低违规成本和高经济收益带来的诱惑使网络恶意营销屡禁不止，对社会舆论、网络生态

---

① 《国家互联网信息办公室启动 2020“清朗”未成年人暑期网络环境专项整治》，中国政府网，http：//www.gov.cn/xinwen/2020－07/13/content_ 5526452.htm。

② 《国家互联网信息办公室约谈学而思网校 App 负责人》，新华网，http：//www.xinhuanet.com/tech/2020－07/14/c_ 1126235078.htm。

③ 《国家互联网信息办公室启动专项整治行动　严厉打击网络恶意营销账号》，中国政府网，http：//www.gov.cn/xinwen/2020－04/25/content_ 5506012.htm。

造成严重不良影响。本次专项整治行动不仅以雷霆之势打击了网络恶意营销账号的嚣张气焰，而且督促自媒体平台不断提高平台基础管理能力，提升网民的媒介素养和信息甄别能力，不给恶意营销可乘之机，推动形成风清气正的网络空间。

（四）知识产权保护：打击网络侵权盗版"剑网2020"专项行动

2020 年 6 月至 10 月，国家版权局、国家网信办、工业和信息化部、公安部联合开展了打击网络侵权盗版"剑网 2020"专项行动，这是全国持续开展的第十六次打击网络侵权盗版专项行动。本次专项行动针对网络版权保护面临的新情况、新问题，严厉打击视听作品、电商平台、社交平台、在线教育等重点领域侵权盗版行为，着力规范网络文学、游戏、音乐、知识分享等平台版权传播秩序。行动期间，共删除侵权盗版链接 323.94 万条，关闭侵权盗版网站（App）2884 个，查办网络侵权盗版案件 724 件，其中查办刑事案件 177 件、涉案金额 3.01 亿元，调解网络版权纠纷案件 925 件。[①]

本次行动对规范网络版权秩序，净化网络版权环境起到了良好效果，进一步督促互联网平台强化内容审核和版权监控，及时高效地履行"通知—移除"义务，推动有关部门建立健全网络版权专职机构保护体系，让版权保护意识深入人心。

（五）规范行业发展：对互联网平台企业开展反垄断调查

近年来，我国平台经济蓬勃发展，新业态、新模式层出不穷，对推动经济高质量发展、满足人民日益增长的美好生活需要发挥了重要作用。但与此同时，平台经济中至关重要的数据、技术、资本等要素正呈现市场集中度越来越高的趋势，互联网巨头滥用市场支配地位、阻碍创新、损害消费者利益等现象不断出现，给平台经济发展造成风险隐患。互联网行业不是反垄断的

① 《"剑网 2020"专项行动共删除侵权盗版链接 323 万余条》，央视网，http：//news.cctv.com/2021/01/15/ARTIrqgqYRoaVuMZSN0nB0Sh210115.shtml。

法外之地。[①] 2020 年 11 月 10 日，国家市场监管总局发布《关于平台经济领域的反垄断指南（征求意见稿）》，要求加大对互联网巨头涉嫌垄断的调查和监管。12 月 14 日，国家市场监管总局依法对阿里巴巴投资收购银泰商业股权、阅文集团收购新丽传媒股权、丰巢网络收购中邮智递股权等 3 起未依法申报违法实施经营者集中案作出行政处罚，分别处以 50 万元罚款。12 月 24 日，国家市场监管总局根据举报，依法对阿里巴巴集团控股有限公司实施"二选一"等涉嫌垄断行为开展立案调查。

2020 年国家市场监管总局对一系列互联网平台企业的引导、监管、调查、处罚，并不是意味着国家鼓励和支持平台经济的态度有所改变，而是为了促进平台经济在规范有序的轨道上稳健发展，让互联网行业在法治轨道上更好地前行。

三　2020年移动互联网监管新问题、新趋势

（一）主要问题

1. 新冠肺炎疫情防控给个人信息保护带来挑战

2020 年抗击新冠肺炎疫情过程中，大数据、人工智能等新技术在整合公民个人信息、开展流行病学调查研究、及时有效进行疫情走势预判等方面扮演了重要角色，同时也带来个人信息保护不到位的难题。疫情暴发初期，山东胶州 6000 余人的身份信息被泄露，在微信群、朋友圈中传播。[②] 2020 年 12 月，更有成都 20 岁确诊女孩流调信息被公布后遭遇网络暴力、[③] 明星艺人"健康宝"照片被低价打包销售的报道。[④] 公民个人权益保护与公共安

① 《加强反垄断监管是为了更好发展》，《人民日报》2020 年 12 月 25 日，第 7 版。

② 《疫情期登记的个人信息将去向何方》，http://right.workercn.cn/158/202005/07/200507072225770.shtml。

③ 《成都确诊女孩信息泄露背后：公众知情权和个人隐私保护如何调和?》，《新京报》2020 年 12 月 11 日。

④ 《明星健康宝照片 2 元打包 70 张　1 元可买 1000 位艺人身份证号》，腾讯网。

全之间的冲突在公共卫生事件中得以集中体现：一是相关规定对个人信息收集的权力边界定义不明，公民隐私权与政府管控权难以平衡，导致出现反复登记、不必要登记等问题；二是部分防控工作人员信息保护意识不强，将公民信息随意曝光于公共视野之中，使大量公民被迫在大众面前“裸奔”；三是部分公众未明确认识疫情防控的目的，时常将目光集中于确诊或者疑似病人，而不是新冠肺炎病毒本身，使病人受到二次伤害。

2. 网络平台过度操纵信息行为有待规范

网络信息平台在人们的日常生活中占据越来越重要的地位。传统的言论自由表达的“公民—政府”二元模式已逐渐转变为“个人—企业—政府”的三元模式。[①] 由于在内容规制方面，平台相较于政府部门有天然的资源和技术优势，政府在一定程度上赋予网络信息平台监管权，以提高网络信息内容监管效率，提升网络信息内容质量，但也增加了平台过度使用监管权力、盲目追求私主体利益的风险。2020 年 4 月，商界精英夫人“手撕”疑似第三者的微博迅速成为热议话题，又几乎被全网“秒删”。[②] 该行为无疑侵犯了网民们自由发表关于个人道德和家庭伦理问题相关言论的权利。一方面，随着对淫秽、色情、暴力、煽动性网络内容的管控趋严，网络信息平台容易产生“应激反应”，对网络内容进行过度审查；另一方面，网络信息平台的企业社会道德在与其作为私主体的利益博弈中，有时可能难以占据上风。网络平台故意屏蔽或删除信息，扭曲真实民意，破坏网络生态，最终受到伤害的是公民的言论自由权。

3. 互联网新型不正当竞争行为监管难度大

随着互联网领域的持续创新和高速发展，以数字经济为支撑的互联网平台之间的不正当竞争行为层出不穷，呈现多元性、开放性等特点，威胁用户的合法权益。不正当竞争的定义不再局限于传统的违反诚实信用原则以及商业道德，而是发展为大数据杀熟、平台强制二选一、信息

① 孔祥稳：《网络平台信息内容规制结构的公法反思》，《环球法律评论》2020 年第 2 期。

② 支振锋：《网络平台“删帖”也应受约束》，《环球时报》2020 年 4 月 20 日，第 15 版。

茧房、屏蔽链接、弹窗广告、流量劫持等多种样态，并随着技术的发展不断更新换代。由于我国 2018 年才在《反不正当竞争法》中规定“互联网专条”，相关规定仍未形成统一的解释条款，司法实践中也难以形成统一的认定标准。2021 年 2 月 7 日，国务院反垄断委员会印发《关于平台经济领域的反垄断指南》（以下简称《反垄断指南》），以预防和制止平台经济领域垄断行为，防范资本无序扩张，保护市场公平竞争。[①]《反垄断指南》解读了平台经营者、平台内经营者以及消费者等之间的立体关系，定义互联网平台经济，指导相关市场界限划定，明确滥用市场支配地位行为，完善平台经济领域经营者集中审查。但是，互联网领域的垄断与不正当竞争行为的隐蔽性与灵活性仍将不断挑战监管执法。当前互联网面临的挑战主要体现在三个方面：第一，行业协会未充分发挥其在平台经济领域的引导作用，行业自律性亟待加强；第二，随着网络技术的不断创新发展，《反垄断指南》关于“相关市场”的界定标准将难以支撑平台功能、应用场景、交易方式等各种因素的快速升级；第三，《反垄断指南》中的事前监管多以经营者主动“申报”为前提，审查机制略显被动，监管机制应调整强化。

4. 5G 全面商用带来新的网络安全隐患

5G 成为推动数字经济发展重要推手的同时，也可能引发新一轮的网络安全风险和挑战。一是各种“不匹配”问题引起的短时间行业阵痛。在 5G 尚未大规模普及的过渡阶段，基于 4G 甚至 4G 以下场景的算法可能无法对 5G 形成有效支撑，现有硬件设备可能无法支持超高传输速率，设备换代需要时间与经济成本，以致无法充分发挥 5G 的效用。二是设备的物理伤害风险增加。5G 作为桥梁将更多的物理设备接入互联网中，同时也增加了被黑客攻击的风险，网络虚拟攻击将演变为物理伤害。三是依赖于 5G 的新兴产业安全隐患增加。例如，无人驾驶产业依赖于 5G 的

---

① 国家市场监督管理总局：《国务院反垄断委员会关于平台经济领域的反垄断指南》，http：//gkml. samr. gov. cn/nsjg/fldj/202102/t20210207_ 325967. html。

低延时、高传输速率等特性，一旦被恶意攻击或者植入病毒，将会导致网络全面瘫痪。

5. 网络水军产业链破坏互联网健康生态

“网络水军”，又称“组织化社交媒体操纵”，主要指通过计算机辅助人工宣传、自动账户传播、虚假线上身份网络以及算法操纵等技术，[①]增加浏览量、点赞量以及交易量，以达到刷高流量的目的。2021 年 1 月 20 日，广州市方圆实验小学学生家长刘某因孩子被老师体罚心生怨恨，花 760 元买“网络水军”，在网络平台上虚增流量，夸大言辞，大量散播不实信息，一度造成网络秩序严重混乱。[②] 网络虚假流量黑灰产业呈现低成本、低技术、高回报的特点，面对巨大的用户量带来的利益诱惑，已经形成庞杂的产业链，令人防不胜防。“网络水军”与流量造假破坏网络社会信任基础，扰乱网络生态平衡，已经触及《反不正当竞争法》、《电子商务法》以及《刑法》等多个法律底线，给互联网平台、监管部门以及司法机关带来管制难题。

（二）发展趋势

1. 加强个人信息保护，平衡个人信息保护与公共利益的关系

我国个人信息处理与保护机制不断完善，紧跟价值目标，坚持问题导向，制定法律法规。坚持信息收集以取得个人同意为前提，充分保障信息主体的隐私权。未来既要继续完善个人信息处理机制建设，也要注重加强个人信息安全防护技术升级，构建根基扎实、结构完善的个人信息网络保护体系。

2. 推进数字政府建设，构建信息化支撑的社会治理平台

数字化在推动社会重大变革的同时，也在推动着政府的数字化变革与转型，我国的数字化政府建设即将迈进从雏形到蜕变的新征程。地方“数字

① 方师师：《警惕“网络水军”对传播主动权的操纵》，《青年记者》2018 年第 12 期。

② 《花 760 元，“水军”能把一条虚假消息炒成 5.4 亿阅读量》，央视网，https：//news. cctv. com/2021/01/20/ARTIW8DUnah3EHavxYKqIREx210120. shtml。

政府”改革，有助于提升决策部署效率，解决基层“事多人少”难题，减少百姓办事负累，优化营商环境。但是，在数字化的浪潮中，服务型数字政府在牢牢把握“以人为本”理念的基础上，如何依靠大数据、云计算、人工智能等新一代信息技术，坚持决策科学化，实现技术创新，提高行政效能，仍是一场不小的考验。

3. 包容与审慎并举，推动网络新业态、新模式蓬勃发展

依托互联网技术的各种新业态、新模式应运而生，带来了新的挑战：网络经济平台商业垄断行为频频出现；终端 App“偷听”，收集闲散用户流量，侵犯用户隐私权；自媒体平台违规炒作房地产市场信息，制造购房恐慌等新型问题层出不穷。面对新业态、新模式带来的监管难题，包容与审慎并举的理念依旧是主导。首先，紧盯重要平台，规划互联网平台健康生态建设已成为常态。其次，监管执法活动力度将持续加大，平台责任更加明确、细化。包容与审慎并举的网络治理理念为互联网新业态、新模式发展注入创新活力，施以正确引导，使互联网生态与市场营商环境在健康、公平、法治的道路上前进。

4. 构建网络空间命运共同体，打造网络安全新格局

随着大数据、云计算、5G 等网络科技的广泛应用，各国人民在网络空间中休戚与共、利益攸关。虽然各个国家因国情差异，面临互联网带来不同的挑战，但在网络安全治理、数字经济发展方面有共同愿景。当前，无论是5G 时代带来的万物互联，还是新冠肺炎疫情期间对网络需求的急剧提升，世界各国面临网络攻击的风险都在增大，需要全球求发展、共治理、同参与、促交流。一方面，各国要共同遏制和反对一切形式的网络攻击和网络空间军备竞赛，加强网络信息设备基础建设，加大网络安全人才的培养；另一方面，面对复杂的国际网络安全环境，各国要在更加开放的国际环境下提升网络安全能力，加深国际合作交流。要抓住信息全球化发展机遇，创新加强网络安全建设，携手共创更加美好的未来。

参考文献

方师师：《警惕“网络水军”对传播主动权的操纵》，《青年记者》2018 年第 12 期。

支振锋：《网络平台“删帖”也应受约束》，《环球时报》2020 年 4 月 20 日。

孔祥稳：《网络平台信息内容规制结构的公法反思》，《环球法律评论》2020 年第 2 期。

B.3

巩固网络脱贫攻坚成果，共同迈向数字乡村

郭顺义　贾　晖　胡　穆　韩维娜　雷　鸣*

摘　要：　网络扶贫行动计划发布以来，在五大工程的推动下，我国贫困地区网络基础设施不断完善、农村电商发展不断提速、信息服务体系不断健全，有力地支撑了全面打赢脱贫攻坚战。我国将全面推进乡村振兴，数字乡村成为发展主旋律。要注意巩固网络脱贫攻坚成果，做好衔接，推动已脱贫摘帽地区因地制宜、因势利导，有序建设美丽幸福的数字乡村。

关键词：　乡村振兴　网络扶贫　数字乡村　数字鸿沟

2021年2月25日，全国脱贫攻坚总结表彰大会在京举行。中共中央总书记、国家主席、中央军委主席习近平为全国脱贫攻坚楷模荣誉称号获得者颁奖并发表重要讲话。习近平强调，经过全党全国各族人民共同努力，在迎来中国共产党成立100周年的重要时刻，我国脱贫攻坚战取得了全面胜利，现行标准下9899万农村贫困人口全部脱贫，832个贫困县全部摘帽，12.8万个贫困村全部出

* 郭顺义，中国信息通信研究院产业与规划研究所主任，高级工程师，研究领域为信息通信发展规划、网络扶贫、数字乡村等；贾晖，中国信息通信研究院工程师，主要研究方向为信息化发展规划、新基建、数字乡村等；胡穆，管理学博士，中国信息通信研究院工程师，主要研究方向为数字乡村、数字化转型等；韩维娜，中国信息通信研究院工程师，主要研究方向为网络扶贫、数字乡村；雷鸣，中国信息通信研究院助理工程师，主要研究方向为数字乡村、重大技术装备发展等。

列，区域性整体贫困得到解决，完成了消除绝对贫困的艰巨任务，创造了又一个彪炳史册的人间奇迹。[①] 脱贫攻坚取得胜利后，我国将全面推进乡村振兴，实现“三农”工作重心的历史性转移。网络扶贫是脱贫攻坚的重要组成部分，网络扶贫圆满收官将为数字乡村建设与发展奠定坚实基础，助力乡村全面振兴。

一　网络扶贫助力全面打赢脱贫攻坚战

网络覆盖、农村电商、网络扶智、信息服务、网络公益等五大工程深入推进，信息化有效支撑农村新冠肺炎疫情防控和复工复产，助力打赢脱贫攻坚收官战。

（一）贫困地区网络基础设施明显改善

随着全国六批电信普遍服务试点的深入实施，截至2020年底，各省、“三区三州”地区贫困村的光纤和4G比例已达98%以上，西藏地区超过99%的行政村开通了光纤和4G网络，已通光纤的平均下载速率达70Mb/s,[②] 基本实现农村和城市“同网同速”，让贫困群众用得上、用得起、用得好互联网的目标基本达成。贫困地区信息终端及服务惠及更多特殊困难群体。汉语/少数民族语言双语手机终端、应用程序推广普及工作持续推进，民族语言语音、视频技术研发取得成果，边远地区少数民族群众用网渠道进一步拓宽。中国电信积极承担网络扶贫责任，持续加大资金投入力度，推动实现网络村村通。中国移动创新实践基于“1 + 3 + X”体系的“网络 + ”扶贫模式，持续为国家级贫困县打造优质的网络基础设施。

（二）农村电商不断增强贫困地区造血功能

贫困县农村电商规模持续扩大，为贫困地区发展注入新动能。电子商务

① 《全国脱贫攻坚总结表彰大会在京隆重举行　习近平向全国脱贫攻坚楷模荣誉称号获得者等颁奖并发表重要讲话》，http：//cpc. people. com. cn/n1/2021/0225/c64094 – 32037032. html。

② 工业和信息化部：国新办网络扶贫行动实施情况新闻发布会，2020年11月。

进农村综合示范已实现对832个国家级贫困县的全覆盖。[①] 2020年，国家级贫困县网络零售额为3014.5亿元（见图1），贫困县农产品网络零售额为406.6亿元，同比增长43.5%，增速较2019年提高14.6个百分点。[②] 电商精准扶贫长效机制逐步形成，带动地方产业发展，助力农民增收。甘肃陇南市积极探索"一店带多户""一店带一村""一店带多村"等精准电商带贫模式，截至2020年6月，陇南市已培育出102家销售额在千万元以上的电商网店。[③] "两品一标"认证培训、贫困地区特色农产品品牌推介和产销帮扶活动持续开展，地方、企业打造农产品品牌的意识和能力得到提升。"快递进村"工程取得积极进展，快递网点基本实现乡镇全覆盖。

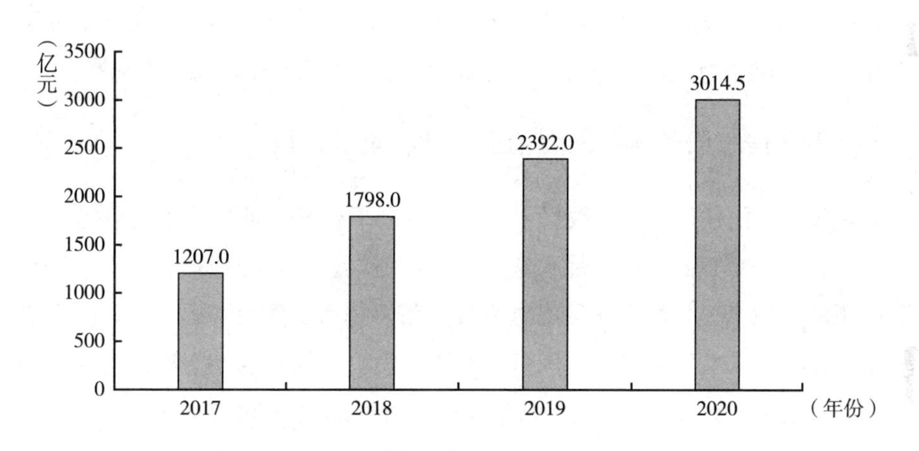

图1 国家级贫困县网络零售额变化

资料来源：商务部例行新闻发布会。

（三）网络扶智提高贫困群众知识水平和就业能力

教育信息化2.0行动计划加快推进。截至2020年8月，全国中小学（含教学点）互联网接入率达到98.7%，配备多媒体教学设备普通教室达402.8

---

① 中央网信办信息化发展局、农业农村部市场与信息化司：《中国数字乡村发展报告（2020年）》，2020年11月。

② 商务部：例行新闻发布会，2021年1月。

③ 甘肃省陇南市：《2020年陇南市政府工作报告》，2020年5月29日。

万间，93.1%的学校已拥有多媒体教室。“农村中小学数字教育资源全覆盖”项目持续实施，为农村教学点配备数字教育资源接收和播放设备，配送1~3年级优质数字教育资源，结合实际教学进度，通过卫星和宽带网络将优质数字教育资源免费推送到全国农村义务教育阶段学校和教学点。[①]《全国中小学教师信息技术应用能力提升工程2.0整校推进实施指南》出台，持续推进“三区三州”等深度贫困地区教师信息化教育教学帮扶。信息技能培育带动贫困群众就业创业能力提升，四川省建设“四川科技扶贫在线”平台，有机整合省、市、县专家，按照“信息员专人收集、分诊员专业分诊、省市县专家答复、服务专项激励”工作机制，开展网络在线科技扶贫。阿里巴巴依托电商、金融科技、物流、云计算等数字技术优势，打造“一县一业”十大样板县品牌。苏宁依托线上中华特色馆、苏宁拼购、苏宁超市等，帮助761万贫困人口增收。[②]

（四）信息服务体系助力精准识贫和精准帮扶

国家统一的扶贫开发大数据平台、一县一平台（电商扶贫平台或频道）、一乡（镇）一节点、一村一带头人、一户一终端、一户一档案、一支网络扶贫队伍的“七个一”网络扶贫信息服务体系发挥重要作用，运用大数据手段实现对建档立卡贫困人口、贫困村、贫困乡镇、贫困县的动态监测，为成功打赢脱贫攻坚收官战提供有力的信息支撑。全国19个省份建立省级远程医疗平台，远程医疗协作网覆盖所有国家级贫困县，[③]依托三级医院对口帮扶，推动远程医疗服务常态化，推动优质医疗资源向贫困县下沉。农村数字普惠金融服务深入发展，全国行政村基础金融服务覆盖率达99.2%。[④]

（五）网络公益广泛凝聚社会力量

消费扶贫行动全面推进，2020年全国消费扶贫月活动强化线上、线下

---

① 教育部：《对十三届全国人大三次会议第5196号建议的答复》，2020年9月。

② 苏宁集团公告，2020年9月。

③ 中央网信办信息化发展局、农业农村部市场与信息化司：《中国数字乡村发展报告（2020年）》，2020年11月。

④ 中央网信办：国新办举行网络扶贫行动实施情况新闻发布会，2020年11月。

结合，促进扶贫产品稳定销售。中国社会扶贫网成为全国消费扶贫第四方平台，承担展示扶贫产品、提供支持服务、监测发布数据等职责，让城市居民买到好东西、扶贫产品卖出好价钱、产销对接形成好机制、贫困地区培育好产业、贫困群众增收闯出好路子、社会参与有个好平台。展示扶贫产品方面，展示经规范认定的扶贫产品、购买渠道等信息。提供支持服务方面，支撑做好供应商、经销商支付、链接等技术支持。监测发布方面，支持专柜专馆专区等实现数据直连直报，统计发布扶贫产品销售数据。网信企业继续深耕公益数字化，创新“互联网+公益”形式，凝聚更多帮扶力量。2020年“99公益日”期间，腾讯公益完成筹款23.2亿元，超7000家公益机构、超10000家爱心企业参加。[①]

（六）信息化有效支撑贫困地区新冠肺炎疫情防控和复产复工

新冠肺炎疫情期间各地开展抗疫爱心助农活动，通过开通热线电话，开设农产品产销信息对接专门频道，助力销售滞销农产品，疫情期间累计销售鲜活农产品88.2万吨，促进达成线上交易1980万次。[②] 不少贫困地区的县长、市长上线直播为家乡农产品代言，有效解决农产品滞销卖难问题，同时也提升了贫困地区群众的信息化意识和互联网思维。西北农林科技大学60多位专家教授在网络平台上“组团”为农户答疑解惑。[③] 中国农业大学和国家农业信息化中心专家组联手打造“新农大讲堂”，[④] 及时上线“北方大田作物管理”“春季蔬菜生产”“春耕病虫害防治”等多门课程，在“云端”指导农民春耕。人力资源和社会保障部、交通运输部、公安部、国家卫生健康委建立农民工点对点返岗复工机制，通过全国统一的农民工返岗复工“点对点”服务系统，保障成规模、成批次的农民工安全有序

① 腾讯公益公告，2021年1月。

② 农业农村部：《对十三届全国人大三次会议第2903号建议的答复》，2020年11月。

③ 教育部：《中国教育报》，2020年3月。

④ http：//news. cau. edu. cn/art/2020/4/3/art_ 8779_ 669059. html，2020年4月。

返岗复工，疫情期间累计“点对点”运送600多万名农民工安全有序返岗。[①]

二　新时期农业农村信息化面临的新形势、新要求

党的十九届五中全会提出，到2035年基本实现新型工业化、信息化、城镇化、农业现代化，建成现代化经济体系的目标。数字化在激发乡村活力、促进政府和市场健康发展方面具有独特的潜力，是推进新四化同步发展的催化剂。新时期农业农村信息化工作也面临着新形势、新要求。

（一）巩固拓展脱贫攻坚成果同乡村振兴有效衔接是新时期“三农”工作的主旋律

我国如期完成新时代脱贫攻坚目标任务，实现了人类减贫史上举世瞩目的伟大壮举。但是脱贫摘帽不是终点，而是新生活、新奋斗的起点。脱贫攻坚取得胜利后的第一个五年，“三农”工作的重心将发生历史性转移，从夺取脱贫攻坚战的最终胜利转向全面推进乡村振兴。工作重心的转变不代表脱贫攻坚工作的结束，新时期乡村振兴的首要任务便是坚决守住脱贫攻坚成果。脱贫地区在特色产业、公共服务、基础设施等方面仍存在薄弱环节，在走向乡村振兴道路的过程中依然需要社会的帮助。推进脱贫地区乡村振兴，需要保持帮扶政策的总体稳定，采取渐进式改革措施，对现有政策的内容、力度、时限进行优化调整，逐步实现由集中资源支援脱贫攻坚向全面推进乡村振兴的平稳过渡。网络扶贫也需要保持原有政策的延续性，防止已脱贫人员返贫。

（二）在加快构建“双循环”新发展格局背景下，建设数字乡村是形成国内大循环的重要途径

随着全球政治经济环境变化，逆全球化趋势加剧，构建新发展格局成为

① 人力资源和社会保障部：2020年第二季度新闻发布会，2020年7月。

新形势下提升我国经济发展水平的战略抉择。构建新发展格局的潜力后劲在“三农”，农村地区具有巨大的消费潜能与广阔的投资空间。近年来，农民收入水平日益提升，不断攀升的农村消费需求对经济发展的拉动作用逐步增强，现代农业、基础设施、农产品流通体系等方面建设蕴藏着巨大的投资潜力。扩大和培育农村需求将在培育完整内需体系、强健国内市场上大有作为。加快建设数字乡村，充分释放信息技术与数据要素对农村经济发展的放大、叠加、倍增作用，破除阻碍城乡间生产要素与商品服务自由流通的障碍，畅通国内循环渠道，充分释放农村内需潜力，是加快促成国内大循环发展格局的重要抓手。

（三）“数字鸿沟”进入2.0时代，提升农村居民的信息技术应用水平成为数字乡村发展新要求

随着“宽带中国”战略、电信普遍服务试点等工作的深入实施，农村地区网络覆盖广度与深度大幅提升，农民群体用网成本显著降低，城乡间网络基础设施层面的传统型“数字鸿沟”得到有效缓解。但是城乡之间信息技术应用水平的不均衡仍然存在，甚至有拉大的可能性。农民信息素养不高、信息化应用程度不深等问题普遍存在，面向农村用户的上网技能培训和特色应用推广与城市地区相比还有较大差距。2020 年底，我国农村网民规模达 3.09 亿，农村地区互联网普及率已跃升至 55.9%，但仍与城镇地区存在 23.9 个百分点的差距。[①] 调查显示，缺乏信息应用技能是阻碍居民互联网应用的首要原因，因为不懂电脑/网络等而不上网的非网民占比超过半数，且非网民人口中农村居民占比接近 2/3，无法接入网络使他们在出行、消费、就医、办事等日常生活中遇到诸多不便。新型“数字鸿沟”限制了数字技术同农村生产、生活各领域的深度融合，阻碍了数字红利的充分释放，在“用得上、用得起”的基础上，如何“用得好”信息技术服务的问题日益凸显，成为限制农业农村经济社会数字化转型发展的症结所在。

---

① 中国互联网络信息中心：《第 47 次〈中国互联网络发展状况统计报告〉》，2021 年 2 月。

三　网络扶贫与数字乡村接续推进

2021 年中央一号文件指出，“新时代脱贫攻坚目标任务如期完成，现行标准下农村贫困人口全部脱贫，贫困县全部摘帽，易地扶贫搬迁任务全面完成，消除了绝对贫困和区域性整体贫困，创造了人类减贫史上的奇迹”。同时，明确提出实现巩固拓展脱贫攻坚成果同乡村振兴有效衔接。脱贫攻坚后，如何实现网络扶贫与数字乡村有效衔接，让建档立卡贫困户和全国人民一起过上小康生活，是一个重要课题。

（一）提升网络扶贫成效，推进其与数字乡村有效衔接

网络扶贫圆满收官，充分发挥互联网对消除贫困的基础性作用和可持续优势，打牢了脱贫摘帽地区网络基础，提升了贫困群众信息技能，提供了脱贫致富新途径。脱贫摘帽不是终点，而是新生活、新奋斗的起点。数字乡村是网络扶贫的提升工程，也是网络扶贫的升级版。实现网络扶贫行动在新时期的延续升级需要大力推进数字乡村建设。建设数字乡村是巩固网络扶贫行动成果，贯彻落实乡村振兴战略，不断增强脱贫地区内生动力的重要举措。大力推进数字乡村建设，将进一步补齐脱贫地区信息基础设施短板，以数字化技术健全防止返贫监测和帮扶机制，完善信息服务体系，依托“互联网 +”推进农村三次产业融合发展，促进乡村数字经济新业态发展，挖掘新的增长点，拓展农民增收空间。2020 年 9 月，中央网信办等 7 个部门在全国部署了 117 个国家数字乡村试点县（市、区），其中 27 个是已摘帽的国家级贫困县，[①] 为推进网络扶贫与数字乡村有效衔接，作出了积极尝试。

网络扶贫与数字乡村的衔接，重点体现在以下三个方面。一是体制机制衔接。网络扶贫与数字乡村的政策需要有效衔接，通过健全完善数字乡村发展统筹协调机制，有效衔接网络扶贫机制。二是产业优化升级衔接。网络扶贫与数

---

① 中央网信办：《联合相关部门打赢网络扶贫收官战》，http：//www. xinhuanet. com/2020 - 11/13/c_ 1126734026. htm。

字乡村在产业层面要有效衔接，进一步完善农村信息基础设施、数字农业、智慧物流等体系，积极发展数字经济新业态，挖掘新的增长点，逐步实现全面振兴。三是资源整合共享衔接。网络扶贫与数字乡村在面向农民的服务层面进行衔接，做到面向建档立卡贫困户的信息服务连续不断档。还要推进涉农信息服务资源整合共享，推广农村信息服务站点的一站多用、一机多用，避免重复建设。

（二）把握数字经济发展机遇，加快推进数字乡村建设

实施乡村振兴战略，是以习近平同志为核心的党中央从党和国家事业全局出发、着眼于实现“两个一百年”奋斗目标、顺应亿万农民对美好生活向往作出的重大决策。数字乡村是乡村振兴的主要方向。2019 年，中共中央办公厅、国务院办公厅印发《数字乡村发展战略纲要》，整体谋划数字乡村发展蓝图，为乡村振兴注入强劲“数字动力”，为数字乡村建设发展指明方向。信息技术带来的新一轮科技革命蓄势待发，推进农业农村发展转型升级动能更加强劲，“三农”工作呈现新的特征，数字乡村发展展现广阔前景。同时，我国农村和城市“同网同速”的时代正在到来，网络触角跨越了崎岖小路，联通了城里城外，为推进数字乡村建设打下了良好的网络基础和产业基础，使数字乡村发展的潜力和后劲巨大。

四　已脱贫摘帽地区建设数字乡村的建议

“十四五”时期，我国经济社会发展的外部环境和内在条件发生了复杂变化，已脱贫摘帽地区也将迎来乡村振兴的重大历史机遇，需要继续发挥政府引导作用，持续激发市场主体作用，创新体制机制，因地制宜、因势利导，加快推进数字乡村建设。

（一）加强整体规划设计，完善数字乡村建设体制机制

一是完善政策体系和配套措施。制定县域数字乡村建设规划，设立脱

贫攻坚与乡村振兴衔接的平稳过渡期，保持现有帮扶政策总体稳定，推进出台各项政策分类优化调整措施，确保政策和规划可落地、可实施。二是完善体制机制建设。建立涵盖政府、市场、企业、农户的数字乡村体制机制，推动运用数字技术构建业务应用、应用支撑、数据资源和基础设施四大体系，进而形成基础数字化、数据流通、应用服务和需求牵引的协同发展机制，加速数字技术在乡村生产、经营和治理环节的应用与推广。三是建立完善的考核评价体系。围绕乡村网络基础、数字经济、数字治理和数字生活等方面要素，围绕“三农”发展中的核心难点问题，构建科学、完善、可操作的评价指标体系，健全数字乡村建设发展考评制度，防止可能出现的“政绩工程”、“面子工程”和“形象工程”，确保数字乡村建设可持续发展。

（二）巩固网络扶贫成果，补齐数字乡村建设发展短板

一是持续完善网络基础设施。加快已脱贫摘帽地区网络基础设施建设步伐，部署新一代乡村信息基础设施，推动农村千兆光网、第五代移动通信(5G)、移动物联网与城市规划同步，推进农村网络提速升级，实现城市农村“同网同速”。二是加快农业生产经营数字化转型。鼓励已脱贫摘帽地区加快数字农业发展，探索推进以“基地直采、需求驱动”为代表的农业数字化、以“数字门店、社群营销”为代表的乡村物流体系数字化、以“在线文旅、在线文娱、在线医疗、在线教育”为代表的乡村文化和公共服务数字化等转型发展。三是激发数字经济活力。鼓励和支持农民专业合作社等新型农业经营主体，积极构建数字农业产业联合体，大力发展农村电商，促进各类农业经营主体实现数字化转型，带动农民增收致富，不断增强内生动力。

（三）推进乡村治理数字化，提升治理能力和公共服务水平

一是完善已脱贫摘帽地区精准普惠信息化服务。加强基层信息服务体系建设，推进涉农信息服务资源整合和数据交换共享，提升施政反应速度，提高行政决策质量，提升乡村社会治理体系和治理能力现代化水平。二是创新

乡村治理信息应用。利用无人机巡检、电子围栏、人脸识别等数字技术，提升乡村环境整治、犯罪防控、景区管理和大规模农事节庆活动管理水平。三是推进公共服务数字化。推动互联网与公共服务深度融合，建立电子政务、医疗卫生、教育培训等平台，增强政务服务、信息惠民相关领域的有效供给能力，加快实现“不见面审批”“一次都不跑”等改革，提高已脱贫摘帽地区居民办事便捷普惠程度，不断缩小与先进地区的数字鸿沟。

（四）提升农村居民数字素养，缩小新型“数字鸿沟”

一是强化应用技能培训。从需求侧切入，完善对新型农业经营主体、新型职业农民的人才培训政策支持，围绕电子商务、手机应用、数字农业等开展线上、线下融合培训，不断提升生产经营主体、农村居民的信息素养与信息技能。二是丰富服务和信息终端供给。从供给侧着手，适应“三农”特点，不断丰富简便易用的信息终端、技术产品、服务应用的供给，建立与乡村人口知识结构相匹配的发展模式。

（五）借鉴先进典型经验，探索数字乡村建设

一是借鉴数字乡村试点示范经验。已脱贫摘帽地区要借鉴学习国家数字乡村试点地区典型的做法和经验，根据自身地理区位、资源禀赋、产业现状，有选择地发展具有本地特色的数字乡村试点建设内容，因地制宜，有序推进，避免贪大求全、千村一面。二是积极探索已脱贫摘帽地区数字乡村发展新模式。加快各具特色的数字乡村建设步伐，在顶层设计、产业发展、技术应用、政策保障等方面进行积极探索，创新已脱贫摘帽地区数字乡村发展模式，加快推进农业农村现代化建设，力争“换道超车”。

参考文献

温锐松：《互联网助力解决相对贫困的路径研究》，《电子政务》2020 年第 2 期。

郭顺义:《数字乡村是“后扶贫时代”动力源泉》,《网络传播》2020年第10期。

汪佳悦:《缓解相对贫困视角下的农村电商扶贫:机制与路径》,《电子政务》2021年第3期。

刘沁娟:《数字乡村建设有效衔接网络扶贫》,《网络传播》2021年第1期。

B.4

移动互联网时代的城市治理创新

张延强　唐斯斯　单志广*

摘　要：2020年，移动互联网在推动全面脱贫攻坚、助力新冠肺炎疫情防控、破解老年数字鸿沟、创新政务服务方式、拓展城市治理空间等方面发挥了积极作用，催生并推动新产业、新业态快速发展；了一批城市治理创新实践涌现。进一步深化移动互联网城市治理应用，需在加快新型基础设施建设、强化数据资源治理、加强政企协同、开展区块链政务网络建设、深化人工智能应用等方面布局发力。

关键词：移动互联网　城市治理　数据治理

推进国家治理体系和治理能力现代化，必须抓好城市治理体系和治理能力现代化。国家"十四五"规划纲要就提高城市治理水平进行了专门部署，提出要科技赋能，不断提升城市治理科学化精细化智能化水平，运用数字技术推动城市管理手段、管理模式、管理理念创新，精准高效满足群众需求。2020年是"十三五"收官之年，也是全面建成小康社会、实现第一个百年奋斗目标的决胜年，统筹推进新冠肺炎疫情防控和经济社会发展，为城市治理带来了严峻考验。移动互联网在疫情有效防控、全面脱贫攻坚、城市运行管理等

* 张延强，博士，国家信息中心信息化和产业发展部战略规划处副处长，高级工程师，智慧城市发展研究中心首席工程师；唐斯斯，博士，副研究员，国家信息中心信息化和产业发展部战略规划处副处长（主持工作），智慧城市发展研究中心副主任；单志广，博士，研究员，国家信息中心信息化和产业发展部主任，智慧城市发展研究中心主任。

方面发挥了积极作用，催生并推动许多新产业、新业态快速发展，一批城市治理创新实践涌现，为推进国家治理体系和治理能力现代化提供了有力支撑。

一　移动互联网对城市治理的重要意义

当今世界，移动互联网快速发展，催生了网购、移动支付、手机游戏、在线直播、无人驾驶、全连接工厂等一批创新应用，悄然改变着人们的生产和生活方式。移动互联网进一步与城市治理相结合，催生了数字化、网络化、信息化、智慧化的城市治理新理念和新模式。

（一）移动互联网催生城市治理新理念

供给创造需求，移动互联网技术渗透到城市规划、建设、管理和服务各个环节，与城市发展同频共振，推动城市治理理念从单向管理向政民双向互动、从线下逐渐向线上融合、从部门管理向综合治理转变。移动互联网加速了实体物理空间向虚拟网络空间的持续映射与两者的深度融合，推动大量“线下”服务向“线上”转移，“不见面审批”“一窗式办理”“秒批秒办”等新型政务服务模式正被广泛应用。城市管理“随手拍”、交警 App“违法举报”、疫情防控中扫描运营商二维码查询个人轨迹等一批政民互动、群防群治创新应用的出现有效提升了城市治理能力。

（二）移动互联网打造城市治理新模式

移动互联网加速了城市治理各个环节的数字化和智慧化，人与人、人与物、物与物的连接将更加顺畅便捷，传统的面对面交流、点对点管理等方式将被逐步淘汰，推动城市治理更加高效。智能停车、智能井盖、智能抄表、智能路灯、智慧安防等物联网应用实现了智能管理和远程调度，让城市管理更加便捷高效。“城市大脑”可以整合城市数据资源、感知城市运行体征、优化城市资源配置、强化城市风险管控，正在成为各地新型智慧城市建设的标配，推动城市运行全域感知和城市治理一网统管。

（三）移动互联网创新城市治理新机制

随着5G规模部署和物联网普及应用，现代社会已经进入万物互联时代，能够形成一个全面感知、交叉互联、智能判断、及时响应、融合应用的“数字孪生城市”。推动数字城市与现实城市同步规划、同步建设，可以极大地优化城市空间结构和基础设施、降低资源消耗、提高城市运行效率。同时，5G等数字技术能够以物理分散、虚拟集中方式增强城市对经济、人口的聚集能力和辐射带动能力，促进城市范围内生产生活方式的网络化共享、集约化整合、协作化开发和高效化利用，建立城市治理新机制，开创城市治理新局面。

二 移动互联网城市治理应用的特点和趋势

（一）移动互联网打造全面脱贫攻坚“助推器”

全面建成小康社会是我们党向人民、向历史作出的庄严承诺。面对新冠肺炎疫情的不利影响，移动互联网在直播电商扶贫、在线教育扶智、推进贫困地区公共服务均等化、缩小城乡数字鸿沟等方面发挥了巨大作用，助力全面建成小康社会取得决定性胜利。

1. 网络普及助力城乡数字鸿沟缩小

近年来，随着“宽带中国”战略实施和农村宽带提速降费持续推进，农村地区在网络覆盖和互联网普及应用方面取得实质性进展，带动边远贫困地区非网民加速转化。一方面，农村和城市“同网同速”的时代即将到来，贫困地区通信“最后一公里”被打通，全国贫困村通光纤比例从2017年的不足70%提升至98%，深度贫困地区贫困村通宽带比例从25%提升至98%。[①] 另一方面，农村地区互联网普及率快速增长，截至2020年12月，我国网民规

① 中国互联网络信息中心：《第47次〈中国互联网络发展状况统计报告〉》，2021年2月。

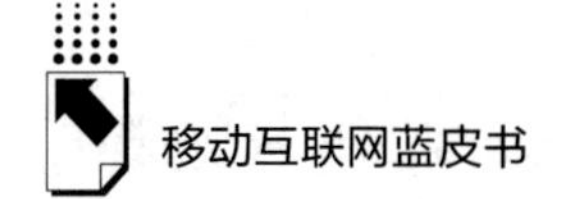

模为9.89亿。其中，农村网民规模为3.09亿，农村地区互联网普及率为55.9%，[①] 城乡地区互联网普及率差异自2013年以来首次缩小到25%以内。

2. 网络扶贫多措并举取得积极成效

电子商务进农村综合示范实现对832个贫困县全覆盖，全国农村网络零售额由2014年的1800亿元，增长到2020年的1.79万亿元，[②] 规模扩大了近10倍；5G新时代，直播带货为助农扶贫开创了新方式，让手机成为“新农具”，直播成为“新农活”。无论是以淘宝、拼多多为代表的电商平台，还是以抖音、快手为代表的短视频平台，都积极通过内容支持、流量倾斜、营销助力、品牌赋能等手段，解决农户生产和经营难题。例如，拼多多采用“农货智能处理系统”和“山村直连小区”模式，整合出农货上行快速通道，重组农产品上行价值链；湖南卫视为湖南贫困地区农产品直播带货，直播2小时，超5.5亿人次互动，15个贫困县备货农产品销售一空，实现销售收入1.02亿元。[③] 网络扶智效果明显，全国中小学（含教学点）互联网接入率从2016年底的79.2%上升到2020年11月的99.7%；[④] 远程医疗实现国家级贫困县县级医院全覆盖，网络扶贫信息服务体系基本建立。

（二）移动互联网构建新冠肺炎疫情防控的“天罗地网”

新冠肺炎疫情发生以来，移动互联网在疫情精准防控、企业复工复产、保障人员有序流动等方面发挥了积极作用，有效提高了应对新冠肺炎疫情的敏捷性和精准度。

1. “健康码”助力人员跨地区安全有序流动

国家政务服务平台上线“防疫健康码”，通过汇聚卫生健康、民航、铁路等方面数据，为公众提供防疫、健康信息相关查询服务，包括个人防疫健

---

① 中国互联网络信息中心：《第47次〈中国互联网络发展状况统计报告〉》，2021年2月。

② http://www.mofcom.gov.cn/article/resume/n/202102/20210203036186.shtml。

③ 《今年是脱贫攻坚决战决胜之年，地方媒体积极投身其中　精准扶贫　暖心助力》，《人民日报》2020年8月24日。

④ 中国互联网络信息中心：《第47次〈中国互联网络发展状况统计报告〉》，2021年2月。

康信息码查询、老幼健康码助查询、每日健康打卡、扫一扫防疫信息码等。疫情期间，平台累计注册近 9 亿人，使用次数超过 400 亿人次，[①] 支撑全国绝大部分地区实现“一码通行”。由中国信息通信研究院联合中国电信、中国移动、中国联通三家基础电信企业构建的“通信大数据行程卡”平台，利用手机“信令数据”，向移动互联网用户提供 14 天位置信息查询。截至 2021 年 2 月中旬，这一平台为全国 16 亿手机用户出具了近 80 亿份电子行程证明，[②] 为政府机构检测和防控新冠肺炎疫情提供了科学依据和监测手段。

2. 大数据分析提供了新冠肺炎疫情防控的“火眼金睛”

许多城市基于前期建立的智慧城市数据资源体系，通过政务大数据共享、互联网大数据互动，实现了对重点人员、重点区域的精准研判。例如，江苏省扬州市通过智慧城市数据交换平台获取上级和本级数据，整合旅馆、网吧、铁路、民航、客运、公交、社保、超市会员等数据资源，建立涉疫数据资源池，搭建人员排查模型，强化深度筛查研判，为相关部门和基层单位疫情防控工作提供了精准的数据支撑。

3. 移动互联网构筑了城市“网上连心桥”，提升了政民互动的便捷度

许多城市在非常时期运用微信小程序、App、电视终端等各类移动交互方式，准确高效地把相关权威信息、诊疗办法传递给广大人民群众，及时解决群众实际困难。例如，宁德移动互联网电视联合微医互联网总医院免费在线问诊，帮助居民科学区分普通感冒和新冠肺炎疫情，降低医院交叉感染概率，实现安全便捷在家电视问诊。武汉市利用智慧武汉“民呼我应”信息化服务平台提供“肺炎自查上报”功能，支持群众在家自主比对症状、社区安排就诊。1 月 23 日至 2 月 1 日，“民呼我应”平台共处理“肺炎自查上报”22968 例。[③]

---

① 中国互联网络信息中心：《第 47 次〈中国互联网络发展状况统计报告〉》，2021 年 2 月。

② 《累计出具电子行程证明近 80 亿份！通信大数据行程卡一岁了》，光明网，https://m.gmw.cn/baijia/2021-02/13/34617614.html，2021 年 2 月 13 日。

③ 单志广：《数字科技提升城市“免疫力”》，人民网，http://it.people.com.cn/n1/2020/0318/c1009-31637028.html，2020 年 3 月 18 日。

4. “城市大脑”构建了城市指挥的“领导驾驶舱”

新冠肺炎疫情防控是一项巨大的、复杂的系统工程，大量的数据、命令需要强有力的汇集和分析手段才能支撑高效指挥防控。许多“城市大脑”在本次疫情防控中发挥了数据集中汇集、物资统一调配、事件综合指挥的重要作用，提高了疫情防控工作的敏捷性、整体性和精准性。例如，杭州下城区、深圳龙岗区等通过“城市大脑”应用，建立区、街、社三级应急指挥体系，实现政令上通下达，在线调配人员力量，形成防疫管控指挥闭环。

（三）网信企业成为破解老年数字鸿沟“先行军”

新冠肺炎疫情防控加速了我国数字化和智能化进程。与此同时，部分老年人不会上网、不会使用智能手机，在出行、就医、消费等日常生活中遇到诸多不便，面临的“数字鸿沟”问题日益凸显。为有效破解老年数字鸿沟，政府和互联网企业从两端发力，助力老年人享受智能化生活。

一方面，国家政策引导老年群体“数字鸿沟”弥合。2020 年 11 月，国务院办公厅印发《关于切实解决老年人运用智能技术困难实施方案的通知》，提出要有效解决老年人在运用智能技术方面遇到的困难，让广大老年人更好地适应并融入智慧社会。工业和信息化部印发了《互联网应用适老化及无障碍改造专项行动方案》，明确互联网应用适老化及无障碍改造 12 个专项行动，例如，保留线下传统电信服务渠道，精准降费惠及老年人，推动手机等智能终端产品适老化改造，严厉打击电信网络诈骗等违法行为，等等。商务部印发《关于促进社区消费　切实解决老年人运用智能技术困难的通知》，要求加快新建改造一批充分兼顾老年人需要的社区便民消费服务设施，提升老年人获得感、幸福感和安全感。北京、新疆等地结合自身特点提出了解决老年人运用智能技术的政策举措。

另一方面，网信企业率先开展适老化改造，助力“银发触网”。一是手机厂商推出“老年人模式”手机服务，方便老年人使用。华为、小米、vivo、OPPO 等主流手机品牌基本都已经具备了“老一辈模式”的功能，可

以提供大号字体、大音量播放，以及“远距离协助”等服务，方便老年人看得见、听得懂、用得着。二是腾讯、百度、阿里巴巴、今日头条、滴滴等互联网企业纷纷推出了多款老年用户服务和产品，包括用户一键观看、用户报警、亲朋好友代付、增强语音识别功能等。针对“健康码”使用不便问题，支付宝推出“关怀版”，可以让用户直接将健康码添加到手机的桌面，一键实现健康码展示、乘坐公交、手机充值、缴纳水电费等功能。三是网信企业利用线下门店开展老年人智能技术培训。携程旗下数千家品牌门店联合推出“8 大贴心服务”，免费帮助老年群体学习掌握更多的智能手机使用技巧，利用互联网技术重新塑造退休生活，跨越数字鸿沟。

（四）移动互联网推动政务服务全面“指尖办”

围绕提升城市治理能力，各地加大“放管服”改革，以“互联网 + 政务服务”为抓手，深化移动互联网等数字科技应用，通过政府角色转变、服务方式优化，让群众和企业到政府部门办事像“网购”一样方便。

一方面，服务方式实现由分散服务向协同服务转变。各地通过开设政府服务大厅、整合服务资源等方式，大力推广电子证照应用，推动政务服务“只进一扇门”、异地办和就近办，实现从“群众来回跑”向“部门协同办”、从“被动服务”向“主动服务”转变。在省级行政许可事项中，98.32% 的事项实现网上可办，82.13% 的事项实现网上受理和“最多跑一次”，34.55% 的事项实现网上审批和“零跑动”。①

另一方面，服务途径实现由网上办理向指尖办理转变。各地区、各部门积极推进政务服务线上化，“掌上办”“指尖办”逐步成为政务服务标配。河北省推广“指尖办”移动政务服务，形成省级统筹、整体联动、部门协同、一网办理的“互联网 + 政府服务”体系。北京市积极开展指尖行动计划，在“北京通”App 的基础上，拓展了微信、支付宝、百度 3 种服务渠

① 中央党校（国家行政学院）电子政务研究中心：《省级政府和重点城市网上政务服务能力（政务服务“好差评”）调查评估报告（2020）》，2020 年 5 月。

道，实现了北京市政务服务移动端多渠道服务。截至2020年10月上旬，“北京通”App已接入应用995项，百度小程序已接入应用1108项，微信小程序已接入应用1134项，支付宝小程序已接入应用1070项，涵盖了北京市公安局等55个政府部门的高频服务事项，[①] 为市民、企业提供行政审批、公共服务、政务信息、在线互动等服务。

（五）移动互联网引领城市治理实现“多元共治”

近年来，各地政府积极利用移动互联网优势，提升城市基层治理水平。从“依靠群众、专群结合”的“雪亮工程”，到“联防联控、群防群控”的社区网格化管理，再到“人人参与、自觉维护”的数字城市管理，移动互联网在解决城市治理问题方面发挥了积极作用。

一是政民双向互动的手段更加多元。移动互联网已成为收集和掌握社情民意，听民声、知民情、解民忧、聚民智的新阵地。数据显示，截至2020年12月，除热线、门户网站等传统渠道外，我国31个省（区、市）均已开通政务机构微博、政务头条号、政务抖音号等新媒体传播渠道。其中，河南省各级政府共开通政务机构微博10130个，居全国首位。[②]

二是线上线下融合的领域更加广泛。随着虚拟网络空间与实体物理空间持续双向映射与深度耦合，大量原本存于“线下”的服务向“线上”转移。如今，不仅订餐、订票、打车、购物、缴费等生活服务可以“手机办理”，就业、法律、注册等政务服务也可“一网通办”。在线医疗、在线教育、网上办公、虚拟游览等在新冠肺炎疫情防控期间得到进一步推广应用，一部手机联通整个世界正在变成现实。

三是城市基层治理的方式更加亲民。各地开发个性化的手机App，为辖区内居民实时参与社会治理提供便捷化渠道。玉门市依托网格化服务管理，研发了“活力网格手机”App，巡查在一线的网格员通过手机App

---

① 新华社：《北京打造千余件政务服务“指尖办”》，http://www.xinhuanet.com/2020-10/21c_1126638971.htm，2020年10月21日。

② 中国互联网络信息中心：《第47次〈中国互联网络发展状况统计报告〉》，2021年2月。

上报发现的各类矛盾纠纷、安全隐患和处置情况。杭州市临安区锦南街道创新推出“e治理”智慧社区模式，以线上App“e治理”+线下居民议事客厅为平台，在线进行包括停车、垃圾分类、消防等小区事务的处理，拓宽居民的发声通道，提升居民参与及社区治理现代化、信息化、智能化水平。苏州市吴江区公安局利用“全民防”App，实现了租客注册登记、流动人口情况及时掌握，同时有效根治了辖区群租房和“二房东”问题。

（六）区块链服务网络拓展城市治理“新空间”

区块链通过新的信任机制改变了数据和信息的连接方式，带来生产关系的改变，为不同参与主体、不同行业的可信数据交互提供了有效的技术手段。区块链服务网络（BSN）通过打造底层公用基础设施，有效破解了当前区块链应用技术门槛高、成链成本大、运营成本高、底层平台异构、运维监管难等瓶颈问题，促进区块链应用与城市治理相结合，拓展了城市治理空间。

1. 区块链服务网络助力区块链政务应用

区块链服务网络（BSN）是由国家信息中心、中国移动通信集团有限公司、中国银联股份有限公司、北京红枣科技有限公司共同发起和建立的跨云服务、跨门户、跨底层框架，用于部署和运行各类区块链应用的全球性基础设施网络。BSN以建设公共基础设施的理念进行研究、设计、建设和运营，持续降低区块链技术的应用成本、技术门槛和监管难度，实现区块链应用的资源共享与互联互通。为推动区块链技术创新和政务领域应用，截至2020年12月，BSN启动了北京市、河北省、浙江省、福建省、湖北省等省级主干网建设；依托电子政务外网，在河北省、福建省、湖北省、海南省、甘肃省、雄安新区、吉林省长春市、浙江省杭州市、湖南省长沙市等地区开展BSN政务建设，推动区块链政务应用。

2. 区块链构建了数据共享新模式

城市治理离不开大数据的应用，需要推动跨领域、跨地域、跨部门、跨业务的技术融合、数据融合和业务融合。基于联盟链的区块链服务网络（BSN）构建了一个公用的平台，支撑不同的应用数据进行共享、交换、使用，通过技术保障真正实现可信共享。北京市利用区块链服务网络（BSN）将全市 53 个部门的职责、目录以及数据高效协同地联结在一起，打造了“目录区块链”系统，为全市大数据的汇聚共享、数据资源的开发利用等提供了支撑。南京市区块链电子证照共享平台通过对接公安、民政、国土、房产、人社等 49 个政府部门，完成了 1600 余个事项的联结与 600 余项电子证照的归集，助力政务服务“一网通办”。

3. 区块链丰富了城市治理应用场景

区块链建立了协同互信机制。共识机制确保数据难以篡改，从而保证数据的完整性和稳定性；时序区块结构保证数据全程留痕，实现事件可追溯。基于区块链的数据治理，可广泛应用于政府重大工程监管、食品药品防伪溯源、电子票据、审计、公益服务事业等领域。例如，雄安新区建成区块链资金管理平台，对招投标决策等全过程信息留档并可实时调取查看证据，出现问题依法问责。杭州下城区利用 BSN 升级“城市大脑下城平台”，推动区块链技术与城市基层治理结合，开展城管道路生态检测、酒店消毒监管、1call① 积分管理等场景应用。深圳推出区块链电子发票，通过打通发票流转全流程，极大简化了发票的报销流程，提升了监管效率。长沙市结合新型智慧城市建设，梳理了 60 余个区块链政务应用场景，助力城市治理现代化建设。

三 深化移动互联网城市治理应用的建议

（一）以5G 引领新型基础设施建设，夯实城市治理基础支撑

着眼于推动城市全要素数字化转型，提升移动互联网的应用水平，以

① 1call 是杭州下城区政府开发的移动办事平台，是政府和百姓沟通的一个渠道。

5G网络建设与应用为牵引，统筹新型基础设施建设与应用，强化城市治理数据、算力、算法支撑。一是加快5G网络建设与应用场景推广。在进一步扩大5G基站建设规模的同时，重点打造5G + 无人驾驶、5G + 工业互联网、5G + 物流、5G + 教育、5G + 医疗、5G + 养老、5G + 城市管理等一批示范性应用场景，培育5G + 增强现实、5G + 虚拟现实、沉浸式游戏等新兴消费模式。二是以物联网应用推动市政基础设施智能化改造，打造“数字孪生城市”。完善城市信息模型平台，开展城市体检，推广物联感知终端在市政基础设施的智能监测应用，推动数字城市与物理城市同步“生长”，提升城市规划、建设、管理数字化治理能力。三是加大智能计算中心供给，满足“城市大脑”等重点领域人工智能应用需求。结合区域经济、产业、人才等情况，统筹布局建设面向人工智能创新应用的智能计算中心，基于新型硬件架构和人工智能算法模型，通过生产算力、聚合算力、调度算力、释放算力协同，打造算法、算力和数据服务的有机整体，为城市治理提供充裕普惠的人工智能算力服务。

（二）以数据确权推动数据资源治理，激活城市治理新要素

城市治理能力现代化离不开数据资源的共享开发与融合应用。围绕破解数据确权难、共享开发难等问题，下一步可以从数据立法、数据管理、“数据返乡”和数据应用四个方面发力，加快数据资产化进程，释放政府数据价值，推动城市治理创新。一是加快数据产权立法，建立数据要素权责利对等机制。通过法律形式明确政务数据的所有权、管理权和使用权，形成政务数据共享开放和社会化利用的权责利体系，促进政府与社会数据双向流动。二是强化数据管理，建立国家一体化数据资源体系。制定政务数据采集、传输、存储、共享、利用的标准规范，形成政务数据管理、共享和开放的常态化工作机制，探索区块链技术实现数据要素共享交换全流程的可监可控可追溯。三是实施“数据返乡”行动，赋能城市基层治理创新应用。基层是数据采集和使用的主体，依托国家数据共享交换体系，将国家、省级政务数据依权限向地市和区县共享，激活数据要素活力。四是推动数据跨地域应用，

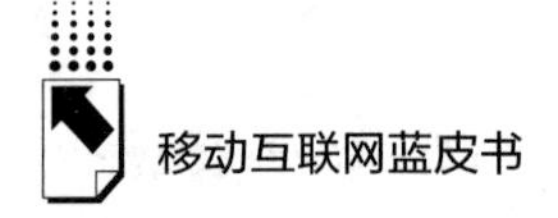

提升跨地域城市治理能力。面向数据跨地域共享需求，推动城市群的数据打通和业务协同，加快中心城市的先进治理能力对整个区域的辐射带动，使城市治理从“单点智慧”向“群体智慧”转型。

（三）以政府和企业协同为着力点，加快弥合老年数字鸿沟

随着互联网智能化服务的高速发展，人们的日常生活也变得越来越便捷。民政部预测数据显示，到2025年，全国老年人口将突破3亿人，我国将从轻度老龄化迈入中度老龄化。让老年人更多、更便捷享受智能化服务成为社会共同的期待，这需要政府和企业协同发力。一方面，政府要加大老年人数字化服务顶层设计，明确重点建设方向和发展阶段，加大配套资金投入，推动老年人数字化服务纳入新型基础设施建设，加快各级公共数字平台及服务体系适老化改造；指导建立智能技术适老化标准体系；鼓励和扶持新技术为老年人提供服务应用，通过信息化缓解医疗、教育等资源分布不均、供给不足的问题。加强针对老年人的个人信息安全执法力度和个人隐私保护水平，切实保障老年人安全使用智能化产品、享受智能化服务。另一方面，企业要发挥市场主体地位作用，面向老年人智能化应用需求，开发更符合老年人需求的智能终端产品，通过智能音箱、可穿戴设备等智能设备帮助老年人对健康医疗数据进行收集与跟踪，实现与老年人相关的医疗服务与健康管理设备智能化；研发推广以语音为核心，结合眼神、手势等多模交互的人工智能助手应用，让老年群体在日常生活的各个场景都能享受到科技发展带来的便捷。

（四）以区块链政务网络建设为支撑，丰富城市治理新手段

当前，区块链已经在城市治理领域发挥作用，但总体上处于小规模探索的早期阶段。发挥区块链在城市治理领域的潜力，面临着缺乏顶层设计规划以及工程实现方面的难题，需要在搭建共性平台、建立标准规范、推广政务应用等方面发力，助力城市治理能力提升。一是搭建区块链政务应用共性平台，打通区块链应用底层框架，避免“新数据孤岛”。依托电子政务外网，

基于区块链服务网络架构，建设内外互通、资源共享的区块链政务网络，为各领域区块链系统开发与部署提供基础环境支撑。二是建立区块链政务网络标准，明确区块链政务网络建设的环境要求、底层框架、密码算法、安全体系、跨链机制、环境网关、应用管理和隐私保护等要求，规范政务领域区块链应用环境。三是拓展城市治理领域区块链应用，基于区块链政务网络，积极推动区块链技术在教育、就业、养老、精准脱贫、医疗健康、商品防伪、食品安全、公益、社会救助、信息基础设施、智慧交通、能源电力等领域的应用，提升公共服务和城市管理的智能化、精准化水平。

（五）以深化人工智能应用为牵引，推动城市治理智能升级

人工智能技术与移动互联网相结合，可以高效整合城市的各种系统和服务，提升资源利用的效率，优化城市管理和服务，改变人们的生活方式，推动城市治理向纵深方向发展。一是丰富人工智能赋能社区治理场景，提升居民的幸福感和获得感。积极推广5G、人工智能等新一代信息技术社区应用，丰富社区政务、智慧物业、智慧安防、智慧医疗、智慧养老等人工智能应用场景，探索智能服务机器人、陪伴机器人、智能运载工具、智能终端、智能服务等在智慧社区建设和治理中的应用，打造政务高效、服务便捷、生活智能、环境宜居的社区服务新业态。二是推广人工智能赋能城市运行管理应用，以“城市大脑”提升城市治理水平。全面整合汇聚区域“人、地、事、物、清”等治理要素，打造涵盖网格管理、公共服务、城市交通、综合执法、应急管理等重点领域治理要素“一张图”，实现城市运行状态即时感知；深化人工智能技术城市治理多场景应用，实现城市交通智能优化、能源供应动态平衡、城市管理精准高效，推动城市运行“一网统管”。

参考文献

中国互联网络信息中心：《第47次〈中国互联网络发展状况统计报告〉》，2021年

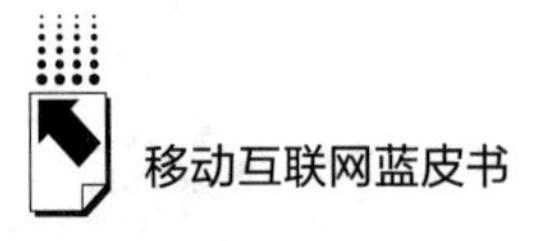

2 月。

中国互联网协会：《中国互联网发展报告 2020》，2020 年 7 月。

单志广：《数字科技提升城市“免疫力”》，人民网，2020 年 3 月 18 日。

刘朝晖：《大数据战略下的城市治理创新》，《中国建设信息化》2020 年第 3 期。

孙伟：《以数字科技驱动城市治理水平持续提升》，《新经济导刊》2020 年第 1 期。

唐斯斯、张延强、单志广、王威、张雅琪：《我国新型智慧城市发展现状、形势与政策建议》，《电子政务》2020 年第 4 期。

中央党校（国家行政学院）电子政务研究中心：《省级政府和重点城市网上政务服务能力（政务服务“好差评”）调查评估报告（2020）》，2020 年 5 月。

B.5

2020年中国移动舆论场研究报告

刘志华　孟 竹　田 烁*

摘　要： 2020年，移动舆论场作为社会舆论生成发酵主要平台的地位更加凸显，主流媒体作为权威信源的功能进一步强化，视频内容和视频平台影响力进一步提升。新冠肺炎疫情对经济社会生活的冲击，使移动舆论场呈现国内国际多重议题交织、民生压力话题多点频发、涉企舆情热度攀升等特征。网络舆论在生态整体持续向好趋势下仍面临重重挑战，舆论生态治理将持续严格规范，更趋精细化。

关键词： 移动舆论场　短视频　民生话题　舆论生态治理

2020年，舆论场格局加速演变，移动舆论场作为社会舆论生成发酵主要平台的地位更加凸显。新冠肺炎疫情给经济社会生活带来巨大冲击，围绕疫情的信息传播和公众意见表达，使社会各界对移动舆论场各类平台和主体所扮演的角色、发挥的作用有更真切的感知和更深入的认识。

---

* 刘志华，人民网研究院副院长、舆论与公共政策研究中心主任，主要研究方向为移动互联网生态与舆情危机处置；孟竹，人民网舆情数据中心舆情服务中心副主任，主任舆情分析师，主要研究方向为政务舆情与城市治理；田烁，人民网研究院研究员，主要研究方向为城市形象传播、舆情危机处置和数字治理。

一 2020年移动舆论场发展态势

2020 年，新冠肺炎疫情背景下，主流媒体作为权威信源的功能进一步强化，微信、微博作为信息传播和公众讨论的基础平台设施，仍发挥核心作用。视频内容影响力进一步提升，以抖音、快手等为代表的短视频平台占据了更多用户的时间。

（一）新冠肺炎疫情讨论贯穿全年，凸显移动舆论场新格局

新冠肺炎疫情成为2020 年全民关注的首要话题，围绕这一话题所衍生的报道和讨论，使移动舆论场不同平台、主体的角色差异进一步凸显。很多人都感慨，“17 年前的非典和今年的新冠肺炎疫情相比，舆论场格局已经发生了翻天覆地的变化”。

疫情防控期间，移动社交网络成为涉疫信息传播和意见表达的主力平台。中国医师协会健康传播工作委员会等机构的调查数据显示，疫情期间，在以学生为主的高学历青壮年中，无论是农村还是城镇人口，通过微信获取疫情相关信息的占调查人数的 71.13%，通过微博获取的占 57.74%，通过网站获取的占 54.8%，通过传统电视获取的占 48.29%。[①] 北京大学新媒体研究院的调查显示，在民众获取疫情信息的渠道方面，排名第一的是以微信、微博为代表的即时通信/社交媒体，92% 的受访者以它作为疫情中的信源；排名第二的是新闻 App，有 75% 的受访者在疫情期间使用它获取信息；排名第三的是广播/电视新闻，61% 的受访者使用广播/电视获取疫情信息；排名第四的是亲朋好友，有 46% 的民众表示通过亲朋好友获取有关疫情方面的信息。[②]

---

① 《关于疫情，新媒体成公众获取信息主要途径》，https：//www. zghy. org. cn/item/273797457310044160。

② 《调查报告：民众获取“疫情信息”的 10 大渠道》，https：//www. thepaper. cn/newsDetail_forward_ 7860935。

清博指数[①]的数据显示，疫情初期，阅读量和在看量均突破10万的微信公众号文章共有107篇，除1篇外，均与疫情相关。微博话题#武汉加油#在2020年阅读量达231亿次，讨论有4280万条。微博、微信仍然发挥舆论生成和意见表达主要空间的作用。

尽管需依托各类移动平台做内容传播，但主流媒体（包括部分传统媒体）作为权威、专业内容生产者的价值在此次疫情防控过程中获得充分认可。新冠肺炎疫情作为重大突发公共卫生事件，相关信息的获取和传播门槛较高，专业机构媒体的调查采访能力、素材收集能力等优势得以凸显。《人民日报》、中央广播电视总台等主流媒体深入疫情前线，积极传递新闻信息，因其及时、权威、专业的表现，进一步强化了主流媒体不可取代的价值优势。抗疫过程中，大规模的报道使央视新闻频道创造了频道开播17年来的最高收视纪录。央视新闻节目《新闻30分》在2020年春节期间收视率上涨117%，2020年上半年收视率较同期上涨49%。[②] 以《财新传媒》、《财经》杂志、《三联生活周刊》、《中国新闻周刊》等为代表的专业媒体，推出有关病毒发现与扩散、疫情防控、普通人生活的深度调查报道，频繁在朋友圈“刷屏”，获得广泛好评。

（二）短视频影响力快速提升，渐成网络主流应用

中国网络视听节目服务协会发布的《2020中国网络视听发展研究报告》显示，截至2020年6月，我国网络视听用户规模达9.01亿，较2020年3月增加4380万，网民视听用户使用率为95.8%。在各个细分领域中，短视频的用户使用率最高，达87.0%，用户规模达8.18亿，日均使用时长为110分钟，超越了即时通信。

在抗击疫情的进程中，短视频除了发挥陪伴用户的娱乐功能，同时也在重大信息发布、知识科普等方面发挥作用。短视频平台抖音的数据显示，

---

① 清博指数系清博大数据旗下的指数平台。

② 上半年总台新闻类栏目收视盘点：《新闻30分》收视上涨49%，《今日关注》收视上涨33%，https：//www.lanjinger.com/d/141192。

2020年疫情防控视频总播放量达423亿次，医生护士在抖音上获赞超过10亿次。[①] 传媒行业整体出现视频化转向，新闻及各类内容生产主体均高度重视视频内容生产，抖音、快手成为网络舆论场新兴的重要影响力量，微信、微博、小红书、知乎等平台也在短视频业务上加大投入。

短视频的迅猛发展深刻改变了当下新媒体的内容生态和传播格局，其影响引发广泛思考。一些观点认为，视频内容生产门槛更低，视频对图文内容一定程度的取代和冲击，可能进一步强化传播的非理性特征，导致“文化重心的下沉”。短视频平台深度依赖算法推荐提供个性化、精准化服务，其导致的“娱乐至死”和“信息茧房”现象，可能对社会舆论生态带来更深远的影响。

（三）技术进步驱动内容创新，慢直播等吸引全民参与

2020年，5G技术应用加速，媒体行业的超高清视频直播得以落地，相关应用场景不断创新。新冠肺炎疫情期间，广电5G在湖北抗疫一线首次实战应用。湖北广播电视台长江云联合全国38家主流媒体40余个端口组建的战“疫”集结号报道联盟，通过中国广电的5G信号对湖北抗疫新闻发布会进行全网直播。从2020年1月27日开始，央视新闻客户端推出的长达73天的全天候不间断视频直播节目《共同战“疫”》，成为全网最长时间的疫情防控大直播，在微博引发多个热搜话题。

武汉新冠肺炎疫情防控初期，雷神山、火神山医院的紧急建设引发社会关注。借助媒体的慢直播，超1亿网友化身“云监工”，实时观看医院建设，在线评论互动。慢直播不设主持人，无解说、无剪辑，只有画面和白噪声，强调“原生态”的场景再现。这是慢直播在国内第一次介入重大突发事件报道，一举成为现象级的视频传播案例。

受疫情影响，各类网络直播应用迅速拓展，进一步呈现直播泛在化趋势。典型的如电商直播，娱乐明星、专业主播、企业家、领导干部等，纷纷入场，与网友在直播间互动，内容平台与电商等形态的结合更加紧密。

---

① 《2020抖音数据报告（完整版）》，http：//www.199it.com/archives/1184841.html。

（四）平台算法和公共价值引关注，舆论聚焦平台规则

2020年4月，发生在微博的淘宝天猫总裁蒋凡事件引发全网关注。令网友诧异的是，这一高关注度的热点事件迅速消失在微博热搜话题榜上，相关当事人的微博评论也被限流。因淘宝所属的阿里巴巴集团是微博的第二大股东，微博热搜话题榜的异常表现引发了大量关于资本操纵舆论、侵犯公众知情权的质疑。6月，微博因介入资本操纵热搜榜、炒作违规信息问题遭北京市网信办约谈整改。①

此外，以"今日头条"为代表的各类资讯平台，因其对用户操作轨迹的跟踪收集、算法推荐机制的设计和数据安全等问题，持续受到关注和质疑；各类内容平台的口碑造假、直播平台的数据造假等问题引发广泛争议；一些自媒体追求流量至上，打"擦边球"，如多个微信公众号疫情期间炒作"华商很难""多国渴望回归中国"，"武术大师"马保国爆红后各网络平台和自媒体借机推波助澜、恶俗炒作等，频繁引发网民对平台公共价值、内容导向的质疑。舆论认为，内容平台在社会舆论的生成发酵过程中扮演着关键角色，守住价值观底线、安全底线是基本要求。

（五）小众网站爆款频出，"破圈"主流舆论场

新冠肺炎疫情使一些小众的医学健康类知识平台走红。比较典型的，如"丁香医生"，它是全网首批提供新冠肺炎疫情实时动态的平台，所提供的专业辟谣信息和科普信息受到网友欢迎。另外，最初定位二次元文化的网站"哔哩哔哩"（Bilibili，简称"B站"），成为2020年热度较高的互联网公司之一。2019年底，B站主办的首场跨年晚会，成为众多跨年晚会中的一匹"黑马"，引发广泛好评；2020年五四青年节前夕，B站推出《后浪》宣传片，表达对年青一代的认可和赞美，被视为B站面向主流文化圈的一次营

① 《新浪微博被北京网信办约谈：暂停更新微博热搜榜一周立即整改》，http://henan.china.com.cn/legal/2020-06/10/content_41180937.htm，2020年6月10日。

销，该视频在引发大量争议的同时，也引起了广泛的关注，“后浪”成为网络热词；在B站走红的中国政法大学教授罗翔，也成为全网关注的“网红”教授。不断“出圈”进入主流文化视野的B站，已突破早期相对小众的“二次元”定位，逐渐转型为年轻人聚集的泛娱乐社区。B站2020年财报显示，其第四季度月均活跃用户突破两亿大关，移动端月均活跃用户1.87亿，用户日均使用时长达75分钟，快速增长的用户规模和舆论能量已不容小觑。此外，知乎等知识互动社区也在一些热点议题和网络事件中扮演着重要角色。B站、知乎等平台具有较为稳定的定位和平台特征。对特定群体的黏性较高，用户互动性强，具有较强的圈层化传播特征。它们的存在丰富了舆论生态，成为主流舆论平台的补充。

二　2020年移动舆论场主要舆情特征

2020年，新冠肺炎疫情带来的巨大冲击也在网上同步呈现，使舆论场生态更趋复杂，呈现国内国际多重议题交织、民生压力话题多点频发等特征，相关热点话题在舆论场持续引发讨论（见表1）。

表1　2020年移动舆论场热点话题

序号	事件	热度
1	武汉暂时关闭离汉通道	95.00
2	多部门出台政策支持复工复产	93.67
3	武汉建设方舱医院	92.87
4	2020年全国两会召开	89.12
5	多地采取措施制止餐饮浪费行为	85.82
6	832个贫困县全部脱贫摘帽	85.49
7	《中华人民共和国香港特别行政区维护国家安全法》通过	85.42
8	北京再现新冠肺炎确诊病例　均与新发地农产品批发市场有关	84.96
9	央视、淘宝联合发起“谢谢你为湖北下单”公益直播	75.69
10	字节跳动被迫出售TikTok美国业务	75.55

注：热点话题热度数综合考察相关话题在网络媒体、微博、微信、论坛等平台的传播情况。本次数据统计时间为2020年1月1日至12月31日。

资料来源：人民网舆情数据中心。

（一）政务信息发布迎难而上，回应关切彰显担当

政务新媒体经过多年的发展与规范，已成为政府部门发布政务信息、引导网络舆论、加强社会治理、促进政群互动的重要渠道和窗口。此次“抗疫”过程中，政务新媒体迎难而上，表现突出，其宣传和引导作用进一步凸显。内容方面，及时、翔实的信息发布回应社会关切，满足群众对疫情动态、防控举措、疫情科普等多方面的信息需求；渠道方面，既有相对成熟的“两微一端”，也有短视频平台等新阵地；表现形式方面，既有文字、图片等传统形式，也有短视频、直播、vlog（Video-blog，视频博客）等新兴手段。各级各类政务新媒体协同联动，形成矩阵效应，赢得了舆论的广泛认可。微热点大数据研究院数据显示，在新冠肺炎疫情初期，共有超过2.6万个政务微博参与发布涉疫相关微博55万余条，获得超过114亿的阅读量，权威声音助力缓解疫情初期舆论场中的焦虑、恐慌情绪，增强民众信心。公安系统作为政务新媒体国家队中的龙头之一，表现尤其亮眼，除密集发布权威信息外，还将公安民（辅）警的防疫工作作为重点宣传内容，体现职业属性，其中，《痛心！董存瑞外甥、首都公安“法制之星”艾冬牺牲在抗疫一线》微博阅读量达1122万。

此外，政务新媒体的服务属性也在疫情期间得到充分发挥。国务院客户端联合国家卫生健康委员会等部委先后推出“患者同乘接触者查询”“全国心理援助热线查询”等多项便民服务小程序，贴合群众需求，解决实际问题。总体来看，政务新媒体发布的信息和提供的服务权威性强，深受包括老年人在内的各个群体的信任。

（二）网民爱国热情高涨，国际舆情多重议题交织

新冠肺炎疫情涉及每个人的切身利益，网民代入感强，舆论关注度高。从初期质疑地方政府公共卫生危机管控能力到疫情防控取得重大战略成果后，广大网民对中国的制度优势和文化优势认同度提升，民族自尊心、自豪感与爱国热情被极大地被激发，整体心态愈加平稳和自信。与此同时，由于

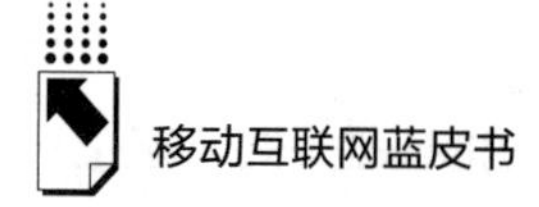

网络表达的情绪化和非理性特征，爱国主义情绪在特定话题和情境下容易向极端化偏移，由此导致的民粹化表达也频繁出现，甚至围绕一些议题出现严重的舆论撕裂，引发忧思。

网民在关注国内情况的同时，高度关注世界范围疫情防控情况，并对国际社会对我国疫情防控的相关评价高度敏感，国内国际热点议题呈现双向流动、多重交织态势。此次疫情不仅成为一场全球危机阻击战，也成为一场全球话语权的争夺战。部分国家政客裹挟民意，将经济贸易、公共卫生、科技学术等问题泛政治化解读，抛出“脱钩论”“新冷战论”“病毒起源论”“甩锅论”等说辞，制造舆论争端，“逆全球化”、民粹思潮泛滥，国际舆情态势进一步复杂化，大国博弈中的舆论交锋仍将持续。

（三）民生压力话题多点频发，映射社会焦虑

2020 年，全国 832 个贫困县全部脱贫摘帽，如期完成脱贫攻坚目标任务，赢得舆论的广泛赞誉。与此同时，民众在新冠肺炎疫情之下对民生压力的感知更为明显，2020 年的民生话题呈现多点频发态势，多起事件出现“霸榜”“刷屏”式传播。特别是上半年，与疫情防控、病患治疗相关的话题在社交媒体平台上频繁发酵。例如以口罩、消毒液为主的个人防护用品不同程度地脱销引发热议；围绕双黄连口服液被疯抢、瑞德西韦疗效等方面的讨论短时间内热度冲高；针对粮食供应、物价上涨等方面的忧虑言论间断性冒头；等等；这一定程度上反映了疫情背景下社会心理层面的安全感缺失问题。

随着疫情防控工作取得阶段性成果，舆论关注的焦点逐渐分散，复工复产、就业形势、教育、贫富差距等话题热度居高不下，餐饮、文旅、影视等受冲击较大的行业复工复产进度引发关注。“打工人”“内卷”等词语在 2020 年底走热，精准命中许多普通工薪族的心理痛点，在自嘲、调侃中反映了当下的集体焦虑情绪。

（四）涉企舆情热度攀升，企业面临公众“新期待”

2020 年，涉企舆情爆点多、燃点低，部分议题与意识形态话题交织，

导致泛政治化解读。突如其来的疫情，让不少企业尤其是中小企业陷入困境。企业“自救”话题热度不断攀升，“共享员工”成为年初的高频词。疫情防控和复工复产两手抓，企业渴望政策层面措施，帮助其减轻负担。整体而言，国家各部委和地方政府对中小企业的扶持举措如雪中送炭，收获好评。但与此同时，舆论场对民营经济政策的困惑仍未完全消散，经济领域“左倾”的声音低频次出现。

中国科技企业在海外面临的挑战引发广泛关注。华为、抖音短视频国际版（TikTok）遭遇美国打压，我国 App 在印度遭遇下架等均引发网民高度关注，相关企业不得不同时面对国内国际复杂的舆情态势。此外，部分国家政客和媒体鼓吹本国企业“回归”，引发产业链“去中国化”忧思。

互联网巨头企业在2020 年遭遇了更大的舆论压力。从互联网企业发力社区团购引发挤压百姓生计的质疑，到蚂蚁金服因争议暂缓上市，互联网科技公司频繁因业务模式面临舆论质疑，但网民同时表达了对巨头企业发力科技创新的“新期待”。2020 年底，国家市场监管总局发布《关于平台经济领域的反垄断指南（征求意见稿)》，互联网企业反垄断成为备受关注的政策议程。

（五）女性议题与“饭圈文化”频出圈，凸显群体认同差异

2020 年以来，舆论对涉及女性的社会议题敏感度升高，杭州女子离奇失踪案、山东女子不孕遭虐待致死等事件，衍生家庭、伦理、女性权利等方面的多元思考。一方面，舆论认为当前与女性权益保护相关的正当诉求仍缺乏机制化的有效保障途径；另一方面，也有不少声音提示，需警惕在泛女权意识崛起的背景下，部分激进的网民以女权为工具，通过特定事件积累和放大焦虑情绪，撕裂社会共识。

以青少年为主体的“饭圈”（由追星粉丝自发组成的文娱社群、利益团体）文化在 2020 年屡屡“出圈”，这与青少年群体寻求自我认同的情感诉求、娱乐工业的变化以及网络平台赋权等因素密切相关。但由于“饭圈”文化的圈层化特征明显，且具有高度的组织动员性和纪律性，其带来的潜在

风险也引发关注。部分“饭圈”已暗中形成黑色产业链，线上线下分工合作，呈现体系化趋势，还催生了谋利的中介组织，给文娱行业的健康有序发展造成威胁，也给相关监管带来挑战。同时，滥用饭圈化表达，过度娱乐化导致宏大叙事的严肃性消解，也引发争议。例如，将建设雷神山医院、火神山医院的“挖掘机”拟人化并引入“打榜”，引发“消费灾难”的质疑。

（六）“数字鸿沟”屡引关切，舆论反思技术应用伦理

新冠肺炎疫情期间，大数据等技术成为精准防控和科学决策的战“疫”新武器。智能化技术的运用有助于提升社会运转效率，但“数字鸿沟”问题也进一步凸显，典型的如健康码的应用所带来的衍生问题。疫情发生以来，健康码逐步在全国范围内推广使用，但一些老年人因不会或无法出示“健康码”而使出行受阻的新闻不时出现，反复刺痛网民神经。个别地区在执行相关政策时出现工作方式简单粗暴或僵化呆板，招致舆论批评。在此背景下，无锡火车站开辟“无健康码通道”、多地允许使用纸质版健康码等做法广获好评，相关互联网应用的适老化改造进入重要的政策议程。舆论反思技术应用进程中忽视弱势群体的问题，呼吁确保公共服务的便利性和公平性，兼顾不同群体的多元诉求，让“数字红利”惠及全民。

此外，疫情防控背景下的隐私与信息安全问题持续引发关注。武汉返乡人员个人信息遭泄露、成都确诊病例身份住址遭泄露等事件一度引发“网络狂欢”。如何在保护新冠肺炎患者等敏感人群隐私与及时准确公开疫情信息、保障疫情防控工作需要之间求得平衡持续引发讨论。同时，新兴技术发展带来的信息安全、隐私伦理相关议题频繁出现，如多地出现人脸识别技术应用不当导致的生物信息外泄风险。维护大数据时代的信息安全成为舆论共识。

三　2020年移动舆论场的监管与治理

2020 年，在抗击新冠肺炎疫情与决战脱贫攻坚两项重大议题引领下，移动舆论场生态持续向好，正能量强劲，主旋律高昂。相关部门对扰乱网络

传播秩序的行为保持高压态势，对舆论新平台、新形态带来的新问题快速反应，相关规制不断健全。

（一）致力健全网络信息内容综合治理体系

在加强网络生态治理的具体实践中，正能量信息、违法信息和不良信息的具体范围界定不清晰，网络信息内容生产者的义务、网络信息服务平台的主体责任不明确等问题曾给监管工作带来不小困难。互联网技术的发展使网络信息极大丰富的同时，也带来了如算法诱导、流量造假、用户隐私泄露等亟待破解的监管问题。因此，建立健全综合性治理体系，明确责任方权利义务，切实提高网络治理能力已尤为紧迫。

国家网信办发布的《网络信息内容生态治理规定》（以下简称《规定》）自 2020 年 3 月 1 日起施行。[①]《规定》以部门规章的形式全面提出了政府、企业、社会、网民等主体在网络信息内容领域应遵循的要求，织密了网络信息内容生态治理的规则之网，在实现“建立健全网络综合治理体系”及“提升网络综合治理能力”制度化方面迈出重要一步，有评论称其为中国特色治网之道的重要制度体现。值得关注的是，《规定》还对网络内容生产的新技术和新应用给予了足够重视，尤其是针对当前个性化算法推荐技术推送信息所带来的问题，《规定》给出了将算法推荐模型、人工干预、用户自主选择三者有机结合的解决方案，注重鼓励平台坚持主流价值导向、呈现正能量信息，也融入了人工参与分发、自主选择机制等要求，防止人类成为算法的“奴隶”。[②]

（二）对扰乱网络传播秩序的行为保持高压态势

2020 年，一些网络乱象引发广泛关注：一些网络社区平台发布涉疫有

---

① 《国家互联网信息办公室发布〈网络信息内容生态治理规定〉》，http：//www.cac.gov.cn/2019－12/20/c_1578375159431916.htm，2019 年 12 月 20 日。

② 中共中央党史和文献研究院：《〈网络信息内容生态治理规定〉开始施行（附解读）》，http：//www.dswxyjy.org.cn/n1/2020/0302/c244516－31612383.html，2020 年 3 月 2 日。

害信息短视频、散布恐慌情绪，部分新闻网站刊发非规范稿源信息，还有一些网络信息平台对用户发布违规信息管理不严，部分网络账号违规自采、传播不实信息。也有网民提出，部分互联网 App 为了博人眼球、吸引流量，忽略了内容质量，以致低俗或庸俗信息泛滥、“标题党”文章密集，呼吁监管部门对 App 乱象采取“零容忍”措施。

2020 年，国家网信办开展了商业网站平台和“自媒体”传播秩序突出问题集中整治、“自媒体”基础管理专项治理和网络直播行业专项整治“三项整治”行动。国家网信办指导地方网信办就部分平台存在的发布违规信息、干扰网上传播秩序等问题，约谈凤凰网、百度、新浪微博的等的机构负责人，要求清理违规内容，并对相关频道或产品采取关停、责令整改等措施。相关举措体现了监管部门对扰乱网络传播秩序行为的高压态势，推动了行业规范水平逐步提升。

（三）规范视听领域信息内容服务管理

近年来，视听信息内容在移动舆论场中发挥着愈加重要的作用，但对于其中的违规信息，相关监管面临“难预测、难发现、难审核、难封堵”的问题。报道显示，传播低俗或庸俗内容是优化视听领域舆论生态所面临的主要挑战，例如，秀场类直播中，部分主播失格行为频现，恶搞、谩骂等现象屡禁不绝；聊天类直播中，存在内容无营养、无价值，甚至传播不良价值观的现象，留言互动和弹幕中违法违规信息层出不穷；等等。

国家网信办、文化和旅游部、国家广电总局 3 个部门联合印发的《网络音视频信息服务管理规定》自 2020 年 1 月 1 日起正式施行，首次明确了管理对象，界定了“网络音视频信息服务”的含义，相关处罚机制、举报路径、辟谣机制等也在此规定中得到明确规范，为网络音视频良性传播提供了保障。

2020 年 6 月，国家网信办会同相关部门对国内主要网络直播平台的内容生态进行全面巡查，视违规情节对相关平台采取停止主要频道内容更新、暂停新用户注册、限期整改、责成平台处理相关责任人等处置措施，并将部分违规网络主播纳入跨平台禁播黑名单，进一步释放了视听领域信息内容服务的强监管信号。

（四）强化对未成年人的网络保护

新冠肺炎疫情期间，“云课堂”成为大部分学生学习的主要平台，移动互联网对未成年人成长的影响更加凸显。一些在线教育机构存在传播低俗视频内容，或利用网课推广网游、交友信息，散布色情、暴力、诈骗、赌博信息等问题，严重危害学生特别是未成年人的身心健康。社会对此反映强烈。

2020 年 10 月 17 日，第十三届全国人大常委会第二十二次会议审议通过了《中华人民共和国未成年人保护法》，其中创设“网络保护”专章，加强对未成年人在抵制网络不良信息方面的保护，形成体系化、科学化、系统性规范，彰显了国家在移动互联网时代下坚持问题导向加强未成年人保护的决心与举措，获舆论积极评价。

在当前线上教育日渐普及的新常态下，相关监管部门对未成年人所处网络环境开展了动态性研判与及时性纠偏，对于危害性倾向采取了从苗头上从严治理的举措，切实加强对未成年人的网络保护。针对社会反映强烈的部分在线教育平台向未成年人传播不良信息等突出问题，2020 年 7 月，国家网信办启动“2020‘清朗’未成年人暑期网络环境专项整治行动”，重点整治学习教育类网络平台和其他网站的网课学习板块的生态问题。当月，国家网信办指导北京市网信办会同属地教育主管部门，针对网民举报的“某网校”App 存在低俗视频、教唆早恋内容等问题，约谈网站负责人，并责令限期整改。

四　移动舆论场发展趋势展望

（一）移动舆论整体生态持续向好

当前移动舆论生态不断改善，体现了在媒体深度融合发展战略下，新闻宣传主力军深入主战场，对网络议题与舆论方向的引领更为成熟和深入人心，也映射了中国综合国力逐渐强大、国家治理能力不断提升、国民愈加自信的时代变迁。进入“十四五”时期，新技术、新平台的发展仍将持续带来较大的不确定性，“百年未有之大变局”之下社会舆论的复杂变化也将带来重重挑战。在“进入新发展阶段、贯彻新发展理念、构建新发展格局”的时代背景下，为确保我国移动舆论空间进一步趋向规范有序，整体生态持续向好，相关各方仍需做出艰苦努力。

（二）国际国内热点议题交互影响趋势明显

近年来，中国官方与民间均以更加自信主动的姿态融入国际舆论场，在中国社情、民情对外传播中的表现可圈可点。移动互联网的发展使国际国内热点议题之间的互动更为频繁，交互影响更加深入。需要关注的是，国际舆论场“西强我弱”的格局还没有根本改变，西方国家意图通过舆论施压影响中国的行为不会减少或放缓，国际国内热点议题的交织与互动将渗透到国内政治、经济、军事、生活等各个领域。面对复杂严峻的国际形势，中国的发展优势和综合实力还没有转化为话语优势，中国主流媒体在国际舆论场的较量中仍有较大的发力空间。

（三）5G、VR 等新技术将催生更多新型传播场景

5G 时代即将全面开启，新型直播模式或逐渐常态化，尤其是慢直播等应用场景的丰富催生了各界对传播模式创新的更多期待。例如，在目前的直播模式中，观众往往通过弹幕或留言评论的方式参与讨论，而随着 5G、VR 等技术的进一步发展，未来个人或可以拍摄主体身份参与直播，在直播过程中嵌入自己拍摄的镜头，呈现更多场景和视角。在此场景下，用户参与不仅是反馈观感，而且可为直播内容做补充，进一步丰富舆论形态，同时也对内容监管提出了更多动态性、实时性要求。

（四）舆论治理强化优质内容导向与平台规范

无论传播格局、技术形态如何变化，网络舆论场弘扬主旋律、传播正能

量的总要求始终是相关部门的监管考量。未来移动舆论场的治理方式、治理规则将更趋精细化，更加关注优质内容导向，更加关注移动网络平台的角色、作用及其规范。

2020 年 11 月 19 日，中宣部副部长、国务院新闻办公室主任徐麟在 2020 中国新媒体大会上指出，“融合发展可能带来媒体形态的变化，但无论什么样的媒体，无论是主流媒体还是商业平台，无论线上还是线下，无论大屏还是小屏，在导向上都是一个标准，没有法外之地、舆论飞地。我们要牢牢把握新闻舆论工作的主动权、主导权，坚决防止借融合发展之名淡化党的领导，坚决防范资本操纵舆论的风险”。从会议释放的强烈信号中可见监管部门对强化治理的坚定决心。

参考文献

张芮昕、徐建华：《5G 时代政务短视频的传播与发展》，《青年记者》2020 年第 8 期。

包圆圆：《网络视听：新技术推动新变革》，《中国新闻出版广电报》2021 年第 1 期。

郑蓉、史文静：《“媒体—公众”舆论场互动机制的创新——基于“火神山”“雷神山”慢直播的观察》，《传媒评论》2020 年第 10 期。

曹素贞、张雪冰：《基于移动互联网的舆论传播路径与扩散模式研究》，《新闻窗》2018 年第 1 期。

王佳、李扬、张谢君、夏玥：《2020 年互联网舆情形势分析与展望》，人民网舆情数据中心，2020 年 9 月。

B.6

开启全球数字治理元年*

——2020～2021年全球移动互联网发展报告

方兴东　钟祥铭　徐忠良**

摘　要：　在全球新冠肺炎疫情和中美科技之争冲击下，2020年全球移动互联网真正进入历史性拐点，在技术、经济、社会和国际的失序、无序以及乱序下，正式开启全球数字治理元年。国际治理、国家治理、社会治理和技术治理正面临根本性的范式转变。由数字技术引发的治理困境成为数字时代新的挑战和冲突焦点，美国、欧洲和亚洲等国家和地区都在被动或主动地作出各自的应对。面对数字时代的全面到来，数字治理需要立足以人为本，形成数字文明价值观认同，重构全球领导力，形成数字时代全新的命运共同体。

关键词：　数字治理　数据治理　反垄断　平台治理　全球治理

* 本报告为2018年度国家社科基金重大项目“全球互联网50年发展历程、规律和趋势的口述史研究”（项目编号：18ZDA319）和2017年国家社会科学基金重大项目“总体国家安全观视野下的网络治理体系研究”（项目编号：17ZDA107）的阶段性成果。

** 方兴东，博士，研究员，浙江大学融媒体研究中心副主任，浙江大学社会治理研究院首席专家，主要研究领域为数字治理、平台经济、互联网历史与文化、新媒体；钟祥铭，博士，浙江传媒学院互联网与社会研究院助理研究员，主要研究领域为数字治理、互联网历史、新媒体；徐忠良，编审，浙江传媒学院互联网与社会研究院常务副院长，主要研究领域为数字文明、新媒体传播、历史文化。

一　总论：2020年撼动世界秩序的全球数字治理元年

因新冠肺炎疫情的暴发和全球蔓延，2020 年无疑成为人类历史上特别的年份。而在这一年，移动互联网主导下的数字技术成为最重要的主角。2020 年全球移动互联网真正进入了历史性的拐点。

2019 年底，全球互联网普及率突破 50% 的分水岭（见图 1），全球 75% 的人口拥有了移动宽带服务。尤其是近 97% 的全球覆盖率，使移动通信技术成为人类抗击疫情的关键基础设施。2020 年底，4G 的全球人口覆盖率已经高达 84.7%，而 3G 覆盖率为 8.5%（见图 2）。2020 年全球各区域和不同国家移动通信技术覆盖情况，如图 3 所示，如火如荼的 5G 还没有在这一轮疫情中发挥重要作用。相比之下，全球固网宽带用户仅增长到 15%，全球家庭接入互联网的比例为 57%。随着疫情的全球蔓延，社交距离（social distance）、隔离（quarantine）和封城封国（lockdown）等举措此起彼伏，几乎贯穿全年，以移动互联网领衔的数字技术成为这次人类抗击疫情的中流砥柱，成为人类社会、经济和生活等方面得以延续的关键。而疫情反过来也极大地推动了各国数字技术的进程。新冠肺炎疫情终将过去，但人类进入数

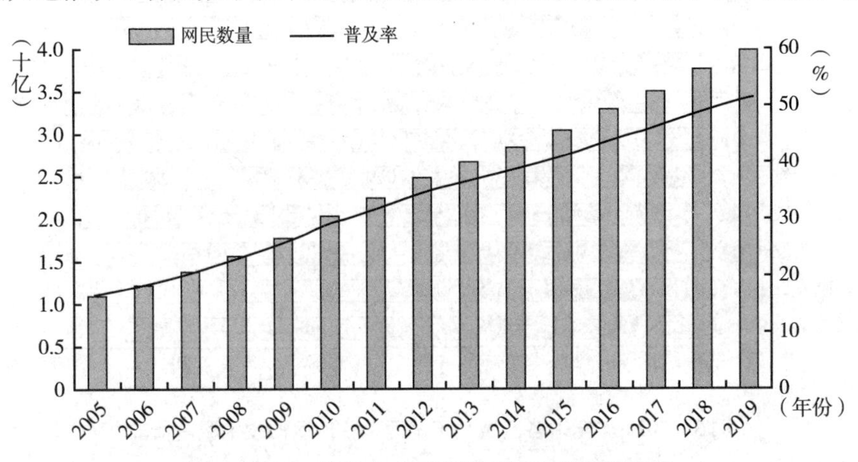

图 1　2005 ~ 2019 年全球网民数量和普及率走势

资料来源：国际电信联盟（ITU）。

字时代的趋势不可能再逆转。未来人类的很多生活方式都将加速转向网上云端。

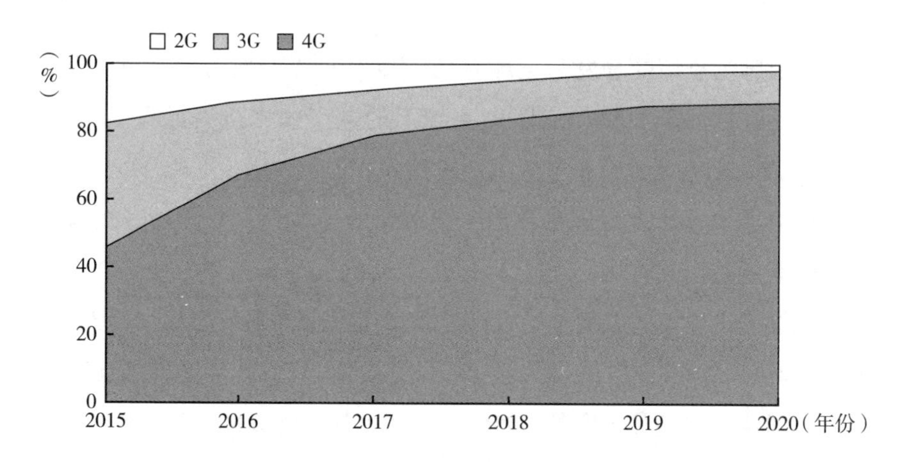

图 2　2015～2020 年移动通信技术全球覆盖情况

资料来源：国际电信联盟（ITU）。

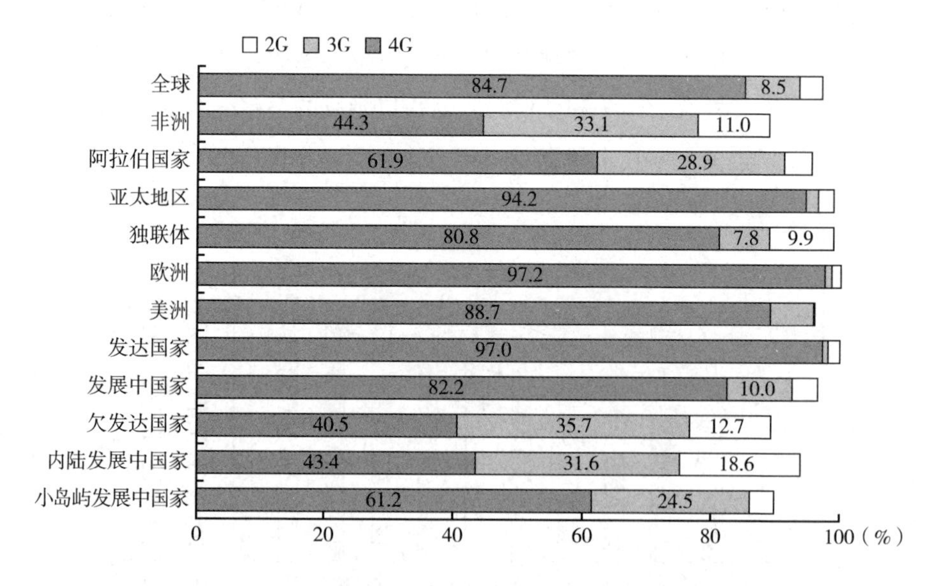

图 3　2020 年全球各区域和不同国家移动通信技术覆盖情况

资料来源：国际电信联盟（ITU）。

借助数字技术，新冠肺炎疫情下人类的生存方式完成了一次全球性的极限测试，也实现了历史性的转变。在线办公、在线教育、视频会议、直播电商、互联网医疗、短视频应用等在线应用呈现爆发式发展。当然，疫情也促使全球数字技术发展不均衡、长期没有本质性凸显的“数字鸿沟”问题显现。

2020 年，人类生活转入数字技术构建的网络空间，世界各国的社会治理也从现实世界转向网络世界。移动互联网在一定程度上已经开始影响甚至主导世界秩序。到 2020 年第三季度，全球网民已经接近 50 亿，如图 4 所示，其中亚洲网民占全球一半以上（51.8%），欧洲位列第二（14.8%），非洲位列第三（12.8%），拉丁美洲和加勒比海地区位列第四（9.5%），互联网诞生地北美洲网民只占全球的 6.8%，位列第五。[①]过去在互联网世界长

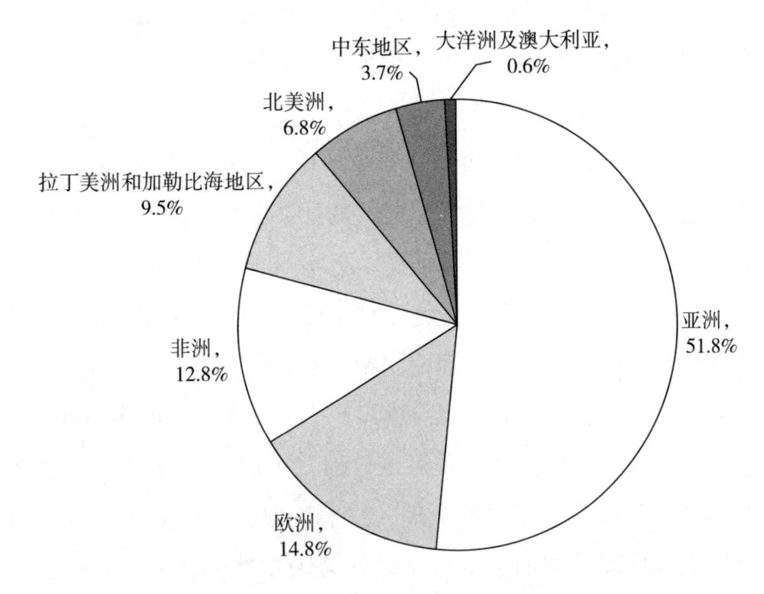

图 4　2020 年第三季度全球网民分布情况

注：部分数据与 ITU 有差异。

资料来源：互联网世界统计（Internet World Stats）。

① Internet World Stats, World Internet Usage Aand Population Statistics, 2021, https://www.internetworldstats.com/stats.htm.

期占据主导性地位的欧美网民总和在全球占比只有21.6%。21世纪20年代，亚洲和非洲网民之和将很快超过全球网民数量的2/3，亚洲和非洲将成为未来网络世界的新增长点和主导性市场。

数字时代的全面到来标志着人类文明发展进入新阶段，人类社会也面临新的秩序调整。数字时代的国际治理、国家治理、社会治理和技术治理都面临根本性的范式转变。人们在享受数字文明带来的各种便利和好处的同时，也面临着各种数字技术与权力滥用的数字不文明甚至反文明的风险和挑战。如何有效建立数字的法律、制度、规则和规范，如何树立与数字文明相适应的时代价值观，成为新的挑战和冲突焦点。站在人类历史进程的维度上，毫不夸张地说，2020年是人类数字治理元年，人类数字时代与数字治理迎来了真正的范式转变。

过去，数字治理是一个技术性很强的学术概念，主要聚焦在公共管理领域以政府为中心的政府数字化转型，而现在，必须在更开阔的视野中重新理解数字治理。随着数字空间逐渐成为人类生活的主导性空间，无论是作为生存空间还是治理空间，数字空间都开始超越现实空间，并主导着现实空间。所以广义的数字治理，包括人类数字时代的社会治理和国际治理，是人类在新的数字时代如何安身立命的首要问题。数字治理是现代数字化技术与治理理论的融合，以政府、市民和企业为治理主体，是一种新型的治理模式。①

与其说数字治理概念来源于理论创新，不如说其更多来自实践需求，是数字技术深入普及之后，对人类现有秩序产生的冲击引发的多层次的复杂治理问题的应急需求。数字治理大致可以分为三个层次（见图5）。首先是以技术为主体的基础层，包括网络治理、技术治理、数据治理、AI治理以及相互融合的平台治理等方面。其次是以社会为主体的核心层，包括城市治理、社会治理、国家治理以及新形势下的领域治理（教育、金融、医疗等）。最后是以国家为主体的延伸层，包括国际治理、全球治理以及共同的网络安全问题。这三个层次并没有清晰界限，而是相互交织、相互影响、相

---

① 杜泽：《什么是数字治理?》，《中国信息界》2020年第1期。

互融合，区分的标准主要是治理的主体侧重有所不同。三个层次分别对应于数字时代的技术秩序、社会秩序与国际秩序，包括介于技术和市场之间的平台治理和 AI 治理等。因为当下数字技术的发展与应用主要是市场和资本驱动，所以还有介于技术秩序和社会秩序之间的市场秩序。总之，与传统治理相比，数字治理有鲜明的技术性、综合性与复杂性。

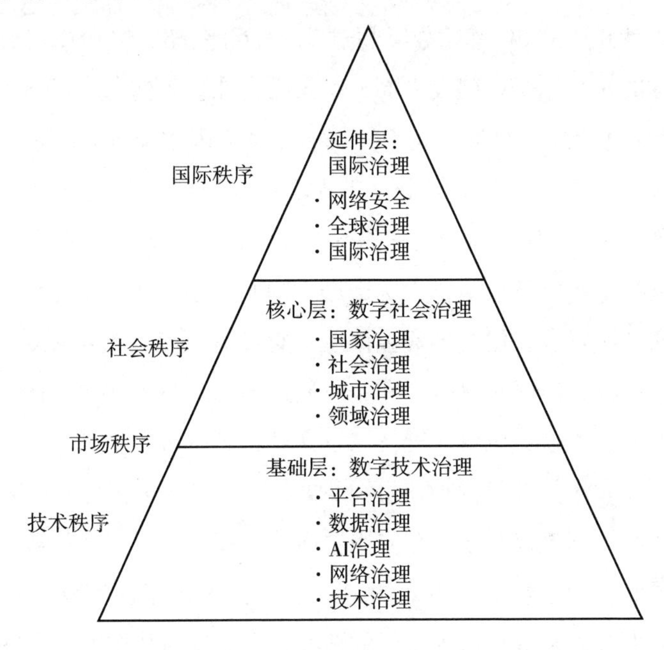

图 5　数字时代的数字治理与秩序的结构示意

2020 年，数字治理成为世界各国面临的共同挑战。无论是中国，还是美国、欧洲，数字治理问题或数字技术引发的对传统治理挑战，都开始成为首要的挑战。不同制度与发展阶段的国家，都在主动或被动地应对新型挑战。

二　美国篇：2020年数字治理的拐点和历史性转向

作为世界互联网大国，美国始终引领世界互联网技术创新发展，研发投入、创新质量和企业实力等均居全球首位。截至2020年底，美国人口总数为3.31亿，网民数量达到3.12亿，互联网普及率达到90%。其中，Facebook用户达到2.562亿，占全体网民的80%以上。[①]但是，互联网带来的挑战已经深度困扰着整个国家的发展，对于2020年的美国尤其如此。2020年，美国在5G领域全面落后于中国，引发了蝴蝶效应。截至2020年底，中国累计建成的5G基站数量超过71.8万座，5G终端连接数超过2亿个，占全球的87%。[②]5G建设方面，中国已走在世界前列。目前，美国全面铺设的是5G毫米波。数据机构Opensignal对美国主流5G智能手机进行的网速测试表明，相较于4G，美国5G智能手机的平均下载速度仅提升50%左右，与其他国家5G智能手机的提升幅度相比，优势并不明显。[③]很多美国地方运营商都苦于巨额成本，无法推进5G网络的铺设。虽然美国政府曾承诺为运营商补贴资金，但这笔资金似乎一直没有下发。眼看在5G网络建设上失去了主动权，美国相关机构和企业还试图越过5G，在6G通信技术上弯道超车。苹果、谷歌、思科、英特尔、高通、微软等厂商已联合成立6G联盟，并已经开放相关频段供6G网络试验。

美国的麻烦不仅仅是技术与应用层面的，还面临数字时代社会、国家与国际治理层面等深层次的问题。2020年，美国经历了新冠肺炎疫情、总统大选、国会大厦冲击等一系列事件的洗礼，在数字时代国家治理问题上遭遇了前所未有的挑战。2020年4月29日，特朗普政府推出所谓的“净网行动”（The Clean Network Program），理由是为5G未来的发展“清洁”道路，确保通过5G网络进入美国海外和美国境内外交设施的数据安全。2020年8月5日，美国国务卿蓬佩奥进一步升级了“净网行动”，新增了5条措施，涉及电信运营、手机应用、中国手机预装美国手机应用、云储存服务和海底电缆等各个层面。其中华为、中国移动、百度、阿里巴巴等7家中国科技公

① We are Social & Hootsuite, *Digital 2021*, 2021.

② 全球移动通信系统协会（GSMA）：《2021中国移动经济发展报告》。

③ Ian Fogg, Benchmarking the Global 5G User Experience, https://www.opensignal.com/2020/12/21/benchmarking-the-global-5g-user-experience-december-update.

司被点名。这意味着几乎要从互联网底层开始，推动中美科技的“脱钩”。“净网行动”撼动了全球互联网的根本秩序。

2020 年 8 月 7 日，总部位于美国的国际互联网协会（ISOC）发表声明，对美国政府提出批评，而且言辞犀利，“我们非常失望。美国是资助互联网早期发展的国家，然而现在正在考虑会将互联网割裂成碎片的一系列政策。一个更加堪忧的趋势是，政府为试图短期赢得政治得分，而直接出手干预互联网，不考虑其所导致的长期损害，而‘净网’计划正是这一趋势的部分表现。互联网是一个全球性互联的网络，体现在网络基于自发原则相互连接，没有中心权威。正是这种架构成就了互联网。今天宣布的美国‘净网’计划，挑战了这个架构最核心的原则”。[①]乔·拜登赢得总统大选后，颠覆互联网根基的“净网行动”应该难以为继。

2020 年特朗普政府针对 TikTok 的“强取豪夺”行动，将美国政治滥用推向新的高度。中国互联网企业字节跳动旗下的 TikTok 是中国互联网史上第一个实现全球化的主流应用。但是，很快成为特朗普政府混乱的对中国政策的牺牲品，其中夹杂着竞争对手脸书（Facebook）等企业商业利益的“私货”。2021 年 2 月 12 日，美国新任总统拜登，叫停了前任总统特朗普对微信和 TikTok 的禁令。

在新冠肺炎疫情背景下的 2020 年美国大选过程中，互联网进一步冲击美国政治结构和运行，加剧了社会撕裂。2021 年 3 月 25 日，美国企业脸书、谷歌、推特 CEO 出席国会众议院能源和商业委员会听证会，就打击平台虚假信息传播等问题回答议员提问。这些社交媒体平台上传播的关于 2020 年大选的不实信息和对新冠肺炎疫苗的怀疑论、阴谋论及反智言论成为众矢之的。对于 2021 年 1 月 6 日发生的暴力冲击国会事件，推特 CEO 杰克·多西表示，在传播不实信息方面，推特负有一定责任。但脸书 CEO 扎克伯格和谷歌 CEO 皮查伊则表示不负有责任，为自己竭力开脱。脸书称，

---

① Internet Society，Internet Society Statement on U. S. Clean Network Program，2020 - 08 - 07，https：//www. internetsociety. org/news/statements/2020/internet - society - statement - on - u - s - clean - network - program/ .

在2020年第四季度，脸书移除13亿个虚假账号，并且目前有超过3.5万人专门负责平台内容审查。

三　欧洲篇：全球数字治理的制度制高点和力不从心的榜样

欧洲是全球数字技术和移动互联网最发达的区域。移动网络覆盖率接近100%，3G信号覆盖率为98.3%，4G信号覆盖率为97.2%，互联网普及率从2017年的77.4%提升到2019年的82.5%（见图6），而同期家庭互联网联网率从80.9%提升到85%，堪称全球数字基础设施最完善的区域。

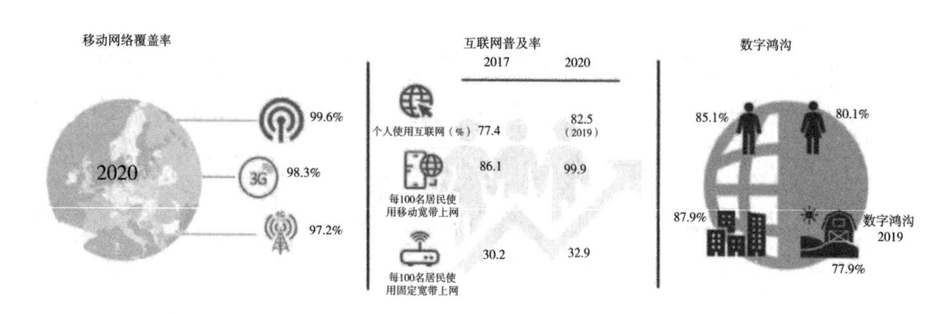

图6　2017~2020年欧洲区域移动网络覆盖情况

注：2020年数据为估计值。

资料来源：国际电信联盟：《2021年欧洲数字趋势报告》（*Digital Trends in Europe* 2021）。

欧洲值得骄傲的地方不仅在于数字技术的普及，更显著的是其在数字时代制度建设方面的引领性地位。2020年6月25日，欧盟委员会向欧洲议会和欧盟理事会提交了《通用数据保护条例》（*General Data Protection Regulation*，*GDPR*）实施两年的评估报告，引起全球关注。报告的题目做了很好的定调——“数据保护是增强公民赋权和欧盟实现数字化转型的基础”。报告既肯定了各方面的积极进展，也指出了遇到的一些挑战和问题。可以说，*GDPR*是互联网诞生半个世纪以后最重要、最具有里程碑意义的一场制度建设。其涉及问题之复杂，触动利益之大，影响之深远，都是前所未有的。*GDPR* 实施两年，经历了全球互联网和科技行业的巨变，还经历了新冠肺炎疫情的考验，表现可圈可点，基本奠定了其全球标杆性的地位。当然，*GDPR* 运行两年来整体还是谨慎和克制的，2018 年 5 月至 2019 年 11 月，先后开出 785 项行政罚款，其中包括法国对谷歌开出的 5000 万欧元罚单。但是，对互联网巨头最具震慑力的“年收入 4%”的处罚大招，迄今没有出手，即便出现了脸书剑桥门这样重大的数据泄露事件。同时，两年来，用户在数据保护方面的真实处境还没有出现根本性的变化。

2020 年 2 月 19 日，欧洲委员会发布“塑造欧洲数字未来”战略：一份关于人工智能的白皮书（《人工智能白皮书》）、一份关于欧洲数据战略的报告（《数据战略报告》）和一份关于塑造欧洲数字未来的报告（《数字未来报告》）。战略与国际研究中心梅雷迪思·布罗德本特（Meredith Broadbent）认为，这些文件都表明了欧洲希望通过一系列监管和税收改革，培育本土科技公司、开发独立的欧洲数据池和打压为欧洲消费者提供有吸引力的数字服务的创新型大型外国公司，从而实现“数字自治”和“技术主权”。

2020 年 12 月 15 日，欧盟推出《数字服务法》和《数字市场法》两项“里程碑式的法案”，通过系统性的“守门人”制度，开启反垄断范式转变，跳出了将互联网巨头当作单纯商业企业的事后监管模式，未来又将引领全球平台治理的制度创新。当然，从自身实力来说，欧洲难以独自引领全球。因为价值观冲突，中欧之间深度合作面临长期的挑战。而在美国完全主导数字技术的背景下，欧洲和中国一样，处于防御战略态势。虽然拜登政府将积极修复特朗普政府期间撕裂的美欧关系，但难以弥合美欧之间根深蒂固的内在利益冲突。欧洲高举“数字主权”大旗，与其说是回应中国数字技术的挑战，不如说是警惕美国垄断力量的积极防御战略需要。从欧美“隐私盾”失效事件看，脱欧背景下欧洲未来也依然需要负重而行。

欧洲作为全球网络空间规范、规则和行动的引领者，与美国在互联网创新和超级网络平台的全球领先，以及中国作为全球唯一10亿级网民同时在线的单一市场，形成了全球网络空间美、中、欧各具优势的三足鼎立之势。我们要从历史传统、制度能力和国际战略高度等不同层面，深刻理解欧洲在全球网络治理的禀赋能力、长远合作价值和全球意义。①

四　全球其他区域：不同的国情与处境，共同的挑战和困境

根据ITU数据，亚太地区在移动网络覆盖方面，3G信号覆盖了96.1%的人口，4G信号覆盖了94.2%的人口。亚太地区互联网普及率从2017年的38.6%提升到2019年底的44.5%，而家庭互联网接入比例同期从47.9%提升到53.4%（见图7）。中国到2020年底拥有近10亿网民，连续12年成为全球第一大市场，而印度也以7亿左右网民数量，成为全球不可撼动的第二大互联网市场。但是，2020年发生在印度市场的封杀中国App事件，极大地改变了印度互联网的发展进程，也颠覆了固有的发展格局。全球第二大市

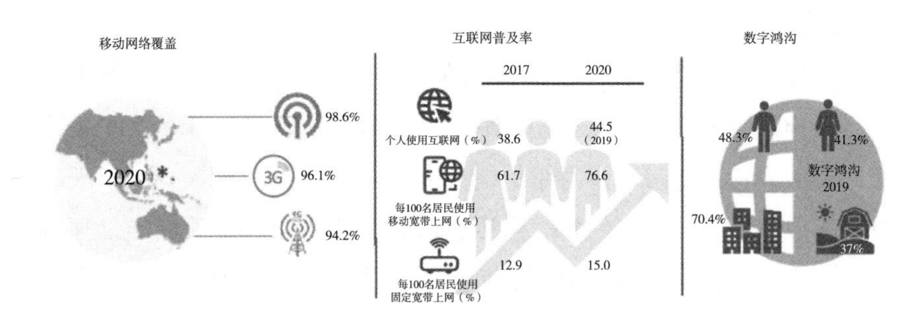

图8　2017～2020年亚太地区移动网络覆盖情况

注：2020年数据为估计值。

资料来源：国际电信联盟：《2021年亚太地区的数字趋势报告》（*Digital Trends in Asia and the Pacific 2021*）。

① 方兴东、钟祥铭：《欧洲在全球网络治理制度建设的角色、作用和意义》，《全球传媒学刊》2020年第1期。

场走向保护主义对全球互联网和高科技进程的长远影响，可能不亚于美国对于中国高科技的封杀和排挤。

2020 年 6 月中旬，中印双方在边境爆发冲突，随后两国之间的紧张关系也提升到了几十年来的最高水平。2020 年 6 月 29 日，印度电子和信息技术部宣布，将全面封杀包括 TikTok、Likee、Helo 在内等 59 款背景为中国互联网企业的应用程序，禁用的理由是认为这些应用从事的活动有损印度主权、国防、国家安全和公共秩序。被封杀的应用程序多为娱乐类、社交通信、跨境电商以及工具类。其中印度是抖音国际版 TikTok 最大的国外市场，约有 1.2 亿用户。11 月 24 日，印度电子和信息技术部发布公告声称，禁用全球速卖通、钉钉等 43 款中国手机应用程序。这是第四批次的封杀行为。此前，大批互联网企业将市场潜力巨大的印度视为出海第一站。印度排名前 30 家的互联网企业中有 18 家拥有中国资本的支持，且投资规模累计超 35 亿美元。这次封杀令使中国互联网企业在印度的投资遭遇重创。

非洲是全球最后一个 10 亿级用户的互联网新兴市场，开始成为全球互联网巨头的必争之地。非洲当前拥有 13.2 亿人口，在各洲人口总量排名中高居第二。在人口结构上，非洲也是全世界拥有年轻人口最多的大洲，这意味着非洲存在大量潜在的数字用户。截至 2020 年第一季度，非洲的互联网普及率已增长至约 40%（世界平均值为 58.8%），其互联网用户总数亦已突破 5.8 亿。根据 Statista 的数据，尽管非洲人均线上消费只有 58 欧元，但非洲网购总人数已达到 2.8 亿人。[①]非洲电子商务市场收入预计 2021 年将达到 248 亿美元，2025 年增长到 408 亿美元，5 年复合增长率高达 24.7%。[②]国际金融公司（IFC）和谷歌于 2020 年 11 月 11 日发布的最新报告《2020 年非洲 e 经济》估计，到 2025 年，非洲互联网经济有可能达到非洲 GDP 的 5.2%，为非洲经济贡献近 1800 亿美元。这很大程度上取决于企业的数

① Varrella S, E-commerce in Africa-statistics & Facts, Statista, 2021 - 01 - 05, https://www.statista.com/topics/7288/e-commerce-in-africa/.

② Payments & E-Commerce Report: Middle East & Africa, PPRO, 2020 - 03 - 24.

字化转型以及正确的政策实施。预计到 2050 年，非洲互联网经济可能达到 7120 亿美元。受互联网连接的增加、城市人口规模的迅速扩大、科技人才的不断增长、充满活力的创业生态以及非洲大陆自由贸易区的设立等因素影响，非洲的互联网产业将迎来新的巨幅增长。据 Partech Ventures Africa 的数据，目前非洲拥有 70 万名开发者，过去 5 年来，创业企业的资本融资额持续增长，2019 年的股权融资额达到创纪录的 20.2 亿美元。智库布鲁金斯学会在最新报告中指出，世界上经济增长最快的 20 个国家中有 19 个在非洲。

拉丁美洲和加勒比海地区是全球第四大移动通信市场，约一半人口在使用互联网，互联网用户增长率全球最高。其中，拉丁美洲总人口约 6.6 亿，网民数量约 4.77 亿，仅次于亚洲、欧洲和非洲，互联网普及率达到 70%，仅次于北美和欧洲。起飞中的拉美互联网，积极拥抱“中国经验”，墨西哥和巴西等互联网市场，对于全球互联网企业来说，已经展现巨大的吸引力。

但是，随着互联网普及的深入，无论是亚洲、拉美，还是非洲，“数字鸿沟”开始成为越来越具有挑战的问题。同时，这些地区更容易遭受来自超级平台的控制，面临数字治理方面的严峻挑战。

五　中美欧共同的困境与行动：超级平台的反垄断和治理挑战

2020 年，互联网成为人类抗击新冠肺炎疫情的关键。但是，疫情对人类生活、就业、经济和社会的冲击依然是前所未有的。在这种背景下，以美国 FAMAG（Facebook、苹果、微软、亚马逊和谷歌）和中国 BAT（字节跳动、阿里和腾讯）为代表的互联网超级平台成为疫情的最大获益者，凸显了互联网巨头作为人类历史上第一次迎来超越国家主权的非国家行为体的挑战。苹果、微软和亚马逊市值先后超过了 2 万亿美元，超过了俄罗斯整个国家的 GDP 数值。目前在整个美股市场 36 万亿美元市值中，这五大公司占比超过 20%。

美国、欧洲和中国，彼此的数字技术和数字经济发展水平和处境，都不尽相同。但是，2020 年，这三大区域在超级平台的反垄断方面不约而同地出手，意味深长。2020 年 12 月 16 日至 18 日，中央经济工作会议将“强化反垄断和防止资本无序扩张”两者联系在一起，并列为 2021 年度经济工作的重点之一，强调要完善平台企业垄断认定、数据收集使用管理、消费者权益保护等方面的法律规范，掀起了中国平台反垄断的新浪潮，引发全球关注。

2020 年，奥巴马在一次答《大西洋月刊》编辑提问时表示，互联网是美国民主的最大威胁，并且呼吁政府应该针对监管这些公司拿出真正的解决方案。著名学者弗朗西斯·福山也说，“这些庞然大物现在支配了信息的传播和对政治动员的协调。这对运作良好的民主制度构成了独一无二的威胁”。2020 年 10 月，美国众议院司法委员会发布了一份长达 449 页的报告，详细记录了过去 16 个月内对脸书、亚马逊、苹果、谷歌的反垄断调查。针对调查结果，小组委员会提出了一系列广泛的改革建议：①复兴数字经济市场竞争；②强化反垄断立法；③恢复反垄断执法。以此报告为基础，美国的平台反垄断也全面开启。

过去一直引领全球互联网反垄断的欧盟也在紧锣密鼓地筹备着反垄断新举措。除了加紧反垄断诉讼，制度创新和突破成为发力重点。2020 年 12 月 15 日，欧盟委员会正式提交了《数字服务法》和《数字市场法》两部针对数字平台和大型科技企业的法律草案。其中特别设置“守门人制度”，成为继 *GDPR* 之后欧洲在数字治理领域最大的制度创新，并有可能引领全球互联网反垄断制度和手段的整体范式转变。

综合分析和考察中美欧三地的反垄断举措，可以清晰地看到，三地联动的这一轮反垄断的驱动力都是内生的，源自各自的内在需要，而不是来自外部压力。三地都是为了应对互联网超级平台造成的挑战和危机，也就是防范互联网平台崛起冲击现有市场秩序，危及社会和政治秩序，并且突破现有制度框架，挑战国家权力和治理能力。只有抓住问题的本质，才能正确理解当下全球性的反垄断浪潮，实现理论创新，推进制度创新，形成一系列行之有效、多管齐下的应对之策，驾驭好无序扩张的资本，驯服野蛮生长的互联网超级平台，最终把超级平台的超级权力“关进笼子里”，实现数字时代国家治理现代化。显然，这是中美欧进入数字时代一场制度能力与治理能力的全新较量与竞赛。

六 展望2021年：考验人类合作的抉择与大国政治的智慧

App Annie 发布的《2021 年移动市场报告》显示，受新冠肺炎疫情影响，2020 年的移动设备使用量直线上升，用户总量在不到 12 个月内向前推进了 2 ~3 年。尽管新冠肺炎疫情给社会带来不小冲击，但不论出于政治目的还是市场需求，此次新冠肺炎疫情确实“积极地”推进了全球数字技术的发展。2020 年底，GSMA 发布《2021 年全球移动趋势报告》，报告认为在高收入国家，疫情大流行对电信收入产生了 4% ~8% 的负面影响，这一下降幅度约为 2020 年初以来 GDP 可比下降幅度的一半。新冠肺炎疫情对电信收入的影响主要集中在四个方面：国际旅行减少，导致漫游收入下降；由于零售店关闭，手机升级速度降低；企业和中小型企业（SME）市场面临的挑战；一般消费者的支出压力，特别是在预付费领域。但是，数据流量需求依然增长，增长的原因是家庭娱乐和家庭通信需要，如视频和语音呼叫。由于疫情的蔓延，2020 年 5G 推出的初期速度有所放缓，但后期有所恢复。全球 113 个移动运营商已在 48 个国家和地区启动了 5G 网络。预计运营商将在未来 5 年内将 55% 的资本支出（8900 亿美元）用于 5G 网络。美国、中国、韩国、日本、海湾国家、澳大利亚和欧洲部分地区将成为 5G 的引领者。到 2025 年，4G 将占全球移动客户的 57%，到 2025 年，消费者对 5G 的采用率将达到全球移动连接的 20%。[①]

① GSMA，Global Mobile Trends 2021，https：//www. gsma. com/newsroom/press – release/gsma – intelligence – shares – global – mobile – trends – 2021/.

移动互联网的创新步伐也在加快。2020 年 3 月 14 日，马斯克创办的 SpaceX 第 22 批 60 颗“星链”卫星搭乘猎鹰 9 号火箭，从佛罗里达州肯尼迪航天中心发射升空。本次飞行诞生了 SpaceX 第一枚一箭九飞九回收火箭。SpaceX 最初的“星链”星座由 1440 颗卫星组成。而目前其已累计发射 1323 颗“星链”卫星，如果算上 2018 年 2 月发射的两颗测试卫星，SpaceX 发射了 1325 颗“星链”卫星。马斯克的目标是要往近地轨道发射 12000 颗卫星。2020 年 6 月，他又将总数量扩张到 42000 颗。马斯克放言要进军智能移动手机领域，未来直接实现卫星永久免费上网。马斯克的真实意图，并不是简单的免费上网，而是未来网络时代，整体的业务逻辑和服务模式范式的转变。价值从基础设施转向增值服务，这是互联网过去一贯的演进逻辑。有了强大的创造价值的增值服务收费模式，上网是否免费就成为一个问题。

英国威斯敏斯特大学传媒学院荣休教授达雅·屠苏（Daya Thussu）在其主编的《金砖国家媒体：重构全球传播秩序》（*BRICS Media*：*Reshaping the Global Communication Order*）一书中，提出互联网要去美国化（de-Americanizing）。互联网不应该由美国控制，也不应该由少数几个互联网巨头控制，互联网应该成为全球的公共品。新冠肺炎疫情也告诉我们，互联互通对全球来说是非常重要的。中美欧平台反垄断浪潮将在 2021 年进入新的阶段。2021 年 1 月 8 日晚，推特公司以“推文存在煽动暴力风险”为由，将特朗普的个人账号（@ realdonaldtrump）永久封禁。随后，特朗普“换马甲”发推特回应，再遭推特“无情追杀”。随后 Facebook、Youtube 等纷纷跟进。特朗普账号事件无疑是社交媒体发展历程中的一个重大事件，直接影响甚至决定未来全球社交媒体治理的基本走向。但毫无疑问，这是超级平台又一次展现超国家权力的事件，将平台与政府之间的博弈推向了前所未有的高度，引发欧美支持和反对两端激烈的舆论反响也在情理之中，预示着当今社交媒体治理机制的深层次失灵甚至失效。

的确，数字时代为人类带来了前所未有的福利，代表了人类新文明的全新进程。但是，人类也面临着前所未有的冲击与挑战。在新的时代人类如何安身立命？在这个高度互联的新世界中，只有一种前所未有的

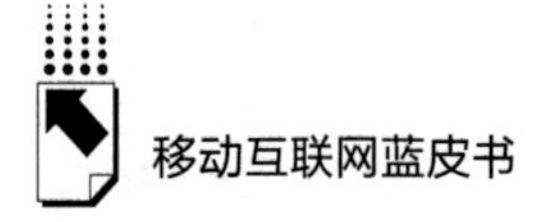

高度合作与携手，才可能拥有美好的未来。任何个人、任何企业和任何国家都难以独善其身，合则共利，斗则俱伤。所以，数字治理的缘起与数字技术有关，但是，真正解决数字治理问题的核心还在于我们人本身，我们的人性，我们的德性，我们的智慧。技术发展的根本目的是造福人类，是提升人类的协作与互联水平，人类不能沦为技术的“俘虏”，不能陷入分裂、冲突和隔绝的负循环。数字治理需要立足以人为本，才能豁然开朗。2020 年，无论是作为人类数字治理元年，还是人类数字时代元年，都已经将我们带到了一个新的境地。数字对抗、数字脱钩、数字冷战，永远不应该成为我们的选择。2020 年开启的下一个 10 年，将走向一个什么样的移动互联网的新世界，这无疑将进一步严酷地考验人类合作的抉择与大国政治的智慧。

参考文献

杜泽：《什么是数字治理?》，《中国信息界》2020 年第 1 期。

方兴东、钟祥铭：《欧洲在全球网络治理制度建设的角色、作用和意义》，《全球传媒学刊》2020 年第 1 期。

Internet World Stats，World Internet Usage and Population Statistics，2021，https://www.internetworldstats.com/stats.htm.

We are Social & Hootsuite，Digital 2021，2021.

Ian Fogg，Benchmarking the Global 5G User Experience，https://www.opensignal.com/2020/12/21/benchmarking-the-global-5g-user-experience-december-update.

Shen Yi，Jiang Tianjiao，The Clean Network Program and the US Digital Hegemony，Fudan Development Institute，2020.

Internet Society，Internet Society Statement on U. S. Clean Network Program，2020-08-07，https://www.internetsociety.org/news/statements/2020/internet-society-statement-on-u-s-clean-network-program/.

Amitai Etzioni，Is America Becoming a Chauvinistic Nation? The National Interest，2021-03-20，https://nationalinterest.org/feature/america-becoming-chauvinistic-nation-180660.

Varrella S，E-commerce in Africa-statistics & facts，Statista，2021-01-05，https://

www. statista. com/topics/7288/e – commerce – in – africa/.

Payments & E-Commerce Report：Middle East & Africa，PPRO，2020 – 03 – 24.

GSM，Global Mobile Trends 2021，https：//www. gsma. com/newsroom/press – release/gsma – intelligence – shares – global – mobile – trends – 2021/.

产 业 篇

Industry Reports

B.7
2020年中国宽带移动通信发展及趋势分析

潘 峰　鲁长恺　张春明*

摘 要: 2020年我国宽带移动网络建设稳步发展，移动互联网流量取得较快增长。全球各国推广5G商用，加速推进5G应用。我国5G应用发展走深向实，打下坚实基础。2021年，我国5G网络建设将持续推进，高质量的网络将继续刺激5G用户数量和流量需求保持高速增长，并赋能行业数字化转型，支撑经济平稳增长。同时，下一代移动通信技术的研究工作正在逐步展开。

* 潘峰，中国信息通信研究院无线电研究中心副主任，高级工程师，主要从事无线网规划、无线网测评优化、无线新技术和产业发展方面的重大问题研究；鲁长恺，中国信息通信研究院无线电研究中心无线应用与产业研究部，工程师，主要从事无线与移动领域5G网络、技术、产业发展及下一代移动通信技术相关研究工作；张春明，中国信息通信研究院无线电研究中心无线应用与产业研究部，工程师，主要从事无线与移动领域5G产业、应用发展相关研究工作。

关键词： 宽带移动网络 5G应用 6G预研

一 2020年宽带移动通信网络和业务发展状况

（一）我国宽带移动通信网络建设稳步发展

1. 我国4G网络规模继续保持全球最大

根据工业和信息化部的公开数据，到2020年末，我国已建成移动通信基站总数达931万个，全年净增90万个。其中4G基站总数达到575万个，比2019年末增长31万个（见图1），我国继续拥有全球最大规模的4G网络。4G网络在城镇地区实现了深度覆盖，随着电信普遍服务的持续推进，不断加大农村地区的广度覆盖，截至2020年底，我国行政村通4G比例超过98%。

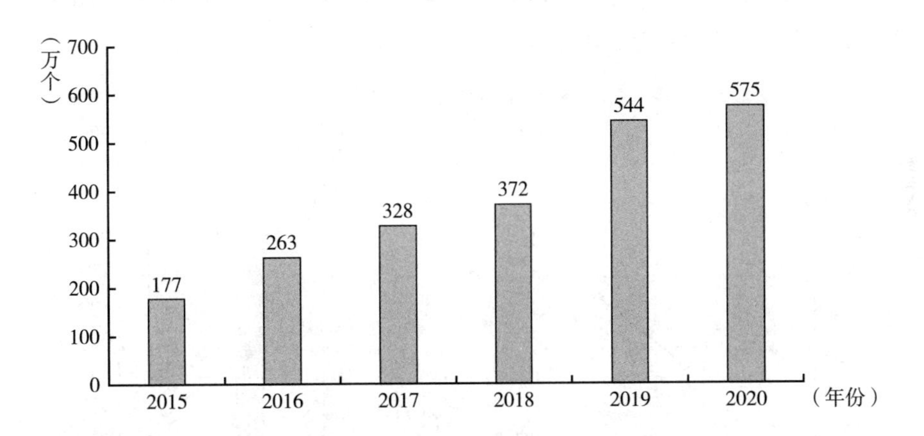

图1 2015～2020年我国4G基站发展情况

资料来源：工业和信息化部。

2. 5G网络建设稳步推进，5G独立组网（SA）全面开启商用

截至2020年10月底，全球已有54个国家和地区的124家网络运营商宣称开始提供5G业务（含固定无线和移动服务）。其中欧洲商用56家，亚洲商用44家，美洲14家，大洋洲6家，非洲4家。

我国克服新冠肺炎疫情带来的困难，超额完成年度5G网络建设目标。根据工业和信息化部的公开数据，到2020年底，我国已累计开通5G基站超71.8万个，覆盖全国地级以上城市及重点县市，5G用户数已突破2亿。中国电信、中国移动、中国联通均已开启5G SA网络规模商用，SA网络覆盖全国地级以上城市及重点县市。

（二）我国移动宽带业务保持增长

1. 移动互联网累计流量同比增长三成，DOU再创新高

2020年，我国移动数据流量继续保持增长，移动互联网累计流量达1656.00亿GB，① 比2019年增长35.7%（见图2）。新冠肺炎疫情对人们生活习惯的改变使移动互联网应用需求激增，线上消费活跃，短视频、直播等大流量应用使用频繁，拉动移动互联网流量迅猛增长。2020年，我国移动互联网月户均流量（DOU）达到10.35GB，相比2019年增长32%，比全球每户每月均值（9.41GB）高出9.9%。②

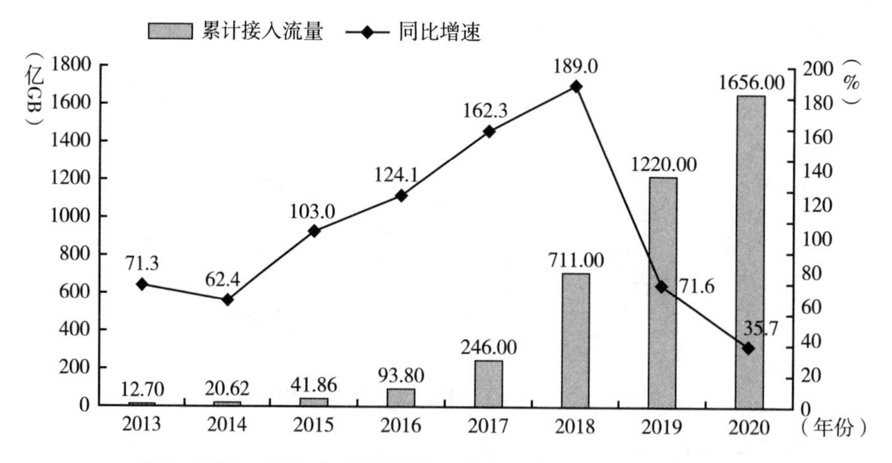

图2　2013～2020年我国移动互联网累计接入流量及同比增速

资料来源：工业和信息化部。

---

① 工业和信息化部：《2020年通信业统计公报》，2021年1月22日。

② 爱立信Ericsson mobility visualizer，2020年11月。

2. 西部地区移动互联网流量增速全国领先

2020 年，我国东、中、西、东北部地区移动互联网接入流量分别达到 700 亿 GB、357 亿 GB、505 亿 GB 和 93.4 亿 GB，比上年分别增长 31.9%、36.5%、42.3% 和 29%。其中西部增速比东部、中部和东北增速分别高出 10.4 个、5.8 个和 13.3 个百分点。①

3. 移动电话通话量降幅继续扩大，短信业务收入增速由负转正

2020 年，我国移动电话通话量降幅持续扩大，移动电话去话通话时长 2.24 万亿分钟，同比下降 6.2%。移动短信业务收入增速由负转正，全国移动短信业务量同比增长 18.1%（见表 1）。②

表 1　国内通信业务同比增幅

单位：%

年份	2015	2016	2017	2018	2019	2020
移动电话去电通话时长	-2.6	-1.4	-4.6	-5.4	-5.9	-6.2
短信业务	-8.4	-4.6	-1.7	14.0	39.7	18.1

资料来源：工业和信息化部。

二　2020年5G应用走深向实

（一）世界各国和地区积极探索5G应用

1. 韩国消费者市场发展良好，已获得初步收益

韩国 5G 网络建设较为领先。截至 2020 年 6 月底，建成 5G 基站 12.1 万个，覆盖 85 个大城市及主要交通动脉；在以中频段为主要 5G 网络部署类型的国家当中，韩国的覆盖率处于领先地位。5G 平均下行速度为

① 工业和信息化部：《2020 年通信业统计公报》，2021 年 1 月 22 日。

② 工业和信息化部：《2020 年通信业统计公报》，2021 年 1 月 22 日。

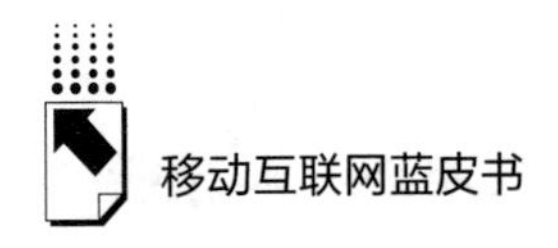

656.56Mbps，是 LTE 的 4.14 倍。[①]

韩国高度重视 5G 应用发展。截至 2020 年 6 月底，5G 用户达 737 万，占移动电话用户总数的10.58%。[②] 在高清视频和 VR 等重点领域应用较为领先，带动了相关产业发展。2020 年，韩国政府投资 150 亿韩元推进新的“XR + α”项目，推进 XR 内容在公共服务、工业和科学技术领域的应用。

韩国运营商在内容产业持续发力，XR 和游戏成为 5G 布局重点，面向消费者主推 VR/AR、云游戏、4K 视频等大流量应用。例如，SK 电讯推出基于 5G VR 的虚拟社交服务和云游戏服务；LG U + 依托本国内容产业优势，借助中国 VR 终端、云平台等大力推广 VR/AR 应用。此外，韩国运营商也积极探索 5G 在工业、医疗、交通、公共安全和应急等领域的应用，应用场景包括 5G 机器视觉质检服务、远程诊断、应急救援服务以及 5G 自动驾驶等。

2. 欧洲发挥工业优势，积极开展5G 垂直行业应用试验

截至 2020 年 6 月底，欧洲大约有 20 个国家推出 5G 商用服务，用户数约 130 万；德国建设 5G 基站超过 1 万个，其他国家在几百到几千个不等。[③]

5G 固定无线接入业务成为运营商发展 5G 的动力。由于欧洲地区光纤覆盖不足，运营商积极开展基于 5G 的固定无线接入技术。瑞士 Sunrise 初期将 5G 网络建设重点放在光纤网络未覆盖区域；西班牙和德国运营商开展了 5G 替代有线宽带的测试；欧盟重视行业应用发展，运营商也积极开展 5G 行业应用试验，涵盖工业、医疗、交通等多个领域。例如，英国伍斯特郡在工厂环境下开展基于 5G 技术的预防性维护试验，生产率提高了 1% ~2%；德国汉堡港验证了 5G 网络可满足多类复杂工业应用并行要求。

3. 美国5G 尝试多频段覆盖，应用处于起步期

美国 5G 应用以固定无线接入为主，行业应用处于技术验证期。美国运

---

① 中国信息通信研究院根据公开资料整理统计。
② 中国信息通信研究院根据公开资料整理统计。
③ 中国信息通信研究院根据公开资料整理统计。

营商面向消费者主要提供固定无线接入和增强的移动无线接入业务。美国5G网络的部署特点是热点地区高频段配置+其他地区低频段配置。高频段5G网络重点部署于体育场馆、购物中心、大学校园等高流量地区；低频段5G网络进行全方面广覆盖，但由于频率不足，相比4G速率提升较为有限。例如，Verizon的高频段5G网络仅在35个城市的有限区域可用。由于美国高频段网络覆盖区域有限，且上市5G终端款数少（不到20款）、价格高（手机超过500美元），5G用户发展相对缓慢。

美国5G行业应用处于探索验证期，在工业、医疗、车联网、智慧城市等方面开展了技术试验，应用场景包括工厂内4K安全监测、VR/AR员工培训/远程诊断等。美国国防部重视5G在军用领域的大规模试验，两年来共在12个军事基地开展智能仓库、自动驾驶、VR/AR等5G测试。①

4. 日本5G商用较晚，应用处于起步期

日本于2020年3月推出5G商用，起步较晚，但已通过顶层设计布局5G应用。日本"构建智能社会5.0"，提出积极推动5G与人工智能、物联网、机器人等相互促进、融合发展。

日本运营商主要面向消费者提供高速移动接入、云游戏等大带宽业务。例如，NTT DoCoMo（日本电信运营商）为用户提供8K VR现场音乐、多角度观看视频和体育赛事的服务，以及100余种新游戏，其中包括许多基于云的游戏。此外，运营商也在探索行业融合应用。NTT DoCoMo面向企业提供了远程面部识别、利用VR的远程医疗、远程自动农用汽车的监控等22种解决方案。KDDI完成5G无人机4K视频传输测试，旨在探索无人机在公共安全和监控、农业监测、灾难响应等方面的应用。

此外，日本总务省开放专用频段促进5G专网在农业、工厂等领域开展应用开发和试验。制造企业富士通和三菱电机相继部署专网，日本东京都政府也将支持中小企业，以及旅游业、农业等各行业开展5G专网应用试验。

---

① 中国信息通信研究院根据公开资料整理统计。

（二）我国5G应用发展打下坚实基础

1. 中央和地方合力推动5G应用发展

我国高度重视5G应用发展。2019年中共中央政治局常委会提出要积极丰富5G技术应用场景，并加快5G网络等新型基础设施建设。国家“十四五”规划提出，要“加快5G网络规模化部署，用户普及率提高到56%”，“构建基于5G的应用场景和产业生态，在智能交通、智慧物流、智慧能源、智慧医疗等重点领域开展试点示范”。工业和信息化部发布《“5G+工业互联网”512工程推进方案》，提出打造5个产业公共服务平台，内网建设改造覆盖10个重点行业，形成至少20大典型工业应用场景。《工业互联网创新发展行动计划（2021～2023年）》提出到2023年，在10个重点行业打造30个5G全连接工厂，打造10个“5G+工业互联网”融合应用先导区。工业和信息化部发布《关于推动5G加快发展的通知》，要求全力推进5G网络建设、应用推广、技术发展和安全保障，充分发挥5G新型基础设施的规模效应和带动作用，支撑经济高质量发展。国家发改委、工业和信息化部发布《关于组织实施2020年新型基础设施建设工程（宽带网络和5G领域）的通知》，提出重点支持虚拟企业专网、智能电网、车联网等七大领域的5G创新应用提升工程。各地政府积极出台各类5G扶持政策，推动5G应用发展。截至2020年9月底，各地政府出台行动计划、实施方案、指导意见等各类5G扶持政策文件460个，其中省级政策文件62个、市级228个、区县级170个。[①] 多地政府对基站建设、用电成本进行补贴，积极开展5G应用示范，持续深化5G产业合作。

2. 5G新型消费业务不断出现，迎来新发展空间

个人消费者市场以增强型移动宽带业务需求为主，国内运营商结合4K/8K、VR/AR等技术推出沉浸式游戏、远程课堂、远程办公、智能家居等新型消费服务。

---

① 中国信息通信研究院根据公开资料整理统计。

在个人消费市场，运营商推出了包括5G+4K高清视频、5G+VR/AR以及5G云盘、5G云手机、5G新消息、5G云游戏等特色业务。在媒体播报领域，对2019年春晚、国庆阅兵、国际篮联世界杯等进行了5G+4K/8K的直播试验，2020年5月围绕全国两会还进行了5G+8K+卫星的直播试验，一系列围绕重大活动赛事的5G+4K/8K的直播试验推动了5G直播应用落地进程。

在智慧文旅方面，国家级遗址公园——良渚古城遗址公园数智体验馆，借助5G网络实现的360°实景VR影像构造了一幅50米的数字长卷。5G也被用于扩大商业综合体等新型文旅市场的信息消费，5G与AR/VR、导航定位等新技术相结合可以推动信息消费、线上线下联动，以线上消费、线下接受服务的新形式精准对接，实现商业场景重构、消费体验升级、线下消费复苏。四川宽窄巷子、合肥万象城等多地探索了5G+智慧文旅等信息消费，通过AR探宝、AR红包、AR景观、AR智享、VR店铺、VR直播等方式，实现客流增加的同时也提升了商户营业额。

3.5G行业应用绽放，开启行业升级新篇章

5G行业应用百花齐放，正在从试点示范逐渐步入应用落地阶段，多个重点行业加速突破。根据2020年第三届“绽放杯”5G应用征集大赛4289个参赛项目统计分析，我国5G工业互联网、医疗健康、智慧交通、城市管理领域的项目数量位居前列，占全部项目数量的50%以上。其中工业互联网项目占比连续3年增长，占据全部项目的28%，成为最具热度的5G融合应用领域。5G应用样板逐渐形成，超三成项目获商用落地。大多数参赛项目已有较为成熟的解决方案，约31%的项目已经实现落地，但仍属于定制化“样板间”，尚不具备大规模商用和复制推广的条件。5G带动人工智能、边缘计算等ICT新技术加速融合创新，虚拟专网赋能行业应用作用逐渐凸显。5G应用在地理分布上呈现“沿海引领、遍地开花”的发展态势，申报数量最多的广东、江苏、浙江、北京、上海、河南、山东7省份占参赛项目总数的70%，获奖项目也多集中在上述省份，政策环境为5G应用发展提供了强大助力。

（三）5G应用发展趋势和面临的挑战

1. 我国5G应用发展的趋势

（1）未来2～3年将是5G应用发展的关键节点

目前各国均在抓紧部署5G网络并积极推进5G应用持续落地，但总体上看，5G应用发展在一段时间内仍将处于导入期，新业态的培育和完善还需要持续积累。应当遵循技术产品成熟的规律，客观看待5G技术、应用及产品在实践中不断完善成熟的过程，不能一蹴而就。

以中国市场为例，新一代通信技术带来经济和社会显著变化需要至少经历3年以上的时间。在消费市场领域，2009年中国市场开始3G商用，2012年微信日活用户上亿，用了近3年时间；2014年12月，4G牌照发放，2016年短视频业务进入公众视线，而直到2018年中，短视频领域的代表企业抖音用户超过1.5亿，成为可辨识的“现象级”应用，这个过程用了3年半时间。在行业领域，也遵循类似的规律，从2017年NB－IoT开始商用到2020年NB－IoT终端连接数突破1亿，也用了3年时间。因此，新一代通信技术从萌芽到初具规模，在初始的2～3年将是关键节点。由于移动通信技术迭代所带来的新业态是在网络能力不断完善后才催生的，虽然目前还难以构想出5G时代的现象级应用的具体形态，但是可以坚信的是，5G时代也一定会产生颠覆目前生活方式甚至改变整个经济社会运行方式的新型应用。

（2）5G融合应用将规模发展并逐渐完善，预期经历3个阶段

5G融合应用的未来发展路径正在逐步清晰，结合其技术、产业基础和市场需求，预计分三批先后落地商用。

第一批次落地的行业应用将是基于超高清视频的直播与监控、泛在物联的应用。例如，媒体领域的4K/8K超高清直播、智慧医疗领域5G远程实时会诊、智慧城市领域的数据采集和移动执法以及可在多行业复用的高清视频安防监控等。以上应用技术或使用的设备产业基础较好，且与行业叠加较为简化、不需要过多的适配与调整，现有5G网络能力可以满足对应用的支持

要求，有望最先实现商业化规模推广，在1～2年内可能成熟并具备快速复制推广的能力。

第二批次落地的行业应用预计是基于云边协同的沉浸式体验和智能识别的应用，如AR辅助装配、云化机器人、VR模拟驾驶、超高清/VR云游戏渲染、VR沉浸式课堂等。这些应用目前多处于储备阶段，随着5G SA网络逐步成熟，云管边端的协同能力将进一步增强，5G应用也将迎来新一轮发展。沉浸式体验和智能识别类应用预计在2～5年陆续成熟。

第三批次落地的行业应用预计是围绕精准定位和基于5G低时延、高可靠特征的远程应用等。随着5G基站和5G室内分布系统部署的逐步完善，5G精准定位将能够提供更加精准的定位能力，而低时延、高可靠的应用，如机—机远程控制、PLC控制（可编程逻辑控制）也会伴随5G标准的演进不断成熟落地。

（3）5G应用将逐渐由行业外围业务向核心业务扩展

5G赋能千行百业，本质上是新一代信息通信技术对另一个经济体系的技术扩散过程。由于原有经济体系对新技术的接纳和消化需要一段时间，不会立即将获得的外部新技术应用于重要领域或大规模使用，因此技术扩散多数会遵循从外围环节向行业核心领域扩展的规律。5G在垂直领域的应用扩散也遵循以上规律，最早一定是作用于垂直行业的非核心业务单元，并对其原有技术进行小幅升级更新。当新技术在非核心业务单元中经过验证后，才逐渐复制推广。

例如，目前5G融合应用最为繁荣的是工业物联网领域，最初广泛应用的主要是高清摄像头+无人机在自动安全巡检领域的应用，属于安全保障领域，到目前已经逐渐向协同制造等核心环节扩展。比如，通过具有采集功能的AR/VR眼镜、手机、PAD等终端设备，将现场图像、声音等信息实时通过5G网络回传至计算单元并对数据进行分析处理，实现辅助信息下发，完成装配环节的可视化呈现等，帮助现场人员实现复杂设备或精细化设备的装配。目前5G应用在港口、矿山、工业制造、医疗、教育等领域已经逐渐打开局面，但还有很多未知空间的探索，需要从边缘环节打开局面，在小范围试点，再逐渐渗透到核心环节，提高5G融合应用的创新速度。

2. 我国5G应用发展面临的挑战

（1）5G网络建设仍面临多方面的问题

一是基站建设难度加大。5G基站建设“选址难、进场难”等老问题将进一步凸显。二是独立组网、核心网规模部署面临挑战。5G独立组网端到端产业链尚未完全成熟，新建5G核心网需同步开展用户迁移、网络改造等工作，系统联调复杂，实施周期长。三是面向行业应用的网络覆盖仍然不足。由于在行业市场存在盈利空间不清晰、规模化推广难等问题，5G网络在行业的部署进度仍较缓慢。四是运营商建设运维成本大幅提升。5G建网成本相比4G大幅提高，5G基站耗电是4G的3～4倍，电费等运营成本加剧了运营商投资压力。

（2）共性技术产业支撑有待加强

一是5G标准现仍处于演进和完善阶段。进一步满足行业需求的5G R16标准刚刚冻结，从标准冻结到实现商用还需要1～2年时间，现阶段5G技术和网络供给与行业预期仍有一些差距。二是网络切片和边缘计算规模商用尚未实现。5G端到端切片尚未实现跨网元的动态配置管理以及异厂家全面互联互通，当前仍处于试验阶段，完整的端到端切片解决方案预计在2021年才能实现商用。基于5G的边缘计算产品形态及功能尚不成熟，部署和维护成本较高，预计需要一年左右的时间实现规模商用。三是行业需求多样，网络能力需差异化定制。如工业机器视觉检测、媒体直播等需要上行4K/8K视频传输，目前，单路4K视频上传需50Mbps，单路8K视频上传速率需求150～200Mbps，业务一般采用4～6路视频，所需的上行带宽普遍大大高于下行带宽，需要特殊的上下行时隙配比，需要进一步探索技术及网络解决方案。四是行业迫切需要降低5G模组价格。当前5G行业终端整体仍处于产业培育初期，多数行业无法承受目前1000～2000元的5G模组价格。据估测，模组发货达到千万量级，价格

才能降到300元。

（3）5G融合应用产业生态需加快成熟

一是跨行业跨领域合作难题有待解决。5G融合应用涉及行业众多，各行业专业性强，行业领域与信息通信领域的融合协作仍需深化。二是5G商业模式还在探索中。5G行业应用面临启动期资金投入大、市场回报不清晰等问题，行业客户创新动力不足，大部分为政府投入或运营商免费投入，还未有很明确的商业模式，未形成商业闭环。三是合作模式仍在探索中，缺少运营商以外的龙头企业牵引。5G融合应用属于综合性解决方案，涉及的行业和产业链较多，还没有形成稳定的产业生态，目前合作模式以运营商牵头为主，行业用户以及行业解决方案商主动牵头意愿不足，迫切需要各方协同合作。

（4）行业应用的政策环境需要进一步优化

一是推进5G融合应用发展的顶层设计仍需完善。5G融合应用刚刚起步，亟须在行业规划等顶层设计文件中加入5G应用发展相关内容，明确发展方向、发展目标。二是新业务监管模式需要加快研究。5G应用于行业将产生新的业务模式和形态，业务监管需要协调多个行业主管部门，部分领域还存在无法与现有法律法规衔接的问题，这可能影响5G融合应用规模发展。三是需要建立5G行业应用安全体系。各行业对安全要求较高，5G应用于各行业需要从行业管理顶层制定5G网络、终端、数据方面的安全技术指标，通信行业与各行业的安全认证对接机制尚未建立。例如，电网、医疗等行业对网络、数据有特殊的安全监管要求，矿山领域所用基站需要获得防爆证，流程周期长等。

三　中国宽带移动通信发展趋势

（一）2025年我国5G渗透率将超5成，5G用户数将超9亿

2020年到2025年，全球4G用户占比将持续增长，2G和3G用户加快

向4G和5G用户转移。据全球移动通信系统协会（GSMA）预测，预计到2025年，全球移动用户数将突破86亿，其中我国移动用户数约占全球移动用户数的19.5%。全球4G用户渗透率将在2023年到达峰值61.4%，而后4G用户加速向5G转移。据中国信息通信研究院预测，2025年我国5G用户将超过9亿（见图3），渗透率超过5成。

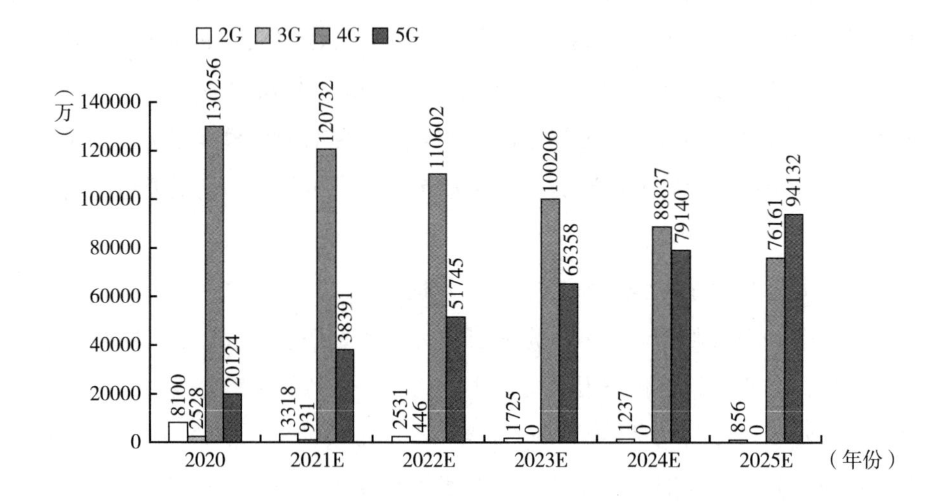

图3　2020～2025年我国移动用户数预测

资料来源：中国信息通信研究院：《2021年ICT深度观察》。

（二）高质量5G网络的快速建设将释放我国用户流量需求

2021年3月，工业和信息化部印发《“双千兆”网络协同发展行动计划（2021～2023年）》的通知，协同推进5G与光纤网络发展。高质量5G网络的快速建设将释放我国用户流量需求，预计月均移动数据流量增速在2020年以后将稳定保持在40%以上。预计月户均流量（DOU）也将继续保持增长，2021年DOU将达到17GB，2025年DOU将超过80GB（见图4）。

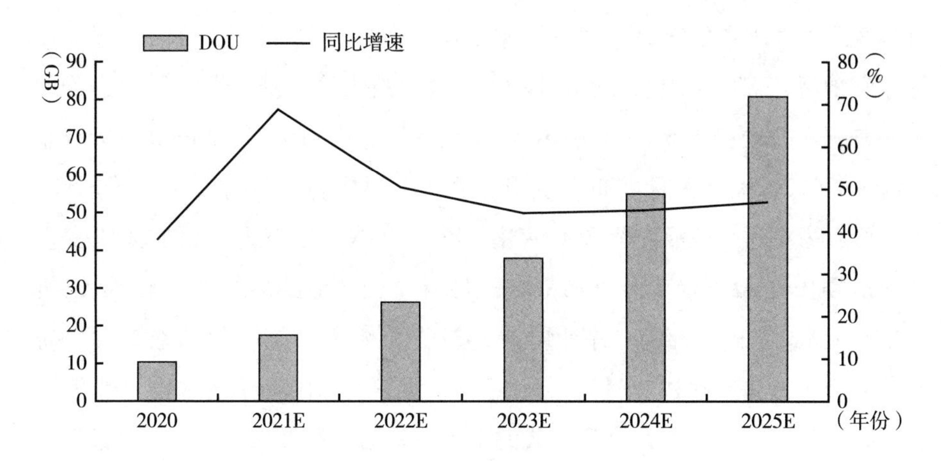

图4　2020～2025年我国月户均流量（DOU）及增速预测

资料来源：中国信息通信研究院：《2021年ICT深度观察》。

（三）6G研究处于早期探索阶段

5G的成功商用是6G发展的基础。5G商用过程中，部分业务应用及场景对移动通信的性能需求将超过5G的能力，需要未来的6G网络来满足，包括感知通信融合应用需求、人工智能与通信的融合应用需求、陆海空天全覆盖应用需求、绿色可持续发展需求等。6G的驱动力主要来自社会、技术和商业。社会驱动力主要包括人口变化趋势、城市化发展、环保高效等方面。技术驱动力来自ICDT①，技术跨界融合进一步推动了新一代无线通信技术加速创新发展。商业驱动力来自人们对更高性能移动通信能力的追求，5G应用不断深入人们生活，未来全息、深度感知物联网、体域网等对网络能力要求更高的应用也将涌现。

目前，业界对6G的研究还处于早期探索阶段，需求愿景和潜在技术的使用尚不能形成共识。国际电信联盟（ITU）在2020年2月工作会议上决定启动面向2030年及新一代移动通信（6G）的研究工作，第三代合作伙伴

① ICDT指信息、通信、数据技术。

计划3GPP预计将在2025年左右启动实质性6G国际标准化工作。全球部分国家和地区、标准组织已开启6G相关标准、技术等预研工作。美国在2019年2月提出"要跨越5G，加快6G技术研发"；美国电信行业解决方案联盟（ATIS）在2020年5月发布《提升美国6G领导力》报告，号召美国政、产、学各方推进6G标准化和产业化。欧盟以技术创新为引领加大研发投资，欧委会在2020年1月发布战略文件《全面产业战略的基石》，提出将对6G等新技术进行投资，并计划在2021年启动新一期"欧洲地平线"研究项目，预计将有超过25亿欧元用于6G研发。韩国科学技术信息通信部在2020年8月发布"引领6G时代的未来移动通信研发战略"，争取实现6G商业化、核心标准专利、智能手机市场份额全球第一的目标。

我国政、产、学、研各方积极推进6G研究。工业和信息化部组织产业界于2018年1月启动6G研究工作，并在2019年6月指导中国信息通信研究院牵头成立IMT－2030（6G）推进组，全面布局6G需求、技术、频谱、标准、国际合作等研究工作。2019年11月，科技部成立国家6G技术研发推进工作组和总体专家组。产业界、学术界各方积极探索并相继发布6G观点，华为、中兴、中国移动等科技企业着手6G研究工作，并在轨道角动量、太赫兹、可见光通信等部分领域达到了先进水平。

参考文献

工业和信息化部：《2020年通信业统计公报》，2021年1月22日。

中国信息通信研究院、IMT－2020（5G）推进组和5G应用产业方阵：《5G应用创新发展白皮书——2020年第三届"绽放杯"5G应用征集大赛洞察》，2020年10月15日。

李珊、张春明：《抓住5G应用发展窗口期　建设5G应用产业大生态》，《通信世界》2020年11月5日。

B.8

5G核心技术发展与应用分析

张　沛*

摘　要：本报告分析了5G网络、终端及垂直行业应用的关键技术及发展。随着5G R16标准冻结，边缘计算、网络切片等核心技术能力引领着5G泛终端产业蓬勃发展，基带芯片及天线模组均向纳米级高集成度方向演进。在我国“新基建”的大背景下，5G在车联网、工业互联网及超高清视频等垂直行业的各项标准及核心技术加速融合协同发展，逐步商业化落地，并带来了诸多新的机遇。

关键词：5G　边缘计算　网络切片　终端　车联网　工业互联网　超高清视频

一　5G核心技术及发展趋势

（一）移动通信：从1G到5G

从1981年第一代无线通信技术（1G）诞生，到如今的第五代移动通信（5G）商用，移动通信已经走过了40年的发展历程。1G主要解决的

* 张沛，博士，高级工程师，中国联通智网创新中心网络产品研发室总监，研究方向为通信网络技术和创新产品。

是语音通信问题，采用模拟信号传输、模拟式的调频（FM）调试。信号为类比式系统，是以模拟技术为基础的蜂窝无线电话系统，只能应用在一般语音传输上，速率仅为2kb/s，且语音品质低，信号不稳定，涵盖范围也不够全面，主要系统为高级移动电话系统（Advanced Mobile Phone System，AMPS）。

20世纪90年代进入了2G时代，开启了数字蜂窝通信，从模拟调制发展到数字调制，开始引入数据业务，支持窄带的分组数据通信。2G环境下声音质量较佳，比1G多了数据传输服务，具备很强的保密性，手机可以发短信、上网，但速率峰值只能达到384kb/s。2G标准被分割为欧洲主推的全球移动通信系统（Global System for Mobile Communications，GSM）［基于时分多址（Time division multiple access，TDMA）］与美国主推的码分多址（Code division multiple access，CDMA）两个阵营。

随着人们对于数据传输速率的要求不断提升，可以支持图片、视频传输和海量App的3G随之而来，速率提高到了21M/s，依然采用数据传输，最早的3G标准为IMT-2000。此后在2000年5月确定WCDMA、CDMA及我国自主研发的第三代通信标准TD-SCDMA三大主流无线标准后，2007年WiMAX成为3G的第四大标准。

2008年发布第四代网络4G，中国成为标准的制定者之一。4G支持像3G一样的移动网络访问，速度是3G移动技术的50倍，达到了1Gbit/s,可以满足游戏服务、高清移动电视、视频会议、3D电视以及很多其他需要高速的功能。2005年6月，在法国召开的第三代合作伙伴计划（3rd Generation Partnership Project，3GPP）会议上，我国提出了基于正交频分复用技术（Orthogonal Frequency Division Multiplexing，OFDM）的时分双工（Time Division Duplexing，TDD）演进模式的方案；同年11月，在首尔举行的3GPP工作组会议通过了TD-SCDMA后续演进的TD-LTE技术提案。

5G是4G的延伸，网络速度是4G的10倍，2015年国际电联无线电通信部门正式明确了5G的名称为“IMT-2020”。3GPP为5G定义了三大应用场景，包括大带宽（eMBB）、大连接（mMTC）及超高可靠低时延（uRLLC）。2019 年 6 月，5G 在中国提前商用。2020 年 5G 作为新基建的重要部分开始全面加速发展。

（二）5G 技术发展现状

1. 5G 标准进展

5G 是最新一代蜂窝移动通信技术，具备高速率、低延迟、大连接、低能耗、低成本等新的移动通信系统特性。3GPP 的 R15 标准经历了 3 个版本，第 1 个版本包含非独立 5G 规范（Option－3），2018 年 3 月，ASN. 1 冻结；第 2 个版本包含独立的 5G（Option－2），2018 年 9 月，ASN. 1 冻结；第 3 个版本包含其他迁移体系结构（Option－4），2019 年 6 月，ASN. 1 冻结。5G 标准第一阶段（Rel－15）的最后版本于 2019 年 6 月正式交付，象征 Rel－15 标准工作全部完成。R15 的后续版本 R16 的规范制定周期为 18 个月，而受到此前 Release 15 Late drop 版本冻结时间推迟和新冠肺炎疫情对全球移动产业的影响，历经两次延期的 R16 标准终于在 2020 年 7 月冻结。其中，值得关注的是 R16 也是 3GPP 历史中首个由非面对面的会议审议完成的技术标准，是产业全球化协作的结晶。5G 第二阶段标准版本 Rel－16 的主要针对领域为垂直行业中的应用及提升整体系统性能。其主要功能涵盖持续演进系统架构、增强垂直行业应用（如超高鲁棒性、低时延通信 uRLLC、非公众网络 NPN、垂直行业 LAN 类型组网服务、时间敏感型网络 TSN、V2X、工业物联网 IIoT）、多接入支持增强、人工智能增强等，其他一些应用场景还包括定位服务、MIMO 系统增强、系统功耗缩减等。

3GPP 为 5G 定义了三大应用场景：超高清视频等大流量移动宽带业务（eMBB）；大规模 Iot 业务（mMTC）；面向无人驾驶、工业自动化等有高可靠性、低时延等需求的广连接业务（uRLLC）。即使这几种应用场景分别面向不同的技术领域，R16 标准也将加速这些不同种类应用场景的落地。其中，eMBB 最早实现商用，能够满足用户对数据速率业务的高需

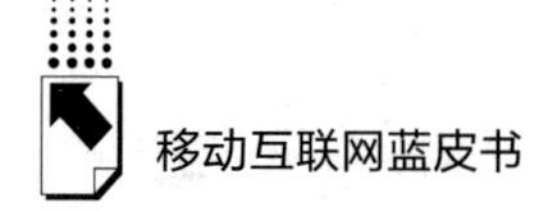

求，随着4K/8K超高清（UHD）视频、虚拟现实（VR）和增强现实（AR）、云服务等的出现，4G时代的业务场景边界和终端模式被打破。面向2B市场，除致力于提升所有用户的体验之外，5G同样肩负着行业数字化的使命。R16标准的完成，标志着5G拥有了更全面面向uRLLC业务的能力。面向工业互联网应用，R16引入新技术支持1微秒同步精度、1毫秒空口时延、5毫秒的端到端时延、99.9999%可靠性等性能要求。这些特性可以支持行业应用的云化和数字化的高要求。以车联网为例，基于5G，V2V（车与车）和V2I（车与路边单元）直连通信得以实现，通过组播和广播等多种通信方式的引入，以及优化感知、调度、重传及V2V连接质量控制等技术，V2X获得了更丰富的车联网应用场景，如支持车辆编队、半自动驾驶、外延传感器、远程驾驶等。同时R16中多种5G空口定位技术的引入，使定位精度得以提高十倍以上，可以达到米级定位。R16中对R15的若干功能持续加强，小区边缘频谱效率、切换性能、终端节能性得到了显著提升。而对于行业应用，5G可以通过专网模式切入，按照行业需求的不同可分为不同等级：初级可以通过技术手段，满足企业用户对特定网络速率、时延及丢包率优先保障的业务需求；中级可以通过逻辑或物理隔离，为企业用户提供专属的网络服务，满足数据不出场、超低时延等业务需求；高等级可以通过对基站、频率、网络资源等专建专享为企业构建专用5G网络，提供高安全性和隔离度的尊享定制化网络服务。

2. 国内5G网络的发展

5G标准分为非独立组网（Non-Standalone，NSA）和独立组网（Standalone，SA）两种。其中SA能满足垂直行业的多种场景需求，已成为5G建设的新目标，国内运营商网络建设向5G SA加速演进。但5G SA需要持续进行设备投资，成本远高于NSA。虽然5G SA可以在很大程度上拓宽产业使用场景，但也带来了很多新的挑战，需要社会各界、产业内外通力合作。随着R16标准的冻结，5G的功能在逐步增强的同时，成本也得到了控制，效率得到了提高。新基建的大背景下，5G SA网络在2020年已具备商用可行性，2021 年将开始规模发展。目前我国 5G SA 网已覆盖全国所有地市，现有 5G 基站超过 71.8 万个，达到全球的七成。①

（三）5G 关键技术进展情况

1. 5G 边缘计算

5G 迎来正式商用后，边缘计算也正式站上了风口。世界上越来越多的电信运营商在推广边缘计算试点和解决方案，使其与 5G、软件定义网络（Software Defined Network，SDN）、网络功能虚拟化（Network Functions Virtualization，NFV）一起，以分布式的方式实现虚拟网络功能。整体来说，5G 边缘计算会经历以下 3 个阶段。

（1）试验阶段。为了边缘计算的大规模商用，2018 年、2019 年中国运营商进行了大量的边缘计算试验，到了 2020 年各行业边缘计算部署验证逐步增多，由测试转为小规模部署。边缘计算大多是专门设计用于满足企业需求的私有及定制化应用，如智慧港口、智能工厂等，主要在本地部署。此外，还有一些像直播这类公共应用的测试验证及示范，但规模有限。

（2）试商用阶段。在这个阶段，5G 网络的普及程度越来越高（预计截至 2023 年底，5G 网络将覆盖超过 60% 的人口②），第一阶段的私有边缘计算设施部署开始在更大规模上产生效益。除了本地定制的边缘计算应用之外，也将探索更多自动驾驶、体育赛事和游戏等公共应用，边缘计算基础设施部署在区域或城市，靠近基站或汇聚基站。在这个阶段，边缘计算应用程序的成本较高，因为要在分散计算负载的可用租户较少的情况下运营大量微型数据中心。

（3）规模商用阶段。预计到 2025 年末，中国 5G 网络覆盖率将超过 70%。5G 技术的成熟、5G 设备成本的降低、移动产业与企业的良好合作将

① 《中国已建成 5G 基站超过 71.8 万个　覆盖全国所有地市》，https：//baijiahao.baidu.com/s？id = 1692463053496184963&wfr = spider&for = pc，2021 年 2 月 23 日。

② 《5G 时代的边缘计算：中国的技术和市场发展》，http：//finance.sina.com.cn/stock/stockzmt/2020 - 03 - 07/doc - iimxxstf7196652.shtml，2020 年 3 月 7 日。

推动并扩大边缘计算部署规模。随着5G基站数量增加，边缘计算可以更广泛部署，并且可以越来越多地用于公共边缘计算应用场景。

边缘计算的发展，将进一步推动标准的演进以及部署模式的成熟，实现5G网络与边缘计算的深度融合。同时边缘计算的规模化部署以及与智慧城市、视频游戏等业务的结合也将有助于解决应用成本高的问题，最终实现5G与边缘计算的协同发展。

2. 网络切片

5G赋能垂直行业，需要面对各种各样的网络带宽、时延、安全性等服务级别协议（Service Level Agreement，SLA），一张网络无法同时满足效率及成本等多个需求。网络切片有效地解决了这个问题，可以在一个物理网络上构建多个专用逻辑网络，实现一网多用。

端到端切片具备的灵活可定制SLA能力筑基5G网络核心连接能力。5G端到端切片基于5G SA组网模式，在一张5G网络中虚拟出多个具备不同特性的逻辑专网来满足差异化的需求。每个端到端切片均由核心网、无线网、传输网子切片组合而成，并通过切片管理系统进行统一编排。它采用无线网的切片级优先调度、核心网媒体面UPF独享、承载网软/硬切片等关键技术实现差异化的SLA特性，并通过切片商城，满足客户快速订购切片服务的需要。端到端切片专网在成本、灵活定制、产品迭代等方面都优于传统专网，极大地提升了工业场景下网络部署的灵活性和性价比。

就目前的发展情况来看，首批端到端网络切片行业标准已经完成制定，标准化工作正在加深，网元功能和接口标准化定义不断细化，推动端到端切片的自动化部署。后续业界将持续跟进市场真实需求，不断推进切片的标准化工作。预计2021年将实现端到端网络切片自动化部署。

3. 5G其他关键技术

5G还有更多新技术将推动移动互联网的发展，包括：①工业互联网（IIOT），面向5G支持工业自动化、电力、交通运输、AR/VR等垂直行业场景，针对时延敏感通信（TSC）开展L2/L3协议增强；②终端节点技术，UE侧连接状态下DRX适配、跨时隙调度、最大MIMO层适配、连接状态下快速过渡、空闲/不活动状态下减少 RRM 测量（邻区测量）等省电技术，显著延长终端待机时间；③5G 定位技术，可以实现网络设备水平和垂直定位精度［室内定位精度 <3 米（80% 概率），室外定位精度 <10 米（80% 概率）］；④5G V2X 车联网技术，可以将车辆通信时延降低到 3 毫秒，数据速率最大 1Gbps，可靠性达 99.999%，同时支持更多功能，如车辆编队、全自动驾驶、远程驾驶、扩展传感器等。

二　5G 终端核心技术发展及趋势

（一）5G 终端量增长迅速，产业生态逐步完善

5G 终端是 5G 应用的关键平台和控制中心，是传统终端设备与 AI、云、大数据等新兴技术融合落地的物理实现基础。5G 终端除了智能手机外，还有室内外 CPE、5G 模块、5G 热点、5G 物联网路由器、5G 适配器、5G 机器人、5G 电视机、5G 笔记本、5G USB 终端等各种形态。全球移动通信供应商协会（GSA）统计数据显示，2019 年 3 月，全球 5G 终端数量仅为 33 款；2020 年 1 月，终端数量首次超过 200 款；2021 年 1 月，全球 109 个厂商已经发布 5G 终端 519 款，其中 303 款已经上市，形态超过 20 种，其中手机 252 款，多形态智能终端 267 款，继续保持了自 5G 商用以来多形态智能终端种类超过手机的势头。目前全球 5G 终端已经支持最主要的频段，其中 202 款支持 n77 和 n78；54 款商用终端已经支持毫米波，包括 n257、n258、n261 和 n260。预计 2021 年，全球 5G 商用的终端将超过 500 种。[①] 信息通信研究院数据显示，2020 年 11 月中国市场 5G 手机出货量为 2013.6 万部（见图 1），是 2020 年初的近 3 倍，5G 终端价格也逐步降低。5G 泛终端的全面发展是大势所趋，规模也将逐步增大。

---

① 《GSA：预计 2021 年底全球 5G 商用的网络将超 200 张》，http://www.cww.net.cn/article?id=480787，2020 年 12 月 22 日。

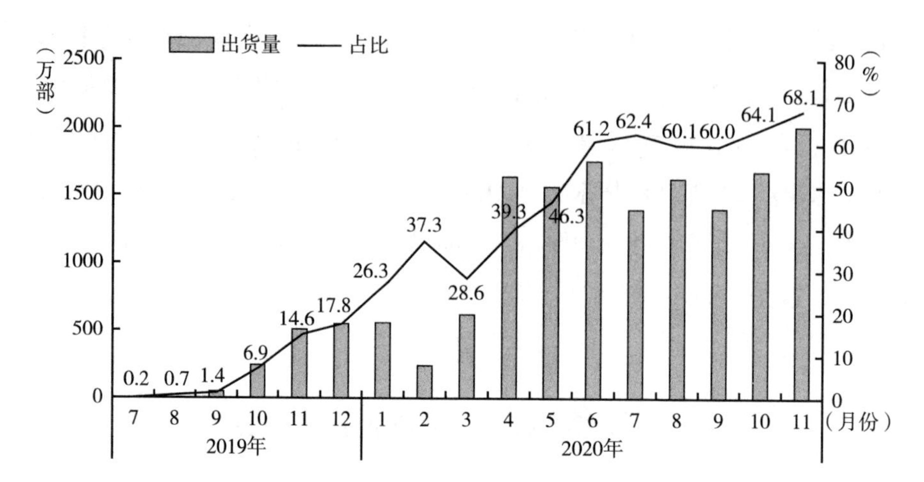

图1　2019～2020年国内5G手机出货量及占比

资料来源：中国信息通信研究院。

（二）5G终端基带芯片将持续向高集成度SoC芯片方向发展

由于5G网络的大带宽特性，5G移动终端中与5G网络对接、处理海量数据吞吐的关键通信器件基带芯片愈加重要。基带芯片可以实现设备与公共陆地移动网联网，目前主流的基带芯片主要分为系统级芯片（System on Chip，SoC）和外挂基带两种形式。SoC是将应用处理器（AP）与基带处理器（BP）集成在一个晶粒内，AP与BP均为超大规模逻辑芯片，具有相似的硬件架构，所以能够使用相同的制程做在一个晶体上，一方面增加了集成度，可以缩小芯片面积、降低功耗，另一方面与AP绑定销售提升了芯片价值。目前SoC方案供应商主要有联发科、华为海思、三星LSI。外挂基带是将AP和BP独立封装成两颗芯片的形式，这种设计不仅增加功耗，还占用了手机内部空间。集成5G基带的芯片将会解决目前外挂基带存在的问题，在减小手机内部空间占用的同时降低功耗，进而提升手机续航能力。在5G早期，由于基带芯片与SoC的解决方案存在技术壁垒，且价格高昂，产量有限，所以只配备了少数高端量产手机。中端5G基带/SoC方案的推出，显著地改善了市场格局，高集成度5G SoC芯片逐步取代外挂芯片。

目前来看，中国 5G SoC 芯片市场中，华为海思以 54.8% 的占比领先，高通和联发科占比分别为 29.4% 和 8.4%。从基带芯片的收益来看，高通在全球市场中占 42%，遥遥领先，海思与联发科分别以 24% 和 20% 占据第二名、第三名。[①] 紫光锐展于 2020 年 2 月发布了虎贲 T7520 5G SoC——全球首款全场景覆盖增强 5G 调制解调器，采用 6nm 制程工艺，晶体管密度提高 18%，功耗降低 8%，通信性能提升 30%，上行覆盖增加 100%，近点上行速率提升 60%，支持 5G NR TDD + FDD 载波聚合。华为公司于 2020 年 10 月 22 日发布的麒麟 9000 芯片，是基于 5nm 工艺制程的手机 SoC，基于 5nm 工艺制程打造，集成 153 亿个晶体管，包括一个 3.13GHz A77 大核心、三个 2.54GHz A77 中核心、四个 2.04GHz A55 小核心。越来越多的厂商加入 5G SoC 赛道，且均在纳米级芯片领域不断突破。

（三）AiP 成毫米波天线技术趋势

5G 移动通信的一个关键技术是毫米波技术，它通过更丰富的频谱资源来满足不同种类的业务需求，从而达到 5G 所需求的极宽带宽和极低时延。

频率高至毫米波时，信号在空气中的衰减会变得非常严重，而在半导体材料中也是遵循这个规律。因此对于毫米波天线来说，由于馈线损耗大，需要到射频前端电路尽可能近距离以减小衰减和实现实时的波束跟踪和控制。毫米波天线不能再作为分立器件单独设计，目前毫米波天线阵列的实现方式可分为芯片天线（Antenna on Chip，AoC）、封装天线（Antenna in Package，AiP）两种。其中 AoC 天线将辐射元件直接集成到射频芯片栈的后端，该方案的优点在于，在一个面积仅几平方毫米的单一模块上，没有任何射频互连和射频与基带功能的相互集成。考虑到成本和性能，AoC 技术更适用于较毫米波频段更高频率的太赫兹频段（300～3000GHz），所以目前多采用 AiP 方案，即把天线、射频收发器和射频前端集成在芯片的封装上，实现系统级无

---

① 《IDC 公布中国市场 5G SoC 份额　麒麟芯片占比超五成》，https：//baijiahao. baidu. com/s? id = 1674619628816329154&wfr = spider&for = pc，2020 年 8 月 10 日。

线通信模组，以减少射频馈线带来的损耗，实现更大的有效辐射功率。AiP 技术同时兼顾了天线的性能、成本和体积，并具有高集成度的优势，因此在 5G 手机中被广泛应用。AiP 制造是在系统级封装（System in Package，SiP）的基础上，用 IC 载板来进行多芯片 SiP 系统级封装，同时还需要用到扇出型（Fan-Out）封装技术来整合多芯片，使封装结构更紧凑，需要将天线、射频前端和收发器整合成单一系统级封装。然而，系统级设计也为毫米波天线设计带来了一系列难题，如封装材料与工艺的兼容性、模组化制程的设计与实现、电气系统与结构环境的设计与优化等。目前，三星公司在其 2019 年发布的旗舰手机 Sumsang Note10 + 5G 版中采用了高通公司的 5G 毫米波 AiP 模组。而苹果公司在其最新发布的 iPhone 12 Pro Max 中采用的则是中国环旭电子（上海）公司的毫米波 AiP 模组，AiP 模组正逐步应用到越来越多的 5G 旗舰手机终端中。

三　5G 垂直行业应用关键技术发展及趋势

（一）5G 推动 C－V2X 车联网通信技术逐步产业化发展

随着 5G 和工业技术的发展，车联网正逐步成为未来汽车的重要发展趋势，目前已是多个国家和地区的重要战略性方向。车联网（Vehicle To Everything，V2X）技术可以实现车辆与周围的车、人、交通基础设施和网络等的全方位连接。C－V2X 是基于蜂窝通信和终端直通通信融合的车联网技术，包括基于 LTE 技术的版本 LTE－V2X 和面向新空口的 NR－V2X。2020 年 6 月，5G R16 标准冻结，可以支持更加丰富的车联网业务应用。其从功能上主要支持了 V2V 和 V2I 的直通通信，支持直通链路上的单播、组播和广播的通信模式。目前 3GPP 已启动 R17 研究，针对直通链路特性进一步增强，例如，需要设计节省功耗的机制，用于支持 V2P 的应用场景；R17 进一步增强提高可靠性和降低时延的资源分配机制，用以满足未来车联网业务的通信需求。

目前辅助驾驶要求时延 20～100ms，而自动驾驶要求时延低至 3ms。边缘计算（Mobile Edge Computing，MEC）技术可以提供对 C－V2X 基础通信能力的支持，同时边缘计算平台可以承载部分车联网业务功能，实现车联网应用的业务逻辑，实现数据融合和业务协同、降低时延、减少网络拥塞。基于 LTE－V2X 和 5G eMBB 支持，结合区域部署的边缘云，可以实现指定道路或限定区域中，商用车的中低速自动驾驶/无人驾驶；基于 NR－V2X 和 5G eMBB 支持，结合广泛部署的云平台，可以实现开放道路的乘用车自动驾驶及高速公路的车辆编队行驶，为自动驾驶提供更加稳定、高速、低时延、高可靠的通信服务。

随着车联网技术标准的成熟，各国纷纷加速车联网产业化进程。美国目前有将近 50 个专用短程通信技术（Dedicated Short Range Communication，DSRC）车联网示范项目。欧洲多个国家开展实际道路的验证项目。日本工业界积极推进技术评估、测试等，形成跨行业合作生态。2020 年 10 月，我国成功举办了 2020 智能网联汽车 C－V2X“新四跨”① 暨大规模先导应用示范活动，为了更好地验证车联网 C－V2X 规模化运行能力以及在真实环境下的通信性能，该活动选用的连续场景更符合实际，更加面向商业化应用，并在“新四跨”的基础上，在采用了全新数字证书格式的同时，更增加了高精度地图和定位。考虑到安全机制和地理坐标在车联网应用中的重要性，多个厂家联合进行了深入探索和综合测试，该技术的发展使后续大规模的应用成为可能。特别值得一提的是，此次“新四跨”LTE－V2X 人机界面友好，有效展示了我国 C－V2X 标准协议栈的成熟度，为 C－V2X 大规模商业化应用奠定基础，加速我国 C－V2X 产业化应用成熟。

（二）5G 助力打造云边端一体化工业大脑

5G 作为新基建的重要部分，与工业互联网融合发展是时代所趋，也是推动制造业由传统走向升级，由局部信息化转向数字化、网络化、智能化的

① 所谓的“新四跨”是指跨整车、跨通信终端、跨芯片模组、跨安全平台互联互通应用。

关键技术。其优势可从以下三个层面进行论述。

一是在边缘智能层面，5G 有利于就近提供算力，将提高设备端的数据处理能力，实现设备的实时响应。边缘计算基础设施作为工业互联网数据的第一入口，在各类工业应用中起着极其重要的作用。当前工业现场结构复杂，技术繁多，仅工业总线技术就存在 40 余种。为了更好地实现各种制式的网络通信协议相互转换、互联互通，就需要边缘计算来为工业设备之间提供现场级的计算能力，更好地应对异构网络部署与配置、网络管理与维护等问题。与此同时，单纯依靠数据分析和控制逻辑全部在云端实现难以满足业务的实时性要求，通过边缘计算则可以将工业控制的部分场景时延保持在 10ms 以内，保证工业生产正常运行。在工业生产计算中，断网、时延过大等意外因素对实时性生产影响巨大，边缘计算则能帮助设备提高“本地存活”能力，减小网络传输带宽和负载对整个系统的影响。

二是在无线下沉层面，5G 逐步下沉与时间敏感网络（Time Sensitive Networking，TSN）、工业互联网等融合，促进可编程逻辑控制器（Programmabl Logic Control，PLC）、分散控制系统（Distributed Contorl System，DCS）等工业控制器通信能力的提升，让机器之间的互通更加扁平化。TSN 技术基于协议（IEEE 802.1）利用以太网物理接口与工业实现有线连接，实现工业以太网数据链路层传输，打破了原有封闭协议模式，增强了工业设备的互联互通能力，其通用性和连接性明显提高。此外，TSN 技术是基于 SDN 体系的互操作性架构，可灵活配置、监控、管理设备以及网络，为传统运营技术（OT）与互联网技术（IT）网络向融合扁平化的架构演进提供了可靠的技术支撑。同时，TSN 技术具有一系列网络流量调度特性，可以服务于不同等级的数据业务，有助于提升工业数据在工业设备和工业云之间的传输和流转能力。在工厂内部，随着 5G TSN 技术的发展，工业互联网业务端到端的时延最低可达 5 毫秒以内，同时可保持高精度的时间同步。

三是在应用升级层面，利用 5G 搭建更宽、更广、更快和更可靠的通信基础设施，同时利用云端的超强计算能力和 AI 技术对海量数据进行分析和学习。人工智能技术被广泛应用于工业领域，渗透到设计、生产、管理、服务等环节，在技术、方法、产品及应用系统/工业智能方面得到了长足的发展与应用。结合专家系统、机器学习、知识图谱、深度学习等技术，实现了模仿甚至超越人类感知、分析、决策的效果。对于不需要大量数据和复杂计算的工业问题，如设备运行优化、制造工艺优化、质量检测等可通过机器学习进行处理，从而达到降低成本、减少运行故障、提升运行准确率的效果。而对于需要大量数据分析但其问题原理或对象间的关系相对清晰的工业问题，如产品需求分析、风险预测等可通过知识图谱技术来处理。其他的复杂工业问题则需要通过深度学习技术，对以图像、视频类为主的数据进行深度分析挖掘。因此，在 5G 技术的加持下，工业企业完成数字化转型已成为现实，5G 将为工业企业打造云边端一体化工业大脑。

（三）5G + 超高清视频：4K 已至，向8K + VR 演进

随着 5G 时代的来临，人们对于 4K、8K、VR 等超高清视频的需求不断加大。根据我国《超高清视频产业发展行动计划（2019 ~ 2022 年）》，预计到 2022 年超高清视频产业总体规模将超过 4 万亿元。对于 4K 视频来说，传输速率至少为 12 ~ 40Mbps，8K 视频更甚之，其传输速率至少为 48 ~ 160Mbps。5G 网络可以有效满足 4K、8K 视频传输需求。目前 4K 电视机在国内开始全面普及。据统计，2020 年 1 月至 9 月 4K 超高清电视销量占国内市场电视销量近七成，其总销售额可达 2079 万台。[①] 由于家庭电视观看设备及距离的约束，4K 已可较好满足传统电视用户的极致体验。但与远距离观看的平面内容不同，VR 360°视频独特的近眼显示原理将视场角提升至传统观影场景的 3 倍以上，其对视频分辨率的需求也随之大幅提升，8K 仅为入门级门槛。4K VR 360°视频的观影体验远不及平面电影 4K 的观影体验，其视频清晰度仅相当于 240P 的普通视频，为保证有更好的 VR 观影体验，视频清晰度需保持在 8K 及以上。要在 VR 视频上体验 4K 超高清，其视频分

---

① 工业和信息化部：《4K 电视占销量近 7 成，将推动超高清视频与 5G 融合》，https：//new. qq. com/omn/20201102/20201102A0EEOI00. html，2020 年 11 月 2 日。

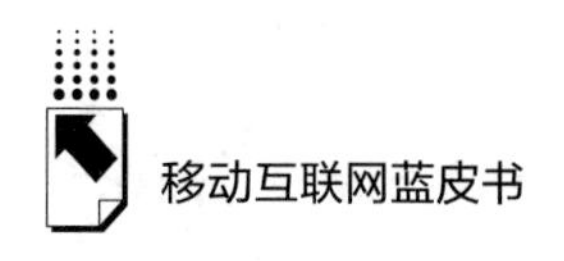

辨率需要达到24K，这对视频采集、网络传输、编辑存储等重要环节的技术发展提出了新要求。

在视频采集环节，当前VR内容仍处于弱交互阶段，全景拍摄为其核心底层技术。5G高传输、低时延的特性将驱动VR内容向强交互升级，其制作方式将由全景拍摄向全计算机动画（Computer Graphics，CG）技术延伸。这将打破传统拍摄中的时空限制，由计算机先进行特效设计和程序设定，随后再进行拍摄和同步渲染。通过对电影场景、建筑、道具的数字虚拟制作，最终形成真人无法拍摄出的视觉特效。

在网络传输环节，CDN与MEC将融合互补，可显著提高用户访问的响应速度，降低数据传输成本。边缘计算将计算和核心网功能下沉至边缘，使核心和边缘网络之间的流量最小化，既能降低时延、减少核心网的负载，又能节约带宽及运营成本，有效弥补了传统CDN架构的缺陷，为下游超高清、VR等垂直领域带来全新的发展机遇。

在编辑存储环节，超高清升级对编解码技术要求最为严苛。单从分辨率来看，分辨率的提升意味着数据量的增大，如何在保证原码率的情况下，提高压缩比和压缩效率成为一大难题。目前，视频编转码的发展处于4K超高清阶段，HEVC/H.265、AVS2为当前主流标准，VVC、AVS3将成为下一代编码标准。AVS3的编码性能比HEVC/H.265高28.19%，比第二代AVS2高30%，可实现对8K超高清视频集成芯片和硬件设备研发的技术标准支撑。广电网预计，2022年AVS3可全面投入应用，实现我国AVS3+5G+8K产业发展领先全球的部署；在技术路线选择上，GPU是目前最成熟的深度学习平台，与高性能的CPU算力结合后，有望成为下一代视频编码主流平台。

参考文献

中国通信学会：《蜂窝车联网（C-V2X）技术与产业发展态势前沿报告（2020）》，2020年11月。

赛迪智库电子信息研究所：《5G 终端产业白皮书（2020 年）》，2020 年。

国家工业信息安全发展研究中心、工业信息安全产业发展联盟：《工业互联网边缘计算安全白皮书（2020）》，2020。

前瞻产业研究院：《2020 年 5G 芯片行业研究报告》，2020。

B.9
2020年移动通信终端的发展趋势概述

李娟　康劼　赵晓昕　李东豫*

摘　要：受新冠肺炎疫情影响，2020年全球和国内手机出货量出现较大幅度下滑，国产品牌在全球手机市场份额也同步出现下降。随着5G网络基础设施逐步完善，5G手机出货量和占比大幅提升，5G手机换机潮已经到来。快速充电和折叠屏等技术继续升级，全面屏、高刷新率等性能参数呈现高技术形态。和手机不同，可穿戴设备出现逆势增长，车载无线终端设备向智能化演进。5G专属应用场景的开发和用户体验的提升将是终端行业新的关注点。

关键词：5G　移动通信终端　可穿戴设备　车载无线终端

一　手机行业规模进一步萎缩

（一）全球及国内智能手机出货量大幅下滑

2020年突如其来的新冠肺炎疫情，使中国和世界经济都受到了严重影响。全球智能手机市场规律因供应链不足和产能下降出现大幅下滑。

* 李娟，中国信息通信研究院泰尔终端实验室工程师，研究领域为信息与通信、电气安全；康劼，中国信息通信研究院泰尔终端实验室工程师，研究领域为信息与通信、电气安全；赵晓昕，中国信息通信研究院泰尔终端实验室环境与安全部副主任，研究领域为信息与通信、电气安全；李东豫，中国信息通信研究院泰尔终端实验室工程师，研究领域为信息与通信、电气安全。

国际数据公司（IDC）数据显示，2020 年全球智能手机出货量为 12.92 亿部，与 2019 年相比下降5.90%（见图 1）。[①] 整体来看，全球手机市场正在逐渐萎缩，虽然在 2019 年因为 5G 的商用智能手机出货量下降速度变缓，但 2020 年新冠肺炎疫情对手机市场的冲击力巨大，下降幅度较大。

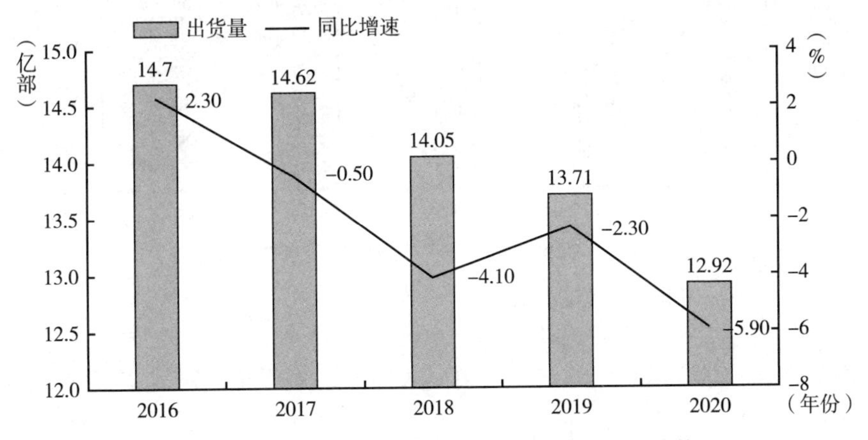

图 1　2016～2020 年全球智能手机出货量变化趋势

资料来源：国际数据公司（IDC）。

新冠肺炎疫情背景下，长时间的停工停产对手机生产制造及手机出货量影响较大。中国信息通信研究院的统计数据显示，2020 年国内手机市场总体出货量累计 3.08 亿部，同比下降 20.80%（见图 2）。其中智能手机累计出货量 2.96 亿部，同比下降 20.40%。[②]

（二）国产品牌全球市场份额喜忧参半

在全球手机市场大幅萎缩的情况下，各大品牌厂商的出货量涨跌不一。国际数据公司（IDC）数据显示，三星 2020 年的出货量虽然出现下降，但仍以 2.67 亿部占据 20.6% 的市场份额。相对而言，苹果（Apple）的出货量同比 2019 年有所增加，并以 15.9% 的市场份额超越华为占据第二位。国

① IDC：Smartphone Shipments Return to Positive Growth in the Fourth Quarter Driven by Record Performance by Apple，According to IDC，27 Jan 2021.

② 中国信息通信研究院：《2020 年 12 月国内手机市场运行分析报告》。

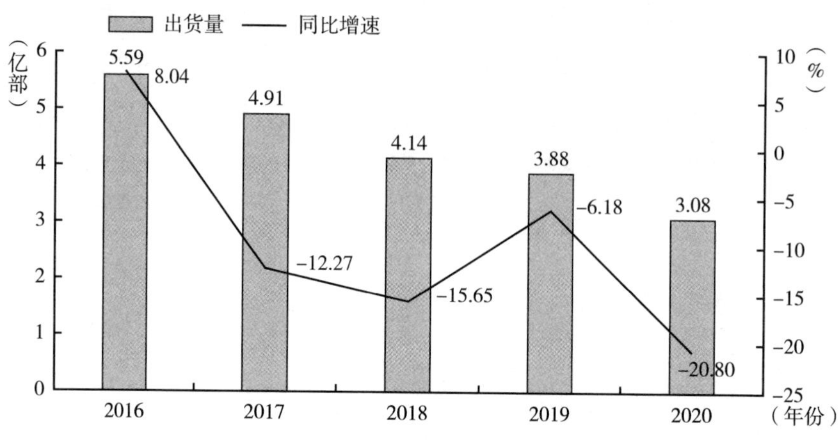

图 2　2016～2020 年中国手机市场出货量变化趋势

资料来源：中国信息通信研究院。

产品牌华为、小米和 vivo 分别占据第三、第四、第五位。对比 2019 年，小米排名虽然没有变化，但出货量在各大手机厂商中增幅最大，达到 17.6%，同时缩小了与第三名的差距。除此之外，国产品牌 vivo 也在逆势中实现增长，出货量超过了 1.1 亿部，并以 8.6% 的市场份额挤掉 OPPO 成为全球 TOP5 手机制造商（见表 1）。①

表 1　2020 年全球前五智能手机厂商手机出货量、市场份额、同比增速

单位：百万部，%

排名	厂商	2020 年全年出货量	2020 年全年市场份额	2019 年全年出货量	2019 年全年市场份额	同比增幅
1	三星	266.7	20.6	295.8	21.6	-9.8
2	Apple	206.1	15.9	191.0	13.9	7.9
3	华为	189.0	14.6	240.6	17.5	-21.5
4	小米	147.8	11.4	125.6	9.2	17.6
5	vivo	111.7	8.6	110.1	8.0	1.0
	其他	371.0	28.7	409.5	29.8	-9.4
合　计		1292.3	100.0	1372.6	100	-5.9

资料来源：国际数据公司（IDC）。

① IDC：Smartphone Shipments Return to Positive Growth in the Fourth Quarter Driven by Record Performance by Apple，According to IDC，27 Jan 2021.

在国内市场TOP5智能手机厂商中，仍由四大国产品牌占据前四。虽然国产品牌出货量有不同幅度下滑，但排名较2019年没有变化（见表2）。华为虽然在芯片供应上受到美国制裁，但仍以38.3%的市场份额占据榜首，连续3年成为国内出货量最大的手机厂商。vivo、OPPO和小米排名较上年没有变化，分列第二、第三、第四位。另外，苹果（Apple）2020年在国内市场逆势实现出货量和市场份额占比双增长，正在缩小和小米的差距。[①] 而全球出货量排名第一的三星，在2020年仍然没能在中国市场更进一步。市场调研机构CINNO Research发布的2020年中国市场智能机销量排行显示，三星在2020年排名第七位。[②]

表2 2020年中国前五智能手机厂商手机出货量、市场份额、同比增速[③]

单位：百万部，%

排名	厂商	2020年全年出货量	2020年全年市场份额	2019年全年出货量	2019年全年市场份额	同比增幅
1	华为	124.9	38.3	140.6	38.4	-11.2
2	vivo	57.5	17.7	66.5	18.1	-13.5
3	OPPO	56.7	17.4	62.8	17.1	-9.8
4	小米	39.0	12.0	40.0	10.9	-2.5
5	Apple	36.1	11.1	32.8	8.9	10.1
	其他	11.5	3.5	23.8	6.5	-51.8
合计		325.7	100.0	366.5	100.0	-11.2

资料来源：国际数据公司（IDC）。

（三）5G手机出货量占比增大

中国信息通信研究院数据显示，2020年国内市场5G手机累计出货量1.63亿部、上市新机型累计218款，占比分别为52.9%和47.2%。[④] 5G手机的出货量占比逐渐增大，说明5G换机潮正在到来。

① 国际数据公司（IDC）：《IDC中国季度手机市场跟踪报告，2020年第四季度》，2021年2月。

② CINNO Research：2020 China Market Smartphone Brand Sales Ranking. kebru ary 10，2021.

③ 国际数据公司（IDC）：《IDC中国季度手机市场跟踪报告，2020年第四季度》，2021年2月。

④ 中国信息通信研究院：《2020年12月国内手机市场运行分析报告》，2021年1月。

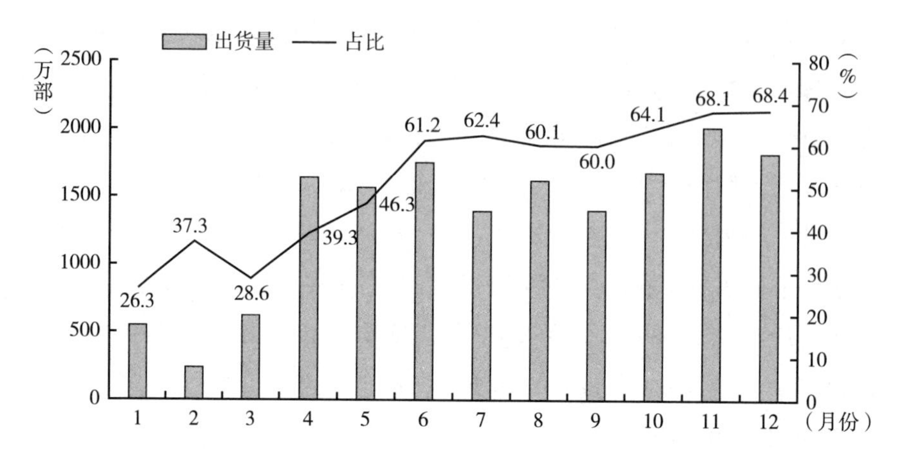

图3　2020 年 1 ~ 12 月中国 5G 手机出货量和占比

资料来源：中国信息通信研究院。

据 Digitimes Research 发布的数据，2020 年全球 5G 手机出货量达到 2.8 亿至 3 亿部，较 2019 年的 1870 万部有大幅提升。究其原因，一方面得益于低价位 5G 手机型号增多，另一方面，5G 设施逐步完善，消费者逐渐开始更换 5G 手机。

（四）手机技术持续更新换代

虽然 2020 年手机市场受到新冠肺炎疫情冲击进一步萎缩，出货量出现较大程度下滑，但这并不能阻止手机厂商对手机技术的更新换代。

1. 快充技术依然是热点

在手机锂电池短时间内无法突破容量限值瓶颈，5G 手机功耗又大幅提升的前提下，手机续航能力再次被各手机厂商和消费者关注。为此，各手机厂商再次发力快充技术，并在 2020 年推出 125W 超级快充。2020 年 7 月，OPPO 率先发布 125W 闪充技术，并声明在放开 40℃温度限制后，该技术最快只要 13 分钟就能完全充满等效 4000mAh 的电池。同年 8 月，小米推出支持 120W 快充的智能手机——小米 10 至尊纪念版。根据小米官方的技术介绍，该技术可使内置 4500mAh 电池的小米手机，在 23 分钟内将电量从 0 充电至100%，在当时已发布的手机里面，其充电速度居全球第一。小米发布该技术一个星期后，vivo也发布支持120W快充的IQOO 5 Pro。该型号不仅首发能让更大电流通过的6C高倍率电芯，还定制一颗电荷泵芯片，官方称其转化率能够达到98.5%，并能够在15分钟左右将内置4000mAh电池的手机充满电。在快充功率大幅提升的同时，氮化镓技术迅速成为行业热点，各手机厂商也积极布局氮化镓快充技术。根据相关介绍，氮化镓充电器的优势不仅仅是体积小、使用更加便捷，更重要的是功率的大幅增长。2020年，小米、OPPO分别发布了氮化镓充电器，并实现部分量产，预计该技术将得到大面积应用。

2. 屏幕技术不断创新

（1）高刷屏幕。首先，各手机厂商在2019年就已经推出使用90Hz刷新率的屏幕，发展到2020年，120Hz刷新率基本已经成为各手机厂商中高端手机的标配。vivo和努比亚甚至在2020年上半年发布了三款144Hz高刷新率的手机。该屏幕一秒可以显示144帧画面，是传统60Hz的2.4倍，带来了更平滑顺畅的画面，视觉体验大幅升级。其次，高刷新率带来更好的跟手性、灵敏性和更快的响应速度，让游戏玩家在玩高画质高帧率模式下的游戏时，不会出现掉帧和卡顿的现象，能带给玩家更加极速流畅的游戏体验。

（2）折叠屏。2020年有多款折叠屏手机相继推出。折叠屏技术变得更加成熟，包括三星、摩托罗拉和华为等厂商推出的折叠屏手机都进行了迭代升级。比如，三星Galaxy Z Fold2 5G折叠屏手机进行了大幅升级，总体朝着可用性更高的方向发展。2020年底，OPPO还展出了OPPO X 2021卷轴屏概念机。和其他折叠屏手机不同，OPPO X 2021卷轴屏概念机通过电动马达的方式把屏幕像卷轴一样打开或者收起，极大限度地降低屏幕折痕对视觉效果的影响，是一种新的折叠屏解决方案。

总而言之，屏幕高刷新率能够带来更加流畅的画面，折叠屏类似于物理外挂，随着技术的不断成熟，消费者可以随心所欲地操控手机，在交互、游戏、电影等领域获得更加畅快的体验。随着5G的到来，手机卡顿、延迟的现象将大幅减少。

3. 5G技术应用更为广泛

2019年是5G商用元年，当时5G基础设施建设尚不完善，5G手机型号较少且价格昂贵，所以并没有被消费者大面积使用。随着2020年我国5G技术迅速发展，5G更多地被应用于中低端手机，5G手机出货量数据显示，2020年已经迎来了5G手机的换机潮。移动和电信公布的数据显示，截至2020年底，5G累计注册用户已经达到2.5亿，超出了预期。随着我国5G网络覆盖率进一步提升，5G应用将进一步深化与拓展。

4. 自研鸿蒙系统应用于手机

在2020年9月的华为HDC开发者大会上，华为发布了自研的鸿蒙系统2.0版本，并宣布可以应用于终端设备，12月首次推出手机Beta版本，2021年华为智能手机将全面支持鸿蒙系统2.0版本。作为崭新的国产操作系统，鸿蒙系统带来了时代的巨变，让华为摆脱谷歌安卓系统的限制、有了属于自己的生态系统。

目前，全球范围内的智能手机市场基本被iOS和安卓两大生态系统占据，如果鸿蒙系统能够打开市场，将重新激活市场竞争机制，给对手带来竞争压力，对终端行业技术发展起到积极作用。不过，在鸿蒙系统之前，微软WindowsPhone和三星的TiZen系统都曾试图打破安卓和iOS的垄断，但最终都没能成功。由此可见，鸿蒙系统仍然有漫长的路要走。

二　泛移动智能终端发展态势

（一）可穿戴设备市场销量不断得到突破

随着互联网技术的高速发展，可穿戴设备形态越来越多样化，应用场景也愈加丰富。在商家不同商业模式指引下，智能可穿戴设备开始涌现，不断实现销量上的突破。根据国际数据公司（IDC）发布的最新数据，2020年全球可穿戴设备的出货量达到4.447亿部，同比增长28.40%（见图4）。[①]

---

① IDC Worldwide Quarterly Wearable Device Tracker, March 2021.

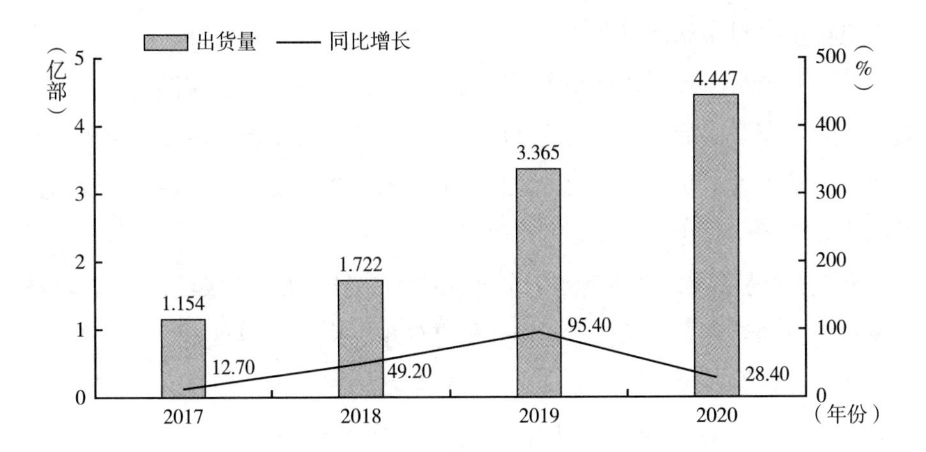

图4　2017～2020年全球可穿戴设备出货量对比

资料来源：国际数据公司（IDC）。

由图4可知，智能可穿戴设备出货量呈现逐年递增的趋势。新冠肺炎疫情暴发以来，消费者减少了旅行以及外出就餐等活动的支出，从而给可穿戴设备市场的扩大增加了一剂催化剂。

智能手表作为智能可穿戴设备中的一个热点分支，配合智能手机，实现手机无法实现的功能，创造了人们日常穿戴生活的新方式。其中儿童智能手表，实现了与手机应用软件的智能对接，解决了家长对孩子的监护难题，以其实用的功能打动了很多家长。Counterpoint数据显示，2020年全球智能手表出货量同比增长1.5%，苹果（Apple）较上年市场份额增长6%，仍占据第一。国产品牌华为也取得不错的成绩，较上年出货量增长26%，华米和小米等中国品牌也实现了两位数增长。①

（二）车载无线终端设备向智能化演进

随着物联网的快速发展，车联网成为国内外新一轮科技创新和产业发展的必争之地，大量新产品、新技术的诞生，促使车载设备向着智能化、网络

① Counterpoint, Global Smartwatch Shipments Rise 1.5% in 2020; Price Trends Going Premium. March 5. 2021.

化演进。国家对车联网以及智能网联汽车等相关产业，从战略、技术、标准等方面，做出清晰规划，推动了车联网及智能网联汽车产业发展。早在疫情之前，全球车联网行业就已呈欣欣向荣之势，疫情的暴发使全球对于车联网的发展需求更为迫切，车联网大数据很好地参与到货物调配、运输以及物资接收中。

5G 技术的发展，更加满足了车载无线终端设备对于时延的需求，提高了车辆在自动驾驶、交通信息定位及信息处理、应急救援及监测系统等方面可靠性，车辆对各种信息迅速反应并处理的能力得到快速提升。汽车与万物的互联，衍生越来越多的融合模式，构建了新的汽车生态体系。

2020 年，长城汽车生产的 5G 车载无线终端获得了工信部颁发的“无线电发射设备型号核准证”，成为全球首家也是唯一达到量产销售状态，并搭载 5G 的车载无线终端。

随着车载智能终端搭载智能网联汽车的应用，关键技术的专利申请也呈现爆发式的增长，相关研发创新在塑造产业生态、推动国家创新、加强交通安全等方面都具有重大的战略意义。

（三）物联网终端加速发展

物联网终端担负着采集数据、发送数据的功能，是物联网的关键设备，连接着万物。在本次疫情期间物联网终端发挥了重要的作用。从防疫“钢铁战士”到远程诊疗，物联网终端的使用，成功地提高了疫情期间各项应急工作的效率，减少了交叉感染。

2020 年，奥维视讯、四川长虹、宏电、壹佰米机器人等一系列 5G 物联网终端在超高清融合通信、泛娱乐、智能工厂、家庭服务等领域落地。

《物联网白皮书（2020 年）》显示，我国在 2020 年物联网连接数已经突破 40 亿，高于 2019 年的 36.3 亿，并预测到 2025 年，全国物联网连接数将超过 80 亿（见图 5）。[①]

① 中国信息通信研究院：《物联网白皮书（2020 年）》，2020 年 12 月。

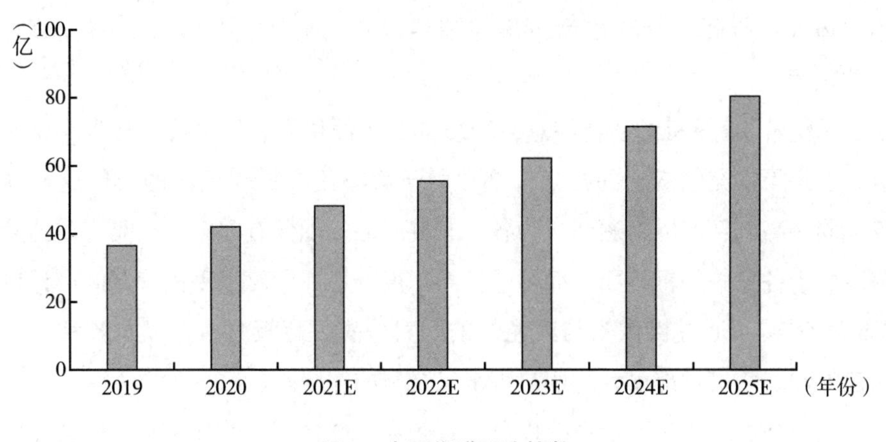

图5　中国物联网连接数

疫情期间，工业和信息化部无线电管理局等部门为5G网络建设、5G终端产品上市检测开辟绿色快速通道。5G的全面商用，将加速物联网终端物联浪潮，带来非常广阔的应用前景。

三　移动智能终端行业趋势预测

（一）5G专属应用场景有待开发

自2019年以来，5G网络布网迅速，各移动通信厂商相继推出5G旗舰手机，到2020年5G通信网络基本搭建完成，双模5G几乎成为2020年度手机标配功能，可以说5G已经走入了千家万户。然而，目前面向普通消费者层面的5G专属应用场景较少，5G网络对于普通消费者来说，依然停留在速度更快、功耗更大的印象中。目前各大公司也在着力推进5G专属应用场景的搭建，相信在不远的将来，5G专属应用场景的出现能够极大加快5G相关产业的发展。

（二）用户体验代替硬件竞赛成为新的关注点

近年来，各厂商推出的移动通信终端在硬件层面的差异逐渐减弱，用户体验代替硬件竞赛成为市场与消费者新的关注点。各大厂商也着重在此发力。

围绕着5G手机的功耗特点，2020年，无线快充和优先快充技术相继升级，以及隔空充电概念的提出，都致力于解决用户比较关注的续航这一痛点。同时高刷新率屏幕逐渐成为各家旗舰产品标配并有向中端产品下放的趋势。由于各品牌手机正面全面屏的低辨识度，各厂商对于手机背部的设计也"百花齐放"：通过摄像头与闪光灯的相对位置，背板材质，以及各种特殊工艺处理，手机背部设计给用户带来了全新的体验。

线性马达、双扬声器系统以及与音频大厂联合调教的耳机及外放功能也成为各大厂商的发力点。2020年，摄像头参数已经不是各厂商竞争的战场，拍摄样张/视频的处理调教及微云台防抖等技术的引入，极大地提升了用户拍照体验。

随着柔性屏幕技术的逐渐完善，市场上的柔性屏产品也逐步由以三星为首的横向内折与以华为为首的横向外折两种设计，发展为以三星、摩托罗拉为首的竖向折叠，以及以OPPO、小米为首的卷轴屏设计。预计在不久的将来，更多的柔性屏应用方案及应用场景将向市场推出。

在软件方面，以华为与小米为代表的各大厂商均推出了独有系统UI，其在美观度、便捷度、AI智能等方面实现了差异化服务，尤其在多终端共用应用场景下发展迅速。

（三）移动通信终端强化对社会弱势群体的考量

随着移动通信技术的发展，二维码、移动在线支付等应用使移动通信终端成为人们生活中必不可少的工具。自2020年新冠肺炎疫情蔓延全球以来，行程卡、健康码成为防疫中不可或缺的一环，这使高龄消费者使用智能移动通信终端的痛点暴露无遗。各个手机厂商在这方面仍然没能交出一份令人满意的答卷。希望在不久的将来，通过移动通信终端厂商的不断努力，社会弱势群体也享受到5G移动通信技术为生活带来的便捷。

参考文献

中国信息通信研究院：《2020 年 12 月国内手机市场运行分析报告》。

中国信息通信研究院：《物联网白皮书（2020 年）》，2020 年 12 月。

Smartphone Shipments Return to Positive Growth in the Fourth Quarter Driven by Record Performance by Apple, According to IDC, Jan 27 2021.

2020 China Market Smartphone Brand Sales Ranking, According to CINNO Research, February 10, 2021.

IDC Worldwide Quarterly Wearable Device Tracker, March 2021 .

Global Smartwatch Shipments Rise 1. 5% in 2020; Price Trends Going Premium, according to Counterpoint, March 5, 2021.

B.10
移动互联网助推实体经济转型发展

孙 克*

摘 要： 我国移动互联网发展进入新阶段，与实体经济深度融合，对促进我国实体经济转型发展与构建新发展格局起着至关重要的作用。当前仍面临关键核心技术缺失、网络安全风险增大、治理体系亟待完善等挑战，未来需从加强移动网络基础设施建设、深化移动互联网融合应用、拓展国际交流与合作等方面入手，让移动互联网发展成果更好地造福经济社会。

关键词： 移动互联网　实体经济　结构转型

2020年，随着新型基础设施不断演进升级、核心技术取得系统性突破、产业生态体系加速协同创新，以及行业新模式、新业态蓬勃发展，移动互联网发展也进入新阶段。移动互联网推动社会经济发展，改变生产生活形态，创造商业模式，正在推动我国社会深刻变革。特别是面对新冠肺炎疫情的重大冲击，移动互联网通过新产业、新模式、新业态引领经济社会可持续发展，助力实现新旧动能有序转换、产业结构转型升级、新兴行业快速崛起，对经济社会转型具有重大意义。随着我国步入"十四五"时期，立足新发展阶段，加速推动移动互联网与实体经济深度

* 孙克，北京大学经济学博士，中国信息通信研究院政策与经济研究所副所长，教授级高级工程师，主要研究方向为数字经济、移动互联网、信息消费、"互联网+"等。

融合，对促进我国实体经济转型发展和构建新发展格局具有至关重要的作用。

一　我国移动互联网发展进入新阶段

移动互联网是客户使用手机或其他无线终端设备，将移动通信终端与互联网相结合，通过速率较高的移动网络，随时、随地获取网络信息、享受各种网络服务。早在 2017 年，中共中央办公厅、国务院办公厅出台了《关于促进移动互联网健康有序发展的意见》，明确提出“要充分发挥移动互联网优势，缩小数字鸿沟，激发经济活力，为人民群众提供用得上、用得起、用得好的移动互联网信息服务”。进入“十四五”时期，立足新发展阶段，加速推动移动互联网与实体经济深度融合，对促进我国实体经济转型发展和构建新发展格局具有至关重要的作用。当前，新技术排浪式发展形成了不断迭代、加速演进的持续创新态势，特别是我国已开启第五代移动通信（5G）时代，且移动终端设备持续升级，这为移动互联网的发展贡献良多。

（一）新型基础设施演进升级

新型基础设施作为新经济、新技术、新产业的基础设施支撑，为智能经济的发展和产业数字化转型提供了底层支撑。“十三五”期间，我国建成了全球规模最大的信息通信网络，为互联网产业腾飞和数字经济繁荣发展创造了条件。一是光纤接入规模创新高，截至 2020 年末，我国光纤接入用户总数已达 4.54 亿户；二是 4G 基站和用户数量全球领先，4G 用户在移动电话总数中占比提高至 80.8%；三是 5G 规模部署持续提速，5G 终端连接数突破 2 亿。[①] 整体来看，新型基础设施演进升级表现在三个方面。首先，作为新一代信息通信技术的发展方向，5G 与云计算、大数据、物联网、人工智

① 工业和信息化部：《2020 年通信业统计公报的解读》。

能等领域深度融合，将形成新一代信息基础设施的核心能力；其次，增强网络服务能力，简化电信资费结构，实现网络资费合理下降，扩大用户宽带入网普及范围，尤其是公共场所的无线局域网，我国已实现更广覆盖和免费开放；最后，互联网骨干网网间互联质量得到改善，互联架构持续优化，网间结算规则进行了大幅更改，更好地满足了用户携号转网需求。

（二）核心技术实现系统性突破

长期以来，核心技术短板成为中国实体经济转型发展的障碍。“十三五”期间，通过坚定不移地实施创新驱动发展战略，关键核心技术实现系统性突破。一方面，我国已实现移动芯片、移动操作系统、智能传感器、位置服务等核心技术的部分突破和成果转化；另一方面，我国对人工智能、虚拟现实、增强现实、微机电系统等新兴移动互联网关键技术快速布局。例如，华为海思麒麟 990 芯片上市，成为全球首款 5G 系统级手机芯片（System-on-a-Chip，SoC）；7 纳米工艺已被 5G 基站芯片普遍采用，同时单基站功耗瓦数大幅下降，即从最初的 5 千瓦降至现在的 2～3 千瓦；全球首款 5G 商用专业模组已面向行业广泛推出，并将其应用于多个领域，如 5G 8K 电视、5G 工业产线、智能交通等，从而扩大各行各业中的 5G 商用规模。①

（三）产业生态体系协同创新

“十三五”期间，我国深入推进产业数字化转型，加速各行业数字化改造进程，带动了投资需求，提升了企业经营效益，农业数字化转型全面展开，制造业数字化转型加快，服务业数字化转型成效显著。自 5G 商用以来，我国移动互联网利用从 5G 领域获得的领先优势，重点关注应用场景的营造和产业生态的培育，取得积极的成效。我国以“宽带中国”战略和网

① 王志勤：《加快 5G 网络建设　点燃数字化转型新引擎》，《人民邮电报》2020 年 3 月 5 日，第 3 版。

络提速降费为契机，产业链上下游协同联动，在网络建设、技术创新、生态打造和应用牵引等方面发挥愈加重要的引领作用，移动宽带和固定宽带成为驱动全球宽带市场发展的主导性力量。互联网跨界融合应用方兴未艾，上云化、智能化等新技术、新模式、新产业不断涌现。同时，积极创新线上、线下相结合的服务模式，加快形成线上、线下协同服务格局，利用市场合作形成网格化的试用体验、物流配送、安装维修等线下服务体系。进一步发展如信息服务企业、电信企业、基础软硬件企业等上下游融合创新和协同服务，构建应用、产业、网络三者之间相互促进的良性循环。①

（四）新模式、新业态蓬勃发展

移动互联网具有以下四个特点：第一，普遍泛在，网络和终端无处不在；第二，连接方便，开机即可连网；第三，智能应用，手机将时空定位、照相录音等功能相结合，其自身具有如云计算、大数据、人工智能等大型信息技术服务；第四，普惠服务，每个人均能够以较低成本并且便捷地享用信息服务。由此可以推断出，移动互联网仍有巨大的社会应用和产业发展空间值得探索。当前，我国移动互联网领域的创新应用非常活跃，参与用户众多，为数字经济高质量发展注入新动能。以5G为例，对于消费级市场，国内运营商将高清视频、虚拟现实等技术结合，推出众多新型消费服务，如沉浸式游戏、远程课堂、远程办公、智能家居等，逐步进入人们生活。对于行业应用市场，工业互联网、智能电网、车联网、医疗健康等领域非常重视应用创新，实现生产制造精益化、供需匹配精准化、产业分工深层化。对于工业互联网领域，高清视频监控、远程运维、移动巡检等应用逐渐成熟并投入使用，显现其经济价值。对于智能电网领域，其确定了主要发力方向，即在发电环节的集群调度、在输电环节的无人机巡检、在配电环节的精准负荷控制、在用电环节的分布式能源接入等。对于车联网领域，其“人车路云”高度协同互连环境的构建将由5G的低时延和高可靠性来支持，从而推动车

---

① 黄鑫：《用好移动互联网　突围实体经济困境》，《经济日报》2017年1月26日，第8版。

路协同、自动驾驶等新应用发展。对于医疗健康领域，较多应用已从试验走向实际，即以无线采集类为基础的监测护理类应用和以图像视频实时交互为基础的诊断指导类应用。对于多媒体领域，其确定了发展重点，包括远程医疗、远程教育、工业检测、安防监控等领域，同时5G+超高清视频已经取得良好的示范效果。

二 移动互联网对经济社会转型意义重大

移动互联网推动社会经济发展，改变生产生活形态，创造全新商业模式，推动我国社会深刻变革。移动互联网是构筑经济社会数字化转型、重塑传统产业发展模式、开拓创新创业空间的关键基础设施。以5G为代表的新一代移动网络具有极强的溢出效应，不仅拉动投资增长、促进信息消费，而且会逐步渗入到各行各业，助推经济增长。

（一）移动互联网技术加快向跨界融合创新方向演进，是新一轮科技革命和产业变革的重要驱动力

移动互联网能够以信息流带动技术流、资金流、人才流、物资流的效率提升，促进资源优化配置，构建信息经济发展新模式，加速提升全要素生产率。移动互联网与制造业深度融合，提高生产效率；以跨界融合的方式改造实体经济业务合作模式，将线上线下资源整合，从而打造高效协同的生产服务一体化新生态；以深度融合的方式培育基于移动互联网的智能制造、智能服务等新型经营主体，从而构建实体经济与移动互联网优势互补、合作共赢的发展格局。移动互联网不仅会带动信息与通信技术（Information and Communications Technology，ICT）全产业链发展，而且将从信息通信领域延伸至工业、交通、能源、农业等垂直行业，加快传统产业数字化、网络化、智能化转型，促进经济发展质量变革、效率变革、动力变革。在应对新冠肺炎疫情冲击时，移动互联网技术在复产、复学、复教等方面发挥了重要作用，以5G+4K直播、远程办公、远程教学等应用模式，证明了移动互联网

在医疗、防控、应急、物流等领域的重要性，拉开了相关应用大规模普及的序幕。

（二）移动互联网应用从消费环节向生产环节拓展，推进经济社会转型从虚拟领域向实体领域加速延伸

一方面，移动互联网激发信息消费潜力，新的消费模式迎来新的增长点，从而促进了经济的稳定增长。通过打造高质量的通信网络，移动互联网应用不仅直接促进5G手机、智能家居、可穿戴设备等产品的消费，而且可以培育诸如4K/8K视频、VR/AR沉浸式游戏、智慧教育、远程办公等新型服务消费，从而进一步带动信息消费的快速增长，成为扩大内需的新动力。另一方面，通过对示范试点的典型带动来创新融合模式，大力发展网络化协同制造等新生产模式。企业利用移动互联网来采集并满足用户个性化需求，基于个性化产品进行研发、生产、服务和商业模式创新，从而促进供给与需求的精准匹配。在工业领域，5G通过优化或解决一些影响生产效率的流程或工序，成为提供产线柔性化、生产智能化的工具，并搭建起企业与用户、供应链等联系的桥梁。在农业领域，通过5G网络实时监测和远程控制保持养殖温度、湿度等的设备，可对农作物的生长过程进行精准管理。在服务业领域，5G既可实时为客户画像并提供更加个性化的金融服务，也方便小微企业贷款融资和农村用户获得金融服务。

此外，建设在实体经济领域基于移动互联网的双创平台，构建新型研发、生产、管理和服务模式，整合并开发共享产学研“双创”资源，均对企业整体创新能力有所提升。

（三）移动互联网重构产业资源配置模式、推进供给侧结构性改革，成为新旧动能转换的“催化剂”

移动互联网发展的社会环境以需求快速变化和信息高度对称为核心特征。一是借助移动互联网，创新型企业的供给侧提前认知了需求方向、对象、内容和数量，以形成在生产驱动中消费者需求从外生到内生的结构性

改革；二是运用认知性劳动配置研发性、交易性、生产性劳动，以实现单一产品型企业的供给侧从生产驱动到市场驱动的结构性改革；三是加快复制认知性劳动，通过跨产品外溢、跨群网络外部性、跨群生态链的收益结构调整，促进单一产品型企业向平台型企业的结构性改革。此外，移动互联网培育了创新服务，例如移动服务、精准营销、就近提供、个性定制、线上线下融合等，从而推进了供给侧结构性改革，并且激发和创造了新的消费需求。数字科技应用如电子商务、物联网、工业软件等推动了产业商业模式创新，面向未来的企业发展模式如按需定制、人人参与、体验制造、产销一体、自组织协作、自适应管理等正在加速形成，均对经济发展的动力变革有所促进。

（四）移动互联网战略布局从打造产业优势向构筑数字经济综合优势拓展，成为主要经济体提振经济的优先选择

万物互联构筑数字经济发展新基础，移动互联网成为经济增长新引擎。当前我国依然处在转变发展方式、优化经济结构、转换增长动力的攻关期，充分利用并发挥数字科技本身强大的渗透、溢出、带动和引领等作用，加快推进互联网、大数据、人工智能等数字科技和实体经济之间的深度融合，促进经济发展质量变革、效率变革、动力变革，已然成为推进新旧动能转换和经济高质量发展的重要路径选择。进入移动互联网时代之后，信息网络逐渐突破传统信息处理终端以及传输方式的限制，正大幅向更广、更快、更深的方向发展，网络的覆盖领域更大、连接终端更多，正进入人、机、物互联新时代。5G 具有大容量、低时延的特性，将极大推动移动互联网的应用生态革新，驱动基于大型移动设备如智能网联汽车、机器人、无人机的网络应用创新。物联网渗透到各个领域的速度越来越快，未来的信息网络之中将纳入越来越多的设备、车辆、终端。同时，在加快信息基础设施向超高速升级换代的模式下，主流接入方式变为光纤宽带。在信息通信技术持续演进的背景下，泛在且高速的连接使网络获得更加多样化、网络应用更加多元化，正在形成以万物互联为突出特征的数字经济基础设施。

三 我国移动互联网助推经济社会转型面临的挑战

虽然移动互联网对经济社会转型意义重大，但我国移动互联网发展整体上存在“大而不强”的问题，仍然面临着关键技术受制于人、自主创新能力不强、网络安全挑战严峻、治理体系亟待完善等堵点和障碍。

（一）基础设施建设不足

目前，我国仍处于数字经济的快速发展阶段，新型基础设施建设不足仍是亟须弥补的短板，其具体表现为以下两点：第一，与新型基础设施相关的硬件产品，其制造能力仍未满足产品的质量需求；第二，能够显现科技创新能力的软件设计方面，其短板问题同样不可忽视。此外，我国的信息技术未与实体经济进行足够深入的融合，数字经济发展也存在其制约因素，包括不到位的新型基础设施配置、采集难度较大的数据、缺乏自主可控的数据互联共享平台等。当前，全球正处于取得重大突破的窗口期，5G、工业互联网、人工智能等都是主要国家加紧战略布局的重点领域，加快新型基础设施建设更为刻不容缓。同时，新冠肺炎疫情催生了新消费、新需求，互联网医疗、教育直播、在线办公、公共服务等互联网新兴业态发展迅猛，均需利用光纤宽带、4G/5G、数据中心、云计算等基础设施。因此，亟须通过增加新型基础设施的供给及时满足此方面的新需求，从而实现供需的精准对接匹配。在这次疫情防控过程中，我国暴露了在重大疫情防控体制机制、公共卫生应急管理体系等方面存在的短板，由此更应提升“新基建”水平，以助力相关能力的建设。

（二）关键核心技术缺失

核心技术产业基础薄弱的问题仍然制约着新型基础设施建设，核心元器件、基础软件对外依存度高，关键技术受制于人的隐患客观存在。在研发创新方面，企业多进行跟随式创新，越来越多的企业在国际竞争中面临技术瓶颈，存在技术储备和技术来源不足、核心竞争力不强的突出问题。重要信息系统、关键基础设施中的核心技术产品和关键服务还依赖国外，软件、芯片、标准等方面的自主研发水平与发达国家相比还存在较大差距。移动互联网核心技术和平台仍然较为依赖进口，尤其体现在关键元器件方面，同时互联网建设方面的自主创新能力较弱。这一方面表现在目前国内大部分工业企业使用的平台即服务（Platform as a Service，PaaS）无论是在整体式架构还是在微服务架构上都更加依赖于国外；另一方面则体现在国内工业软件的研发设计能力难以跟上智能制造的升级需求。而作为工业软件在产业互联网阶段的最新形式，各类工业 App 的国内供应严重不足，尤其缺少“杀手级”的工业 App。此外，在工业大数据分析方面也缺乏标准化、低成本的解决方案，数据分析解决方案开发周期长且扩展性差。这些技术短板使实体企业“上云”受制于人，不利于产业数字化的发展。

（三）网络安全风险增大

移动互联网、大数据、人工智能、区块链技术由新一轮的科技革命和产业革命催生，但是仍需注意基于互联网产生的虚拟空间网络社会乱象，即网络信息的虚假性、失范性、监管滞后性仍可构成社会治理的巨大威胁。例如，以移动互联网仿冒 App 为代表的灰色应用大量出现，特别针对金融、交通、电信等重要行业的用户。此外，5G 全面商用对网络安全提出新要求，因 5G 商用模式带来诸多新变化，如流量更多、交互更强、速度更快、连接主体更多，而新变化将带来新的安全隐患。同时需注意在 5G 模式下实现“万物智联”，各类参与连接主体之间的安全界面和责任也将更为模糊。应该看到，引入网络功能虚拟化（NFV）、边缘计算（MEC）和网络切片等新技术也存在引致风险的弊端，尤其不同业务对安全能力要求不同，即安全能力较弱的某个切片被攻陷后可能影响别的切片，由此难以划分安全责任的归属。此外，5G 的开放网络架构会增加泄露个人信息或关键数据的风险，由此对 5G 时代的内容安全管理提出更高的要求。并且需注意，由于 5G 网络的高速度与低时延传播特性，“即时化”风险会降临至舆情事件。

（四）治理体系亟待完善

数字经济呈现的数据化、智能化、平台化、生态化等一系列典型特征，给数字经济治理带来了相应的挑战。移动互联网作为数字经济重要的基础平台，治理体系同样亟待完善。一是移动互联网平台数据治理体系仍待完善。数据作为重要的生产要素，逐渐演变为移动互联网的核心，移动互联网平台下的数据流动与数据保护的矛盾和冲突成为亟待解决的首要问题。二是移动互联网平台企业责任问题，特别是移动互联网发生的侵权行为承担法律责任的问题。三是移动平台垄断规制问题，在 2021 年 1 月 31 日中共中央办公厅、国务院办公厅发布的《建设高标准市场体系行动方案》中提出，要加强和改进反垄断与反不正当竞争执法，尤其是平台企业垄断认定、数据收集使用管理、消费者权益保护等方面的法律规范。四是移动互联网平台算法价值观问题，算法作为新型生产力代表，极有可能涉及平台商业机密，如何将算法纳入监管体系，如何对其进行有效监管，面临诸多困难。

四　积极发挥移动互联网发展成果在加快经济社会转型中的作用

为促进移动互联网健康有序发展，强化移动互联网在加快经济社会转型中的重要作用，应从夯实转型发展新基础、引领转型发展新方向、打造转型发展新动能、营造转型发展新环境、开辟转型发展新空间等多个方面入手，让移动互联网发展成果更好地造福经济社会。

（一）加强移动网络基础设施建设，夯实转型发展新基础

移动网络基础设施建设是移动互联网的基础，更是实现实体经济转型的重要支撑。一是要加强前沿信息通信技术研发，如新一代光通信、6G、卫星互联网、时间敏感网络等，构建算力基础设施核心技术体系，促进终端、网络、计算等领域关键技术创新和产业突破，发展拥有核心竞争力的技术平

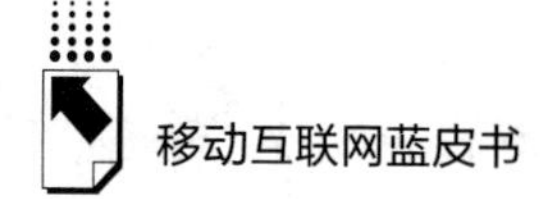

台，构建创新型生态。加强产业链上下游企业合作，共同开展测试和产品开发，推进产业规模化发展。二是加强如物联网、工业互联网、车联网、算力与数据基础设施等领域关键核心技术的研发和产品研制，加速如人工智能、数字孪生、深度学习、增强现实、虚拟现实、区块链等新兴前沿技术与传统行业的深度融合和应用推广。三是构建协同创新平台，解决技术共性难题，将创新资源聚集整合，集中力量开展产品研发、标准统一、模式创新等工作，加快促进5G共性技术研发和测试试验，为应用发展瓶颈问题的解决提供关键技术支撑。

（二）发展移动网络信息技术产业，引领转型发展新方向

大力发展移动网络信息技术产业，搭建网络化协同平台。一是支持核心企业特别是具有产业链带动能力的龙头企业搭建网络化协同平台，鼓励其带动上下游企业加快数字化转型，促进产业链升级至更高层级，以打造传统产业服务化的新生态。二是积极培育数字经济的领军企业，开拓数字虚拟产业园和数字虚拟产业集群，突破传统物理边界限制，以充分发挥企业间的协同倍增效应。三是培育数字经济新业态，推动在线办公、在线教育、在线医疗、网络直播、网络视频等新模式的健康发展，大力支持对数字供应链的建设，以促进企业间订单、产能、渠道等实现资源共享与有效协同。

（三）深化移动互联网融合应用，打造转型发展新动能

搭建产业生态圈，抓住重点场景建设，培育良好发展环境。一是实现新一代信息技术与既有产业的深度融合，带动各个产业在产品、模式、业态等方面提升，进而提高产品或服务的吸引力、竞争力，催生新的市场需求。二是探索形成可复制推广的合作模式，促进产业生态加快成形，实现从移动互联网到工业互联网、车联网、物联网等更多领域的拓展，以期支撑更大范围、更深层次的数字化转型。三是深化移动互联网融合应用，将其与实体经济的各行业各领域深度融合，以加速各类要素、资

源的优化配置和产业链、价值链的融会贯通，使生产制造更加精益、供需匹配更加精准、产业分工更加深化，赋能传统产业优化升级，打造转型发展新动能。

（四）提升网络安全保障能力，营造转型发展新环境

强化移动互联网基础信息网络安全保障能力，大力推广具有自主知识产权的网络空间安全技术和标准应用，确保营造实体经济转型发展良好环境。一是增强网络安全防御能力，落实网络安全责任制，制定完善关键信息基础设施安全、大数据安全等网络安全标准，建立统一高效的网络安全风险报告机制、情报共享机制、研判处置机制。二是依托龙头平台加快完善数字经济时代的数据法治建设和市场规则，鼓励有实力的产业互联网平台加快工业大数据标准研制，汇聚政产学研各方资源，针对大数据共享、流通、治理、安全、应用等关键领域，加快推进数据质量、数据治理、数据安全等方面的关键标准研制。三是加强与重点行业、重点地区典型企业的交流合作，总结优秀平台在统一数据标准方面的成功案例，并逐步试点推广，推进工业大数据标准的落地与应用。

（五）拓展国际交流与合作，开辟转型发展新空间

大力开拓国际合作空间，促进移动互联网基础设施互联互通，发展跨境移动电子商务，为实体经济“外循环”开辟新空间。一是在5G、物联网、网络安全等关键技术和重点领域，积极参与国际标准的制定和交流合作。二是支持移动互联网企业“走出去”，鼓励通过多种方式开拓国际市场，加大移动互联网应用、产品、服务海外推广力度，构建完善跨境产业链体系，不断拓展海外发展空间。三是参与全球移动互联网治理，加强 ICT 基础技术标准的研发，增强标准的国际影响力，加强与相关国际组织对话及战略合作，共同制定标准规范和国际规则。四是在5G 等技术应用大赛和论坛活动中，积极引入国外优秀案例，加强国内外移动互联网发展交流与合作。

参考文献

惠宁、陈锦强：《中国经济高质量发展的新动能：互联网与实体经济融合》，《西北大学学报》（哲学社会科学版）2020 年第 5 期。

周宇、陈锦强：《互联网驱动实体经济创新发展的效应研究》，《福建论坛》（人文社会科学版）2020 年第 7 期。

赵剑波：《推动新一代信息技术与实体经济融合发展：基于智能制造视角》，《科学学与科学技术管理》2020 年第 3 期。

宋则：《“十三五”时期寻求商贸流通业创新发展新突破》，《中国流通经济》2016 年第 1 期。

束赟：《大数据、移动互联网与基层党建：新技术时代　基层党建理论实践新探索》，上海社会科学院出版社，2018。

王志勤：《加快 5G 网络建设，点燃数字化转型新引擎》，《人民邮电报》2020 年 3 月 5 日。

黄鑫：《用好移动互联网　突围实体经济困境》，《经济日报》2017 年 1 月 26 日。

B.11

2020年中国工业互联网发展报告

高晓雨*

摘 要: 2020年，我国工业互联网网络覆盖范围、质量和安全保障能力不断提升，平台加速发展渐成体系，投融资活动逆势增长。同时面临核心技术积累不足、解决方案不够成熟、中小企业融资难融资贵、人才供需结构失衡、生态体系尚不完善等问题。下一步，要从政府侧、供给侧、需求侧以及生态侧推动工业互联网在更广范围、更深程度、更高水平创新发展。

关键词: 工业互联网 产融合作 创新发展

推动工业互联网创新发展是党中央高瞻远瞩作出的重要战略部署，习近平总书记连续4年对工业互联网发展作出批示。2020年6月30日，中央全面深化改革委员会第十四次会议审议通过《关于深化新一代信息技术与制造业融合发展的指导意见》，强调加快工业互联网创新发展，加快制造业生产方式和企业形态根本性变革。在党中央坚强领导和统筹谋划下，尽管新冠肺炎疫情给制造业带来一定冲击，但工业互联网也因此而得到“历练”，从而进一步巩固了整个行业发展的基础，促使行业进入深耕发展的新阶段。

* 高晓雨，国家工业信息安全发展研究中心信息政策所副所长，高级工程师，专注于研究数字经济政策等。

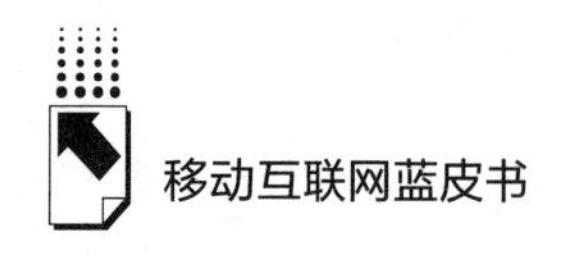

一　2020年我国工业互联网发展总体情况

2017 年 11 月 27 日，国务院正式印发《关于深化“互联网 + 先进制造业”发展工业互联网的指导意见》，经过政产学研用多方共同努力，工业互联网总体进展情况良好，基本实现 2020 年预期目标。

（一）网络覆盖范围扩大，质量不断提升

工业互联网网络覆盖范围扩大，质量不断提升。基础电信企业依托当前全球最大规模的光纤和移动通信网络，为工业应用场景积极构建低时延、高可靠、广覆盖的高质量外网。目前，已扩展至全国 300 余个城市，连接 18 万家工业企业。工业企业正在积极利用边缘计算、时间敏感网络以及其他新技术对企业内网进行改造升级，东部地区约 50% 的企业生产设备已实现联网。基础电信企业和工业企业加强了“5G + 工业互联网”推广和应用，合作建设 800 余个“5G + 工业互联网”项目，总投资额超过 34 亿元，全国共计超过 3.2 万个 5G 基站专门应用于工业互联网场景。①

此外，工业互联网标识解析体系初具规模。目前五大国家顶级节点已建设完成，功能不断增强，与国际主要标识体系实现互联互通，南京、贵阳两个灾备节点工程启动建设。75 个二级节点上线运营，分布于北京、上海、浙江、广州等 22 个省份，覆盖电子、医药、钢铁、材料等 28 个行业及综合服务领域，接入企业超 6500 家，标识解析注册量接近 73 亿。②

（二）平台加速发展渐成体系

一是建设推广预期目标基本完成。截至 2020 年 6 月，工业互联网平台

① 国家工业信息安全发展研究中心：《2020 年工业互联网平台发展情况》。

② 国家工业信息安全发展研究中心：《2020 年工业互联网平台发展情况》。

发展指数（IIP10）达172.4，近两年以30%的年均增速加速提升。培育形成具有全国行业、区域影响力的重点平台近100个，平台体系建设目标圆满达成。截至2020年9月底，全国企业数字化研发设计工具普及率超过72.1%，关键工序数控化率达到51.7%，平均运营成本降低30%、生产效率提升20%，平台应用成效达到预期目标。工业互联网平台设备连接数达到4000万台，开发形成工业App 35万个，服务工业企业超过40万家，超额完成设备上云和App发展任务。[①] 平台基础设施作用日益凸显，特别是在新冠肺炎疫情防控中，工业互联网平台企业纷纷发挥自身技术产品优势，有力保障疫情防控和复工复产。

二是多层次平台体系基本形成。十大跨行业、跨领域平台平均服务行业近20个，涵盖航天、船舶、装备制造、家电、电子、钢铁、化工、制药等领域，平均工业设备接入数量达到140万台套、服务工业企业1万家。[②] 一批龙头企业基于自身行业知识禀赋和区域带动能力，加速平台布局，通过上下游业务纽带，将平台服务推广至行业企业，实现从“服务自身”到“服务行业”的转变。例如，美的集团打造美的M.IoT工业互联网平台，应用于微波炉工厂，实现生产、品控、物流的无缝对接，产品品质较应用之前提升70%、生产效率提升88%，这一应用正在家电行业中小配套企业中以低成本方式进行复制推广。2020年，全国具有行业和区域影响力的特色平台有近100家。[③] 在工业协议解析、工业大数据分析、工业建模仿真等领域的专业化服务企业，结合自身技术优势，打造一批专注特定领域的工业互联网平台，实现关键技术单点突破。

三是平台加速地方转型升级。各地区工业互联网建设热情高涨，持续完善平台创新发展政策体系，加大政策支持，推动形成一批平台创新发展示范高地。北京致力于成为工业互联网平台技术产业创新策源地和融合应用先导区，已经初步形成从市级到各区县的全方位政策体系。广东重点打造工业互

---

① 国家工业信息安全发展研究中心：《2020年工业互联网平台发展情况》。

② 国家工业信息安全发展研究中心：《2020年工业互联网平台发展情况》。

③ 国家工业信息安全发展研究中心：《2020年工业互联网平台发展情况》。

联网产业生态供给侧资源池，截至2020年，已发展372家“省工业互联网产业生态供给资源池”企业，位居全国第一。山东聚焦企业上云，首创云服务券补贴制度，累计新增上云企业超17万家，6000余家企业领取了云服务券，获得补贴资金超1.1亿元。浙江持续完善“1+N”工业互联网平台体系，2020年重点打造102家省级重点工业互联网平台，构建平台赋能创新模式。[①]

（三）安全保障能力显著提升

以企业为主体、多部门协同、政府监管的安全管理体系初步建成。国家级安全态势感知平台基本建成并投入使用，成功对接广东、江苏、山东、浙江等21个省级平台，累计覆盖14个行业10万余家工业企业，为136个工业互联网相关平台提供服务，近900万台套设备实现联网，工业互联网安全保障能力显著提升。[②] 工业互联网安全相关公共服务深入开展。针对工业互联网设备平台、工业App等的安全评估体系逐步建立，工业互联网安全评估、评测鉴定等公共服务能力得到全面提升。一批关键安全技术产品和解决方案接连涌现，涵盖电子、钢铁、建材、能源、机械制造等重点领域，有效支撑工业互联网企业安全防护能力建设，安全产业生态实现创新发展。

（四）投融资活动逆势增长

受新冠肺炎疫情影响，2020年前三季度，大量金融机构放缓投资节奏。Wind发布数据显示，2020年前三季度国内创投基金投资事件数量为2988起，较上年同期骤降50.79%，披露投资金额为5583.63亿元，同比紧缩37.67%（见图1）。

相比之下，工业互联网行业投融资活动持续升温。据国家工业信息安全发展研究中心跟踪统计，2020年前三季度国内工业互联网行业投融资事件共

---

① 国家工业信息安全发展研究中心：《2020年工业互联网平台发展情况》。

② 国家工业信息安全发展研究中心：《2020年工业互联网平台发展情况》。

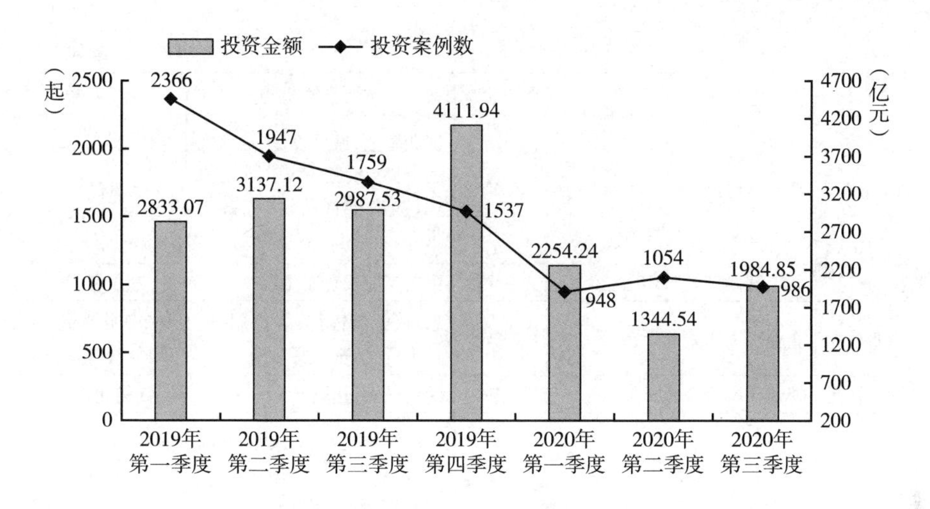

图1　2019年全年和2020年前三季度国内创投基金投资情况

资料来源：Wind，国家工业信息安全发展研究中心整理（2020年10月）。

152起，披露总金额突破170亿元，事件数量较2019年同期大幅增长117.1%，披露总金额同比增长54.6%，超三成事件达亿元规模。云天励飞、京东工业品、格创东智等企业先后完成超亿元规模的大额融资（见表1）。

表1　2020年前三季度工业互联网行业重点融资事件（金额超1亿元）

公司	主营业务	融资轮次	主要投资机构	交易金额
易路软件	产业链云系统	C+轮	钟鼎资本、高瓴资本、SIG海纳亚洲创投基金、常春藤资本、GAH	数亿元
数之联	全产业链大数据服务	B轮	普华资本、吉富创投、银杏谷资本、云栖创投、华立股份、安盈投资	1.5亿元
凌笛科技	中小服装企业协同工作系统、供应链交付等	A+轮	高榕资本、顺为资本、元璟资本、百度风投、银杏谷资本	1亿元
云智慧	运维解决方案	D+轮	朗玛峰创投、红杉资本中国、华山资本、ASG、考拉基金	2400万美元（约合人民币1.68亿元）
云扩科技	智能RPA平台	B轮	红杉资本中国、金沙江创投、明势资本、深创投	3000万美元（约合人民币2.1亿元）

续表

公司	主营业务	融资轮次	主要投资机构	交易金额
海尔卡奥斯	工业互联网平台	A 轮	国调基金、诚鼎投资、招商致远资本、投控东海、同创伟业、赛富投资基金、吉富创投等	9.5 亿元
灵动科技	人工智能视觉 AMR 机器人	B + + 轮	中白产业投资基金	超 1 亿元
第四范式	企业级人工智能平台	C + 轮	思科、中信银行、联想创投、松禾资本、基石资本	2.3 亿美元（约合 16.1 亿元）
世纪开元	智能印刷服务	C 轮	深创投、毅达资本	亿元级
云天励飞	智能制造	Pre-IPO	粤财基金、光远资本、华登国际、拓金资本、建银国际、交银国际、中银粤财、华控汇金、深报一本基金、深圳出版集团、华创深大投资、天狼星资本、中美创投等	近 10 亿元
中科微至	智能制造	战略融资	深创投、中金资本、中科创星、新潮集团、无锡物联网产业基金、松禾资本、中深新创、无锡物联网创新中心、方腾金融、中科微知识产权服务公司	2.3 亿元
京东工业品	智能工业物联网产业平台解决方案	A 轮	GGV 纪源资本、红杉资本中国、CPE 等	2.3 亿美元（约合人民币 16.1 亿元）
智齿科技	智能云客服	C 轮	用友网络、云启资本	2.1 亿元
美创科技	数据管理产品	战略融资	盛宇投资、CBC 宽带资本、赛伯乐投资、鱼跃科技、东方富海	1.5 亿元
凯乐士	工业化机器人平台	D 轮	中金资本、兴业银行、元禾重元、一村资本、华盖资本、苏民投、清控金信资本等	数亿元
滴普科技	工业智能	A + 轮	IDG 资本、高瓴创投、BAI 贝塔斯曼亚洲投资基金、三峡鑫泰、招商局创投、晨兴资本、初心资本、光源资本	5000 万美元（约合 3.5 亿元）

续表

公司	主营业务	融资轮次	主要投资机构	交易金额
云圣智能	工业无人机平台	B 轮	中亿明源、东方富海、洪泰基金、蓝驰创投	近 1.8 亿元
格创东智	工业互联网平台	A 轮	云锋基金	亿元级
一手	服装供应链 B2B 平台	C 轮	CMC 资本、华兴新经济基金	4000 万美元（约合 2.8 亿元）
奕斯伟	工业物联网芯片	B 轮	IDG 资本、君联资本、海宁鹃湖科技城开发投资、阳光融汇、海宁市实业资产、光源资本、东芯动能、三行、博华等	超 20 亿元
三头六臂	汽车易损件综合服务平台	B 轮	华兴新经济基金、襄禾资本、新加坡商启元投资、元禾辰坤等	近 4 亿元
芯翼信息	工业物联网芯片	A + 轮	和利资本、华睿资本、峰瑞资本、东方嘉富、七匹狼	近 2 亿元
未来机器人	智能仓储无人搬运解决方案	B1 轮	联想创投、飞图创投、钟鼎资本	1 亿元
数说故事	企业数字化转型服务	B + 轮	晟松资本、一普大数	1.2 亿元
柏睿数据	大数据解决方案	C 轮	南方融合基金、长三角产业创新基金、东方嘉富	2 亿元
开思	全车件交易平台	C + 轮	大湾区共同家园发展基金	5000 万美元（约合人民币 3.5 亿元）
易路软件	产业链云系统	C + + 轮	华兴新经济基金	超 2 亿元
能链	能源数字化	D 轮	中金资本、小米集团、愉悦资本、KIP 中国、蔚来资本	9 亿元
优锘科技	物联网可视化管理	B + 轮	宽带资本、晨山资本、东方富海、恒生电子	1.8 亿元
海尔卡奥斯	工业互联网平台	A + 轮	国开制造业转型升级基金	2 亿元
斯坦德机器人	工业移动机器人柔性物流	B 轮	光速中国、源码资本	1 亿元
云工厂	互联网制造平台	B 轮	回声资本	1 亿元
长扬科技	工业物联网安全解决方案	C 轮	联创永宣、中海创投、中信证券投资、贝极投资、再石资本、基石基金、丰厚资本	1.5 亿元

续表

公司	主营业务	融资轮次	主要投资机构	交易金额
聚时科技	工业人工智能	A 轮	高新创投、南京江北产投集团、江北智能制造园产业基金、华兴源创	1.1 亿元
珞石机器人	工业机器人控制系统	C 轮	襄禾资本	1 亿元
星猿哲	工业自动化机器人	A + 轮	源码资本、高榕资本、晨兴资本	近 2000 万美元（约合 1.4 亿元）
海柔创新	仓储机器人系统	B 轮	源码资本、华登国际、零一创投	过亿元
听云	工业制造 APM 应用性能管理	C 轮	中金锋泰基金、梅花创投、汇添富、广发乾和、沣源资本	4 亿元
固安捷	工业产品一站式采购平台	战略融资	创新工场、招商局创投、歌斐资产	数亿元
锐锢商城	工业品供应链平台	C + 轮	源码资本、钟鼎资本、鼎晖投资、成为资本	数亿元
派拉软件	工业数字身份安全平台	C 轮	高瓴创投、中网投战略投资、中金启辰、盛万投资、东方富海、晨晖创投、小苗朗程	近 3 亿元
辰创科技	智能感知控制与信息化解决方案	战略融资	达晨创投、渤海证券、中广投资、嘉瑞资本、沿海产业基金	数亿元
汇川控制	工业自动化	战略融资	汇川技术	8.22 亿元
云天励飞	智能制造	战略融资	深圳市特区建设发展集团、中国电子信息产业集团	超 10 亿元

资料来源：国家工业信息安全发展研究中心整理（2020 年 10 月）。

十大跨行业、跨领域工业互联网平台融资活跃。浪潮云于 2020 年 3 月和 8 月分别完成 C 轮融资和战略融资，估值突破 100 亿元。2020 年 3 月底，海尔卡奥斯 COSMOPlat 完成 9.5 亿元 A 轮融资，刷新我国工业互联网平台 A 轮融资金额的最高纪录；并在 7 月完成与国开制造业转型升级基金 2 亿元的 A + 轮融资签约。工业互联网安全领域成为机构关注重点，六方云分别于

4月和7月完成数千万元规模的B轮融资和战略融资，奇安信在2019年成功进行三轮融资后，于2020年7月在科创板上市，募集资金高达57.19亿元。2020年前三季度，聚焦工业互联网领域的投资主体数量大幅提升，1～9月共288家机构或个人投资者在工业互联网领域开展布局，较2019年同期增长107.2%。

二　2021年工业互联网发展趋势判断

我国是制造大国，也是互联网大国，制造业规模和互联网经济规模均居全球首位。发展工业互联网，有利于充分利用我国制造业门类齐全、独立完整、规模庞大的优势，有利于充分利用我国互联网应用创新活跃、产业规模领先、人才资本汇聚的优势，加快形成协同效应、倍增效应，是协同推进制造强国和网络强国建设的重要抓手。

（一）生产方式加速变革，孕育发展机遇

当前，我国工业互联网加速落地深耕，对经济社会发展的带动作用日益显著。特别是新冠肺炎疫情发生以来，以工业互联网平台为依托，催生了大规模个性化定制、共享制造等工业经济新业态。一方面，工业互联网有力地支撑了资源高效配置：树根互联、徐工信息等基于工业互联网对设备远程的调度、监控能力，助力雷神山医院、火神山医院快速建成；海尔、工业富联等利用“智能制造+工业互联网”能力，帮助企业快速转产，保障应急物资快速生产和精准调配。另一方面，工业互联网持续推动服务型制造普及应用：阿里巴巴1688云供应链工厂平台帮助工业企业稳链补链强链拓链，实现日均上万家工厂在线共享产能；福建汇立通建设制衣行业“共享工厂”，半个月内完成超12万件服装订单上线生产。互联网数据中心（IDC）预测，工业云解决方案市场规模保持快速增长，2019年至2024年复合增长率高达35.5%（见图2）。预计未来全社会运用工业互联网提质增效的热情与动力将进一步被激发和释放，为行业发展注入新动力。

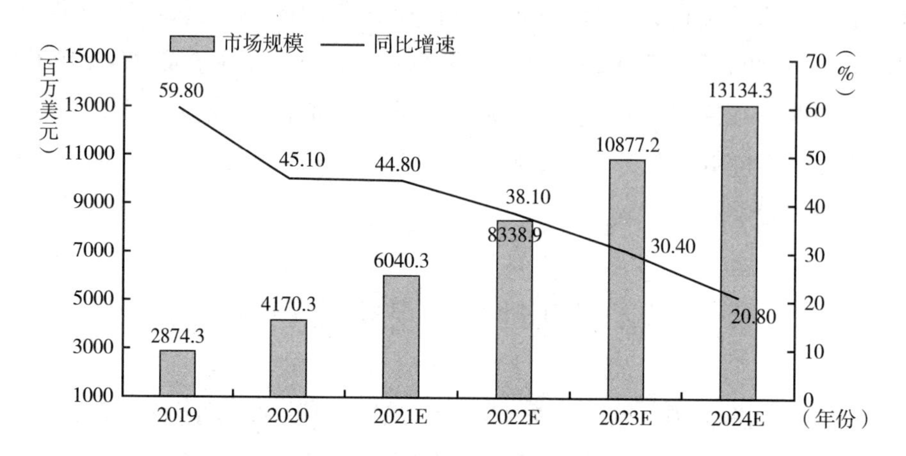

图 2　2019～2024 年我国工业云解决方案市场规模及预测

资料来源：互联网数据中心（IDC），国家工业信息安全发展研究中心整理（2020 年 7 月）。

（二）承载基础持续夯实，构筑行业支撑

近年来，我国工业互联网基础设施建设稳步推进。工业互联网融合应用的广度和深度不断拓展，涉及电子信息、工程机械、钢铁、轻工、家电、航空航天、电力等多个国民经济重点行业，由销售、服务、物流等外部环节向研发、控制、检测等内部环节延伸，应用模式不断丰富。“5G + 工业互联网”建设取得初步成效，截至 2020 年底，全国在建项目已经突破 1100 个。[①]“5G + 工业互联网”已被广泛应用于工业制造的各关键环节，成功打造无损检测、远程维护、无人巡检等典型应用场景。同时，2020 年 7 月国际标准组织 3GPP 宣布 5G 标准 R16 冻结，将进一步促进我国工业互联网发展驶入快车道。预计未来 80% 的 5G 场景应用在工业互联网领域，到 2022 年，我国将打造一批“5G + 工业互联网”内网建设改造标杆工程，推动形成至少 20 个典型工业应用场景。[②] 随着未来广覆盖、高可靠网络体系的持

① 工业和信息化部部长肖亚庆在“2020 中国 5G + 工业互联网大会”开幕式上的讲话，2020 年 11 月 20 日。

② 工业和信息化部部长苗圩在国务院新闻办新闻发布会上的讲话，2020 年 9 月 20 日。

续加快建设，工业互联网产业的承载基础将进一步夯实，催生全新的共建、共享、共赢工业生态体系。

（三）金融环境不断优化，激发资本活力

2020 年前三季度，上海证券交易所和深圳证券交易所共收录 294 宗新上市项目，募资总额达 3557 亿元。其中，科创板表现亮眼，前三季度实现 113 家公司上市，募资金额高达 1872 亿元，占据 A 股募资总额的 53%。从细分领域来看，工业市场为 A 股 IPO 宗数最多（见图 3），占 2020 年前三季度 A 股 IPO 宗数的 39%，其募资金额排第二（见图 4），占 A 股 IPO 募资总额的 24%。

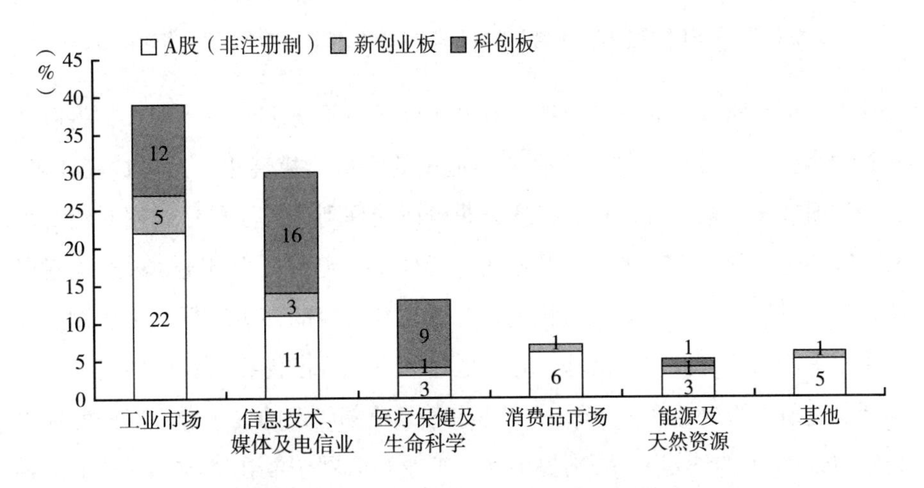

图 3　2020 年前三季度 A 股 IPO 宗数前五大行业

资料来源：Wind 和毕马威，国家工业信息安全发展研究中心整理（2020 年 10 月）。

2020 年 10 月 5 日，国务院印发《关于进一步提高上市公司质量的意见》，提出全面推行、分步实施证券发行注册制，从而优化发行标准、增强包容性，进一步支持优质企业上市。总体来看，注册制通过设置多元化、包容性的上市条件，营造了更适宜科技创新型企业发展的资本市场环境，大幅提升了金融资源配置效率，为工业互联网行业发展提供了强大的直接融资保障。一是

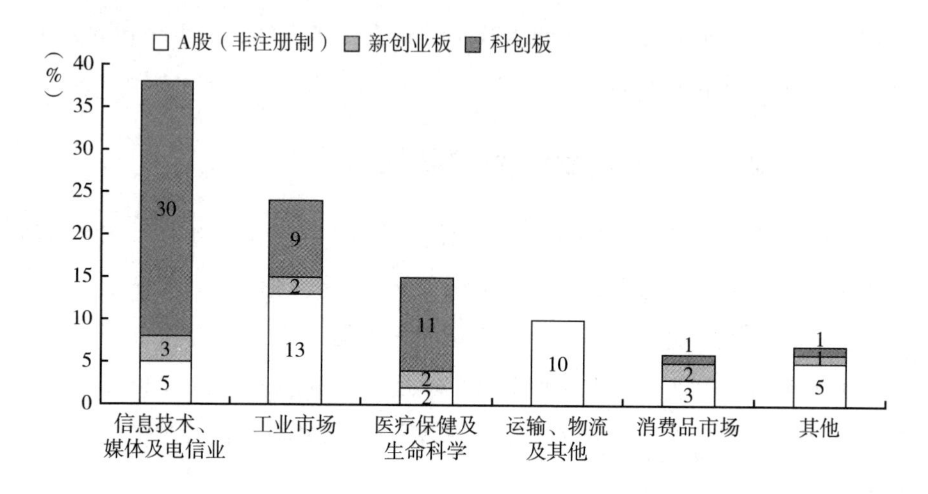

图4　2020年前三季度A股IPO募资总额前五大行业

资料来源：Wind和毕马威，国家工业信息安全发展研究中心整理（2020年10月）。

企业上市更易实现，取消了持续盈利及未弥补亏损等实质发行条件，将以往实践中掌握的、对科技创新型企业不适用的隐形门槛转化为信息披露要求。二是注册效率大幅提升，目前，从企业申请受理到完成注册平均用时约5个月，审核过程和内容也更为公开透明。三是发行定价更为自主。通过构建以机构投资者为主体的定价配售机制、打造充分博弈的二级市场交易机制、设置多空平衡的两融机制等措施，有力地保障了发行定价和二级市场交易平稳运行。此前，2020年7月10日，工业和信息化部印发的《工业互联网专项工作组2020年工作计划》，明确提出支持工业互联网企业在境内、境外上市融资。预计未来伴随着更多工业互联网科技创新型企业的成功上市，增信效应、声誉效应、示范效应将逐步显现，进一步促进金融资本更好地服务实体经济。

三　工业互联网发展面临的问题和挑战

（一）核心技术积累不足，产业发展遭遇“卡脖子”

从供给看，我国工业互联网发展的基础支撑产业薄弱，采用国外开源架构的工业平台即服务（Platform as a Service，PaaS）的平台高达50%左右，计算机辅助设计（Computer-aided Design，CAD）、工程设计中的计算机辅助工程（Computer Aided Engineering，CAE）、产品生命周期管理（Product Lifecycle Management，PLM）等高端工业软件市场被欧美企业垄断，市场份额在90%以上。从需求看，制造企业软件应用投入不足，其更倾向于将有限的资金用到设备自动化改造上，"重硬轻软"现象严重，以需求牵引供给的发展环境尚未形成，影响了工业互联网核心技术的持续迭代和功能演进。

（二）解决方案有待成熟，企业普遍不敢"吃螃蟹"

一是"不敢用"。部分制造企业管理者害怕由于平台不够安全可靠而承担责任，担心应用工业互联网平台会导致业务出错或进度受阻。二是"不愿用"。部分企业仍倾向于使用国外工业软件或系统，对国内工业互联网解决方案仍不信任，严重阻碍了解决方案的应用与推广。三是"不会用"。制造企业信息化基础参差不齐，很多企业难以实现对解决方案的"即插即用"，阻碍了平台应用的持续深化。

（三）融资模式亟待创新，中小企业融资难、融资贵

工业互联网产业链下游的应用类中小型工业企业受盈利能力不足、固定资产有限、流动比率偏低等因素影响，面临融资渠道少、融资成本高的问题。一方面，大量中小型工业企业的融资仅能通过银行贷款和民间借贷实现，通过股票、债券、基金等方式募集资金的企业较少。另一方面，为规避市场风险，金融机构通常将资金优先供给盈利模式相对成熟、用户群体规模较大的平台型企业。中小型工业企业获得的资金，大部分期限较短、金额不大，且利率较高。

（四）人才供需结构失衡，传统企业频被"挖墙脚"

一方面，开发建设工业互联网平台是一项复杂的系统工程，需要开发者

具备集模型算法沉淀、工业 PaaS 搭建、平台二次开发等于一体的综合能力，相关人才培养时间长、难度大。另一方面，有工业知识基础的研发人员频频转入互联网行业，互联网公司往往用数倍于工业企业的年薪挖人，造成工业企业“留人难”，加剧了复合型人才的结构性短缺，难以为平台建设及应用推广提供有效支撑。

（五）生态体系尚不完善，亟须政府“一盘棋”引导

一是资源整合能力不足。国内平台企业存在“各自为战”的现象，资源共享和整合能力不够，目前尚缺少类似西门子、美国通用电气公司（GE）等能提供整体解决方案的产业巨头。二是优质平台供给不足。我国制造企业存在低层次平台重复扎堆的现象，行业机理、工艺流程、模型方法等工业知识积累较薄弱。三是金融服务能力不足。平台建设投入大、回报周期长，大量平台企业初期无法获得充足恒定的资本投入，资本市场目前对平台的支持力度有待进一步加大。

四　推动我国工业互联网创新发展

党的十九届五中全会审议通过的《中共中央关于制定国民经济和社会发展第十四个五年规划和二〇三五年远景目标的建议》，对工业互联网创新发展提出了更高的要求，明确了新的历史方位和使命。下一步，要推动工业互联网在更广范围、更深程度、更高水平创新发展，为经济高质量发展、构建新发展格局做出新贡献。

（一）从政府侧加强工业互联网政策引导

强化政策和标准“两类引领”，制定发布《工业互联网创新发展行动计划（2021～2023 年）》《信息化和工业化融合发展规划（2021～2025 年）》，完善工业互联网的标准体系构架，发挥两化融合管理标准作用，引导各地方因地制宜，研究制订具体推进方案，细化落实配套政策。提升公共服务和产

业创新“两种能力”，推进工业互联网平台应用创新推广中心、人才实训基地、区域一体化公共服务平台等载体建设，激发数据要素活力，发挥科技创新重要引擎作用，支撑产业数字化转型升级。深化工业互联网平台试点示范和工业互联网示范区“两类示范”，推动产业链上下游企业联合，深化技术、管理、应用模式的融合创新，培育可复制可推广的行业解决方案，打造一批具有辐射带动能力的工业互联网发展高地。

（二）从供给侧提升工业互联网供给质量

滚动遴选跨行业、跨领域综合型工业互联网平台，培育重点行业和区域特色型工业互联网平台，支持建设云仿真、供应链管理等一批技术专业型工业互联网平台，鼓励平台间联合攻关、互补合作，加速平台间互联互通，打造协同发展、多层次系统化平台体系。布局基础共性解决方案，聚焦关键基础材料、核心基础零部件、先进基础工艺、产业技术基础等领域，培育强普适性、高复用率的基础共性解决方案。发展行业通用解决方案，围绕重点行业安全生产、节能减排、质量管控、研发设计等痛点需求，培育推广价值高、带动作用强的行业应用创新。面向特定行业、特定场景，开发企业专用解决方案。

（三）从需求侧加快工业互联网应用推广

加速工业设备上云上平台，推动企业上云用云，支持行业龙头企业研发设计、生产制造、经营管理等核心业务系统云化改造，带动产业链上下游中小企业业务系统云端迁移。培育一批标杆示范企业、典型应用和产品，建设新模式解决方案资源池，加速企业形态和生产方式根本性变革。鼓励地方政府通过创新券、服务券等方式降低上云门槛和成本，孵化一批“挖掘机指数”“空压机指数”等新型经济运行指标。

（四）从生态侧优化工业互联网发展环境

深化产融结合和产教融合，推动建立产业投资基金，布局高成长性企业，推动科技成果转化，开展供应链金融、知识产权质押等模式，拓展企业融资渠道，加强工业互联网企业和金融机构对接合作，打通产业发展、科技创新、金融服务生态链。加快工业互联网人才培养，依托工业互联网创新发展工程，支持打造工业互联网人才实训基地，开展多层次复合型人才培养，强化人才保障。

参考文献

《国务院关于深化“互联网+先进制造业”发展工业互联网的指导意见》，2017年。

《关于深化新一代信息技术与制造业融合发展的指导意见》，2020年6月30日。

国家工业信息安全发展研究中心：《2020年前三季度我国工业互联网产融合作动态监测报告》，2020年10月。

国家工业信息安全发展研究中心：《2020年工业互联网平台发展情况》，2020年。

工业互联网平台生态工作委员会、国家工业信息安全发展研究中心：《工业互联网平台发展指数研究报告》，2020年11月。

B.12

2020年中国移动应用市场发展现状及趋势分析

董月娇　胡修昊*

摘　要： 2020年，我国移动应用服务快速发展，领先全球移动应用市场，助力新冠肺炎疫情防控、各垂直领域服务升级，释放巨大产业价值，创造新就业机会。但同时面临数据安全、反垄断及海外市场竞争等挑战。未来，5G、AI、物联网等创新科技将进一步赋能移动应用市场。企业生态竞争将加剧，并加快自主研发。数据安全技术和数据流通规范将逐步完善。

关键词： 移动应用　新业态　市场监管

一　2020年我国移动应用市场发展势头强劲

（一）我国移动应用市场繁荣发展

1. 移动网民[①]规模再创新高，深度使用成为市场发展重点

2020 年我国移动网民规模首次接近 10 亿，占全球网民总量的近 1/5。[②]

---

* 董月娇，DCCI 互联网数据中心业务发展总监，长期关注移动互联网细分垂直领域和创新科技领域发展，主要研究方向为移动互联网生态发展、网络空间治理、人工智能技术应用发展；胡修昊，DCCI 互联网数据中心资深研究员，长期关注 TMT 产业，重点研究社交网络、人工智能、大数据领域。

① 移动网民：本报告特指手机网民，即通过手机接入并使用互联网的网民。

② 互联网世界统计（IWS），https：//www. internetworldstats. com/stats. htm，2020 年 12 月。

中国互联网络信息中心（CNNIC）数据显示[①]（见图1），截至2020年12月，我国移动网民规模达98576万人，移动互联网普及率达70.2%，较2020年3月新增8886万人。但手机上网的用户规模已触及天花板，移动应用在各场景及智能终端中的深度使用成为市场发展的重点。

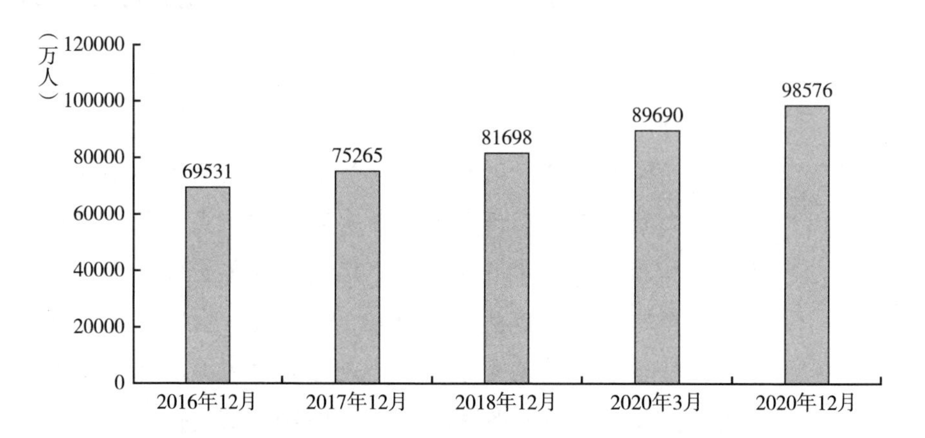

图1　2016年12月至2020年12月中国移动网民规模

资料来源：中国互联网络信息中心（截至2020年12月）。

2. 我国移动应用数量趋于稳定，生活类应用数量超过社交通信类

随着移动应用程序开发与运营的成熟，我国移动应用总量小幅减少，移动应用市场加速合规发展。工业和信息化部数据显示[②]，截至2020年底，我国移动应用市场上监测到移动应用程序（App）345万款，比2019年减少22万款（见图2）。近年来，我国政府高度重视网络安全，持续加大力度治理违规的移动应用程序，推动了移动应用市场的健康发展。

从应用类型来看，游戏类数量及分发总量依然领先，生活类数量排名上升。工业和信息化部数据显示[③]，2020年游戏类数量达88.7万款，占全部App的25.7%，下载量达2584亿次，分发总量居首位。同时，受疫情影响，

① 中国互联网络信息中心：《第47次〈中国互联网络发展状况统计报告〉》，2021年2月。

② 工业和信息化部：《2020年互联网和相关服务业运行情况》，2021年2月。

③ 工业和信息化部：《2020年互联网和相关服务业运行情况》，2021年2月。

居家生活类应用数量增长较快，2020 年生活类数量超过社交通信类，达 31 万款。

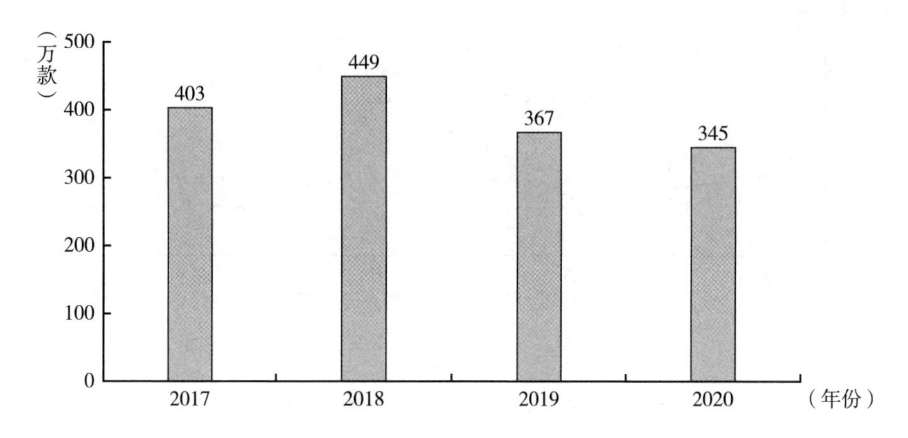

图 2　2017～2020 年我国移动 App 数量

注：2019 年开始工业和信息化部监测数据由“累计策略（即统计数据为累计计算）”改为“在架策略（即统计数据仅针对在架应用）”。

资料来源：工业和信息化部（截至 2020 年底）。

3. 新冠肺炎疫情刺激线上需求激增，移动应用服务加速普及

2020 年受新冠肺炎疫情冲击，交通、旅游、教育等多个行业发展受阻或停滞，居民工作、生活以居家为主，为保障正常工作与学习，“云会议”“云法庭”“云课堂”成为疫情期间社会运转常态。在云计算、大数据、人工智能等创新科技的驱动下，各个场景下的服务加速数字化、智能化。移动应用作为“云管端”的服务端口，加速迭代升级。

2020 年各类型移动应用深度融入全场景。疫情期间教育、购物、通信等场景的刚性需求显著，相关移动应用发展迅速。中国互联网络信息中心（CNNIC）数据显示①，2020 年众多类型的移动应用用户规模增速超过 10%，其中移动在线教育应用用户增速最快，高达 70.8%（见图 3）。

① 中国互联网络信息中心：《第 44 次〈中国互联网络发展状况统计报告〉》《第 47 次〈中国互联网络发展状况统计报告〉》，2019 年 8 月、2021 年 2 月。

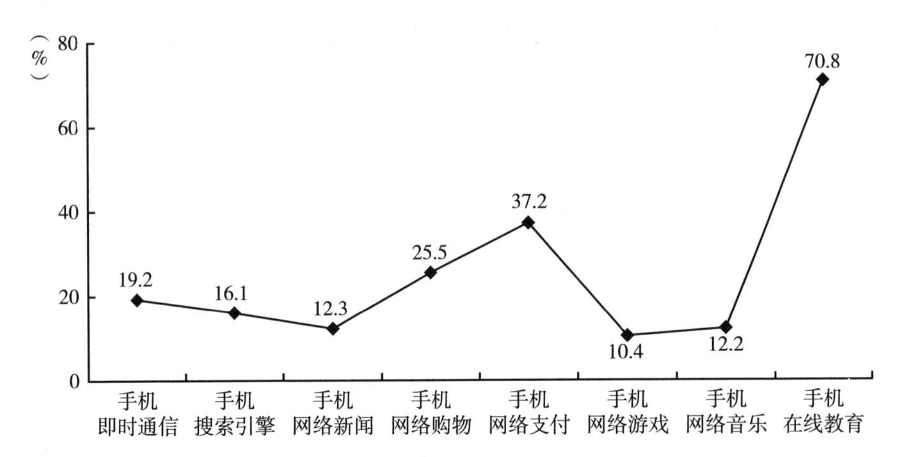

图3　2019～2020年各类型移动应用用户规模增长状况

资料来源：中国互联网络信息中心（2019年6月至2020年12月）。

（二）我国移动应用出海步伐放缓

1. 我国移动应用市场领先全球，出海面临政策挑战

我国现阶段的移动应用市场呈现用户支出高、下载量多、用户黏性高等特征。App Annie数据显示①，2020年我国移动应用市场用户支出、下载量、使用时长分别达519.4亿美元、972.7亿次、11760.5小时，在全球市场中居首位。同时，在全球下载量TOP10应用（非游戏类）公司中，我国占据一半；在全球用户支出TOP10应用（非游戏类）公司中，我国占据40%（见表1），我国移动应用企业在全球市场占据领先地位。但我国移动应用出海面临政策风险，在印度、美国甚至被禁止使用。2020年随着各国政府完善数据及隐私安全法律制度，我国企业在欧洲等地区面临“数据合规”等政策考验。在印度，当地政府以“不利于印度的主权和完整、国家安全和公共秩序”为由屏蔽我国多款移动应用。在美国，特朗普禁止TikTok在当地的业务，并颁布行政命令要求美国公司收购TikTok，目前该禁令已被暂停。

① App Annie：《2021年移动市场报告》，2021年1月。

表1　2020年全球下载量与用户支出TOP10应用（非游戏类）公司

下载量排名			用户支出排名		
排名	公司名称	国家和地区	排名	公司名称	国家和地区
1	Google	美国	1	Google	美国
2	Facebook	美国	2	腾讯	中国
3	字节跳动	中国	3	迪士尼	美国
4	微软	美国	4	字节跳动	中国
5	Inshot Inc	中国	5	Match Group	美国
6	阿里巴巴	中国	6	InterActiveCorp(IAC)	美国
7	Amazon	美国	7	LINE	日本
8	腾讯	中国	8	百度	中国
9	ABISHKKING	中国香港	9	Amazon	美国
10	Zoom Video Communications	美国	10	欢聚集团	中国

资料来源：App Annie（iOS和Google Play综合数据；中国仅限iOS数据，截至2020年底）。

2.短视频头部应用在全球流行，移动游戏出海增速领先

在自主研发的推动下，我国移动应用的海外市场占有量不断突破。茄子快传、WiFi万能钥匙等工具类或游戏类应用发展已较为成熟，TikTok等短视频应用发展迅猛。App Annie数据显示①，TikTok 2020年在全球市场的下载量超过Facebook、WhatsApp等高居榜首，单个用户月均使用时长增速遥遥领先。App Annie、Google、AppsFlyer数据显示②，2020年上半年我国出海移动游戏应用使用时长增长61%，用户支出增长37%，超过其他地区增速。同时，在用户支出方面，我国出海移动游戏发行商在海外市场份额占据第一梯队（见图4）。

① App Annie：《2021年移动市场报告》，2021年1月。

② App Annie、Google、AppsFlyer：《2020中国移动游戏出海驱动力》，2020年9月。

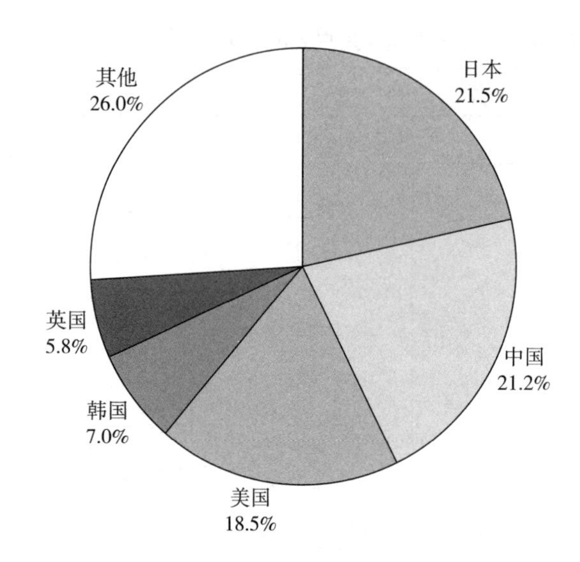

图 4　2020 年上半年海外用户支出 TOP1000 移动游戏发行商来源地域分布

资料来源：App Annie、Google、AppsFlyer（截至 2020 年 6 月）。

二　移动应用助力疫情防控，各垂直领域服务升级

（一）社交通信类移动应用使用加深，领先平台拓宽服务边界

2020 年社交通信类移动应用的使用增长显著。腾讯数据显示[①]，第一季度 QQ 智能终端月活跃账户数环比增长 7.2%，QQ 每日总消息数及使用时长各自获得同比两位数增长，微信小程序人均使用数同比增长 25%，活跃小程序增长 75%。社交通信类移动应用深挖平台价值，顺势加深或拓宽服务。QQ 打造 QQ“群课堂”，优化“群作业”“群文件”等功能，升级在线教育服务能力；微信、微博陆续推出“视频号”，拓展视频内容领域；微信开放服务搜

① QQ 数据源自腾讯 2020 年第一季度财报，2021 年 5 月发布；微信小程序数据源自微信 2021 公开课，2021 年 1 月。

索，通过“搜一搜”可以及时获取快递、订票等服务。同时，腾讯数据显示[①]，疫情期间微信新增100余个政务类疫情服务小程序及近800个医疗类疫情服务小程序。微信等领先平台不断提升数字化生活服务能力。

（二）新闻资讯类移动应用融合创新技术，构建传播生态

随着移动互联网的发展，创新技术不断赋能新闻资讯类移动应用，传播生态也逐渐被重构。一是5G技术背景下的直播及高清视频新闻内容增多，内容更加清晰、直观。二是数据驱动产生的疫情地图、会议词云图等可视化新闻更加精准、简洁。三是人工智能在新闻热点捕捉以及制作方面发挥更大作用，提升新闻生产及传播效率。此外，新闻资讯类移动应用还拓展服务范围，传播扶贫公益项目信息，融合在线政务，提供疫情资讯、出行政策查询等服务。新闻客户端与视频、短视频、社交媒体等移动应用联动构建了新的信息传播矩阵。

（三）移动应用加快办公学习线上化进程

2020年移动办公类应用下载量呈爆发式增长。疫情期间办公及学习场景以线上为主，带有远程视频会议服务的办公类应用用户增多。Sensor Tower数据显示[②]，2020年1月19日至24日移动办公平台钉钉下载量超过1100万次（1月1日至1月18日下载量为67万次）。从远程通信到多人会议，从考勤记录到文档共享，移动办公类应用通过云计算等技术，大力发展OA审批、人事管理、客户管理等办公服务，升级在线服务能力。

2020年移动在线教育用户规模也实现快速增长。中国互联网络信息中心（CNNIC）数据显示，[③] 截至2020年12月移动在线教育用户规模达34073万人（见图5），占整体在线教育用户的比重达99.7%，移动在线教

---

① 腾讯：《微信战“疫”数据报告》，2020年2月。

② Sensor Tower：《全民“宅家”对中国移动应用市场的影响：送餐，菜谱，远程办公等下载量激增》，http：//www.199it.com/archives/1012698.html，2020年2月24日。

③ 中国互联网络信息中心：《第47次〈中国互联网络发展状况统计报告〉》，2021年2月。

育用户已经成为在线教育用户的主体。随着用户在线学习习惯的养成，移动应用将助力传统教育实现数字化转型。

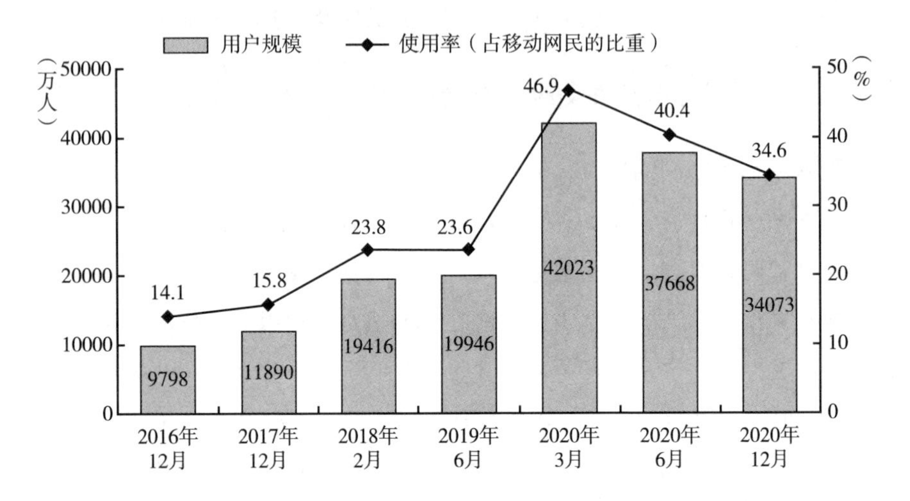

图5　2016年12月至2020年12月移动在线教育用户规模及使用率

资料来源：中国互联网络信息中心（截至2020年12月）。

（四）丰富的视听类移动应用[①]满足居民文化消费需要

音乐、短视频、直播等移动应用成为居民文化生活的重要组成部分。中国电信数据显示，[②] 2020年6月移动网民经常使用的各类应用中，移动视频、移动音频、短视频、移动音乐、移动直播类应用使用时长仅次于即时通信类，使用时长占比合计达47.9%（见图6）。其中，2020年短视频类移动应用表现亮眼。根据中国网络视听节目服务协会公布的数据[③]，截至2020年6月，短视频人均单日使用时长达110分钟，超过即时通信，市场规模在网络视听产业中占比最高。

---

① 本报告特指移动视频、移动音频、移动音乐、短视频、移动直播类互联网应用。

② 依据中国电信全量手机6月上网日志数据和电信App标签数据，通过构建数据模型统计出使用每类应用的日人均时长。

③ 中国网络视听节目服务协会：《2020中国网络视听发展研究报告》，2020年10月。

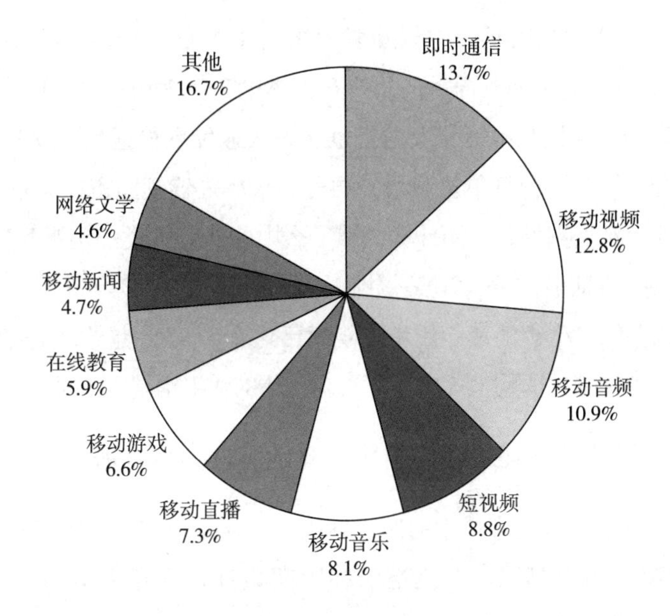

图6　各类移动应用使用时长占比

资料来源：中国电信（截至2020年6月）。

2020年视听类移动应用迭代升级，市场价值进一步彰显。受新冠肺炎疫情影响，众多电影撤档或延迟上映，而电影《囧妈》《大赢家》与字节跳动合作，上线抖音、西瓜视频等应用平台，视听类应用首次成为电影的首发平台。2020年视频平台还探索电视剧超前点播的付费方式，短视频平台也成为电视剧、电影内容宣发渠道，内容消费方式愈加丰富。腾讯数据显示①，截至2020年第三季度，腾讯音乐集团付费会员规模达5170万，同比增长46%。

（五）直播电商、社区团购等引领新型消费潮流

移动网络购物用户规模增长迅速，移动应用不断创新消费模式。CNNIC数据显示②，截至2020年12月，移动网络购物用户规模达7.81亿，较2020年3月增加7309万，移动网民使用率近8成。疫情期间电商直播、VR

① 腾讯：《2020腾讯娱乐白皮书》，2021年1月10日。

② 中国互联网络信息中心：《第47次〈中国互联网络发展状况统计报告〉》，2021年2月。

等新型销售方式愈加流行。中国互联网络信息中心（CNNIC）数据显示，[①] 2020 年在电商直播中购买商品的用户在整体电商直播用户中占比达 66.2%。

疫情期间，生鲜配送等线上销售也迎来快速发展机遇期。盒马生鲜、美团买菜等配送服务平台订单量激增，物美、永辉等连锁超市以 App 或小程序加快布局线上消费网络，美团外卖、饿了么中的非餐饮类配送服务明显增多。中国互联网络信息中心（CNNIC）数据显示，[②] 截至 2020 年 6 月，生鲜电商类和线上买菜等民生类消费应用用户规模已达 2.57 亿。此外，生鲜配送类移动应用也推动了社区团购模式的兴起，多元化的线上消费方式进一步普及。

（六）移动医疗健康在疫情中显身手，助力医疗服务转型升级

受疫情影响，移动应用中的医疗健康服务使用增多。中国互联网络信息中心（CNNIC）数据显示，[③] 疫情防控期间累计近 9 亿人申领“防疫健康码”，使用次数超过 400 亿人次。同时，在线问诊成为疫情期间获取医疗咨询服务的主要渠道。平安好医生数据显示，[④] 疫情期间平台累计访问人次达 11.1 亿，App 新注册用户量增长 10 倍，App 新增用户日均问诊量达平时的 9 倍，2020 年居民正逐渐养成通过移动应用获取医疗服务的习惯。移动医疗应用已实现挂号、健康管理、在线或远程问诊、提供医学资讯等服务。随着医保卡的电子化，移动医疗应用将助力医疗服务转型升级。

三 2020年我国移动应用市场扶持与监管并行

（一）加快培育数据要素市场，实现信息安全合规管理常态化

1. 数据成为移动应用市场发展关键要素

我国高度重视网络安全和大数据发展。2020 年 4 月，中共中央、国务

---

① 中国互联网络信息中心：《第 47 次〈中国互联网络发展状况统计报告〉》，2021 年 2 月。
② 中国互联网络信息中心：《第 46 次〈中国互联网络发展状况统计报告〉》，2020 年 9 月。
③ 中国互联网络信息中心：《第 47 次〈中国互联网络发展状况统计报告〉》，2021 年 2 月。
④ 平安好医生：平安好医生 2019 年全年业绩发布会，2020 年 2 月 11 日。

院发布《关于构建更加完善的要素市场化配置体制机制的意见》（以下简称《意见》），数据被正式纳入生产要素[①]的范畴。《意见》指出要推进政府数据开放共享，提升社会数据资源价值，以及加强数据资源整合和安全保护，并强调引导培育大数据交易市场，依法合规开展数据交易。移动应用中存有丰富的数据资源，数据交易的规范化将变革应用平台对数据的采集、存储及使用。随着数据要素市场的发展，数据管理将成为移动应用管理的重点。

2. 个人信息安全管理规范逐步细化

个人信息保护法律法规逐渐完善，移动应用安全合规成为政府管理重点。随着个人信息安全保护形势愈加严峻，垂直行业逐步完善相关规制。2020 年 2 月，中国人民银行正式发布新版《网上银行系统信息安全通用规范》及《个人金融信息保护技术规范》，明确了系统安全技术要求、安全管理要求、业务运营安全要求，以及个人金融信息在收集、传输、存储、使用、删除、销毁等生命周期各环节的安全防护要求。2020 年新修订的《信息安全技术　个人信息安全规范》（以下简称《个人信息安全规范》）明确了定向推送相关要求、用户可以撤回的权利及对平台第三方接入责任相关要求等，提升标准规范的适用性。同时，政府部门稳步落实相关规制，启动企业《个人信息安全规范》试点工作，依法严厉处置违规平台与企业。

（二）移动应用助力媒体融合，违规乱象受到治理

1. 移动应用助力推进媒体深度融合

2020 年 9 月，中共中央办公厅、国务院办公厅印发《关于加快推进媒体深度融合发展的意见》（以下简称《发展意见》），明确了媒体深度融合发展的总体要求，其中提出要坚持一体发展，坚持移动优先，并强调把更多优质内容、先进技术、专业人才、项目资金向互联网主阵地汇集、向移动端倾斜。《发展意见》还提出要发挥市场机制作用，增强主流媒体的市场竞争意

---

① 生产要素，指进行社会生产经营活动时所需要的各种社会资源，此前指劳动、土地、资本、信息四种。

识和能力，探索建立“新闻 + 政务服务商务”的运营模式。国家广电智库发文指出[①]，截至2020年上半年全国多数省份已完成县级融媒体中心组建，中央和部分省级媒体通过自主研发融媒体云技术平台，上下贯通，实现各级媒体联合运作、资源共享。同时，在政策驱动下，移动新闻平台主动拓宽服务。2020年2月，《人民日报》新媒体平台上线“征集新型冠状病毒肺炎求助者信息”，共收集超过4万条求助信息，[②] 帮助求助者与政府部门构建沟通渠道。近年来，微信、微博，以及直播、短视频等移动应用平台已成为“新闻传播与新闻 + 服务”的重要力量。抖音数据显示，[③] 视频总播放量达423亿次，1601万人曾观看专家直播，在线学习疫情防控知识。

2. 大力整治移动应用信息违规乱象

内容监管是移动应用常态化管理事项，不仅是政策法规要求，而且是应用平台维护社会稳定和市场健康的责任。2020年11月，国家网信办开展移动应用程序信息内容乱象专项整治，以资讯类、社交类、音视频类、教育类、电子读物类、生活服务类等移动应用为重点，着力解决移动应用程序传播违法违规信息、提供违法违规服务、服务导向背离主流价值观等突出问题，并对违法违规的移动应用程序依法依规采取约谈警告、责令整改、暂停板块或功能、关停下架等处置措施。抖音数据显示，[④] 2021年1月抖音封禁平台违规账号10354个，拦截违规视频282244个，下架话题3748个，拦截涉及未成年直播打赏行为732人次，日均完成未成年人打赏全额退款70例。

（三）政府鼓励创新服务模式，加强金融科技与平台经济监管

1. 政策引导移动应用服务创新

政府鼓励创新服务模式，推动数字经济发展。2020年4月，国家发展

① 国家广电智库：《四级融媒体中心建设：如何互联互通、统筹协同?》，广电独家微信公众号，2020年11月。

② 引用自人民日报社新媒体中心丁伟在“2020中国网络媒体论坛的内容论坛会场”的主题演讲，2020年9月27日。

③ 抖音：《2020抖音数据报告》，2021年1月5日。

④ 抖音：《向日葵计划·2021寒假专项治理公告》，2021年1月。

改革委、中央网信办印发《关于推进“上云用数赋智”行动 培育新经济发展实施方案》，提出深化数字化转型服务，推动云服务基础上的轻重资产分离合作，促进中小微企业数字化转型，鼓励平台企业创新“轻量应用”“微服务”。7月，国家发展改革委、中央网信办、工业和信息化部等13个部门联合印发《关于支持新业态新模式健康发展 激活消费市场带动扩大就业的意见》，提出积极探索线上服务新模式，激活消费新市场，并大力发展在线教育、互联网医疗、线上办公，建议完善电子合同、电子发票、电子印章、电子签名、电子认证等数字应用的基础设施。相关政策助推移动应用服务发展，在疫情期间发挥重要作用，创新数字经济新模式，在社会经济发展中的重要性凸显。

2. 规范金融科技创新成为政府管理重点

2020年，金融科技应用安全监管机制逐步建立。随着政府全面清退P2P平台，中国人民银行、银保监会、证监会等发布多项政策，涉及个人金融信息保护、网络金融业务安全、移动应用安全等，如《关于开展金融科技应用风险专项摸排工作的通知》《关于加强对利用“荐股软件”从事证券投资咨询业务监管的暂行规定（2020年修订版）》等。11月，中国人民银行正式发布《金融科技创新应用测试规范》《金融科技创新安全通用规范》《金融科技创新风险监控规范》等金融行业标准，严格规范金融科技应用服务，随着《网络小额贷款业务管理暂行办法（征求意见稿）》的发布，移动金融应用业务体系将愈加规范。

3. 加强平台经济领域的反垄断监管

2020年平台经济反垄断引发广泛热议，反垄断管理进一步加强。2021年2月，国务院反垄断委员会正式发布《关于平台经济领域的反垄断指南》（以下简称《指南》）。《指南》立足于维护市场公平竞争，鼓励平台经济领域创新发展，有效针对大数据杀熟、限定交易、搭售或者附加不合理交易等滥用市场支配地位行为，维护消费者合法权利，有利于促进平台经济规范有序创新健康发展。

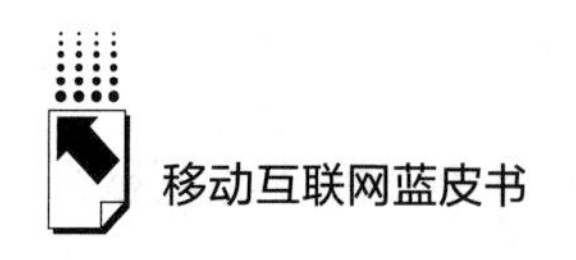

四 移动应用服务带动新就业，保障社会稳定

（一）重构就业市场，创造新就业机会

一方面，移动应用平台是获取求职信息、从业沟通的重要渠道。拉勾招聘、智联招聘等平台成为大学生就业及社会招聘的主要路径。“猪八戒”等灵活用工平台成为企业外包服务与用户自主择业的渠道。求职者还可以在“脉脉”等职场社交平台、微信公众号、抖音企业号等获得企业用工信息。另一方面，移动应用打破地域限制，帮助用户实现远程视频面试等，也能个性化推荐岗位信息，即时告知求职进展，精准连接企业与求职者。此外，随着在线职业教育的发展，职业教育类、即时通信类应用也成为求职者提升专业技能、增强就业竞争力的重要平台。

移动应用服务还带动新职业不断产生，直接或间接创造就业岗位。如网络外卖平台的网约配送员、电商直播平台中的直播销售员及在线学习服务师等，成为2020年人力资源和社会保障部正式确定的新兴职业或工种。电商直播应用能够带来主播以及相关的MCN机构、运营、场控、助播、选品、策划的用工需求，也能增添生产、物流等环节的岗位机会，淘宝直播一年可带动173.1万个就业机会。[①] 移动应用新业态还催生多样化就业模式，改变原有稳定的雇佣关系，就业更加灵活，就业空间更大，可以身兼多职。从业者可以根据平台需要，自主劳动获得报酬。比如，自媒体工作时间相对自由，从业者可以在微信、今日头条、抖音、哔哩哔哩等应用平台发布内容，通过广告或平台扶持获取劳动报酬。

（二）新职业人群已成规模，稳定经济和社会发展

人力资源和社会保障部数据显示，[②] 我国第三产业承载的劳动力占比从

① 中国人民大学：《淘宝直播就业测算》，2020年7月。

② 人力资源和社会保障部：《2019年度人力资源和社会保障事业发展统计公报》，2020年6月。

2015 年的 42.4% 增长至 2019 年的 47.4%，以创新科技服务驱动的第三产业承载的劳动力逐年增多。同时，智联招聘数据显示，[①] 更多毕业生就职倾向于 IT、通信、电子、互联网、文化、传媒、娱乐、体育等行业。

在移动应用服务发展成熟的环境下，疫情期间，快递员、网约配送员成为保障居民生活物资的重要基层力量，也有网约车司机成为志愿者，助力一线医疗工作。中国快递协会数据显示，[②] 2019 年快递业从业人员已超过 320 万，新增社会就业 20 万人以上。美团点评数据显示，[③] 2020 年上半年通过美团获得收入的骑手总人数达 295.2 万。DCCI 互联网数据中心显示，[④] 新蓝领人群中快递员、网约配送员、网约车司机从业者占比可达 55.4%。新职业人群逐渐形成规模，彰显职业价值，保障社会稳定发展。随着用户使用习惯的养成，新业态将提供更多的就业岗位，这些新岗位也将成为新时代经济发展和社会发展的保障。

五　移动应用市场发展趋势

（一）5G、AI、物联网等创新科技赋能移动应用市场

随着我国政府与企业对基础创新技术及其应用愈加重视，各应用平台将逐步加大对创新科技的应用。现阶段 5G、VR、直播等技术频频应用于视频或通信应用中，未来或将在零售品、房产及车辆电商交易平台中更加普及。AI 技术在文字、图像及人脸识别领域应用较为广泛，未来或将深度学习技术更多应用于数据分析自动化、运营或管理自动化中，升级智能助理、无人驾驶等服务。在 5G、大数据及云计算等创新科技带动下，物联网等智能终

① 智联招聘：《2020 年大学生就业力报告》，2020 年 4 月。

② 中国快递协会：《中国快递业社会贡献报告 2019》，2020 年 9 月。

③ 美团点评：《2020 上半年骑手就业报告》，2020 年 7 月。

④ DCCI 互联网数据中心：《新蓝领就业与生活状况研究报告（2020 年）》，2020 年 11 月，其中新蓝领人群指依托互联网平台以服务业为主的城市基层工作者。

端的应用程序也将成为人与物连接的重要端口。此外，区块链技术的突破，将升级数字人民币等移动支付应用模式，并将带动电子合约的发展。

（二）企业生态竞争加剧，加快自主研发

随着平台服务的跨界融合，领先互联网企业升级业务体系，构建更广泛的生态圈；传统企业加快数字化转型，依靠自身优势，应对新业态的挑战；各企业竞争必将加剧，市场资源整合成为趋势。同时平台运营策略也将转变，从用户增长向利润增长转变。在激烈的竞争环境下，企业将逐渐提高创新科技研发投入，比如，结合5G、VR技术提升智能驾驶等物联网的移动应用服务，加强机器学习在新闻资讯、商务办公、智能助理等领域的应用。一方面在复杂的国际环境下政府大力扶持基础科技创新；另一方面，自主研发是企业自身长期立足、占据市场有利格局的保障。

（三）数据安全技术和数据流通规范逐步完善

数据安全已经成为政府对应用平台合规管理的重点，政府将与企业、专家等社会各界共同修订或构建包括个人信息在内的数据采集、存储、管理及使用的规范与法规，并建立严格规范的市场秩序。现阶段政府已经明确建立有序的数据产权交易，随着数据交易市场的逐步确立，数据资产价值进一步释放，将带来新的市场红利，数据交易合规也将成为各应用平台面临的挑战。同时，在技术方面，未来政企将合作探索区块链等数据加密、脱敏、防篡改技术，保障数据健康流通。

参考文献

中国互联网络信息中心：《第47次〈中国互联网络发展状况统计报告〉》，2021年2月。

腾讯微信、中国信息通信研究院：《2019～2020微信就业影响力报告》，2020年5月。

市 场 篇

Market Reports

B.13 2020年移动在线教育发展报告

黄荣怀　王运武　杨俊锋　庄榕霞*

摘　要：　移动在线教育成为在线教育发展的新形态。2020年，新冠肺炎疫情防控期间，我国“停课不停学”的教育实践激发了在线教育活力，促进其蓬勃发展。但在线教育在资源质量、教师教学水平、学习者在线自主学习能力、网络学习空间和监管等多方面遇到挑战。随着技术和社会的发展，“短视频+直播教育”将成为移动在线教育新形态，移动在线教育将渗透到更广泛的学习场域，为弹性教学组织提供了可能。

* 黄荣怀，北京师范大学智慧学习研究院教授，教育部长江学者特聘教授，研究方向为智慧教育、教育信息化、人工智能与教育；王运武，江苏师范大学智慧教育学院副教授，研究方向为教育技术理论、教育信息化、智慧教育、智慧校园等；杨俊锋，杭州师范大学教育技术系教授，研究方向为智慧学习环境、同步网络课堂；庄榕霞，北京师范大学智慧学习研究院副教授，研究方向为智慧学习环境、教育技术在职业教育中的应用。

关键词： 移动在线教育 线上线下融合 弹性教学 短视频+直播教育

2020年，全球教育受到新冠肺炎疫情的重大影响和挑战。我国各级各类学校延期开学，各种教育教学活动无法实地开展。在这种特殊情况下，在线教育被赋予了“停课不停教、停课不停学”的特殊使命。教育系统在疫情防控期间面向全国亿万学生开展了全球首次大规模在线教育，促进在线教育全面蓬勃发展。在移动通信网络、无线局域网、智能移动终端的支持下，移动在线教育发展迅速，成为在线教育发展的新方向。

一 疫情加快移动在线教育发展

（一）移动在线教育成为在线教育发展新形态

当前，三网融合（互联网+广播网+电信网）取得显著成效，三大网络技术功能趋向一致，业务相互兼容、相互渗透。数字资源突破了媒体界限实现共享，文字、声音、影像、动画、网页等多种资源形态可以通过融合的广电网络、电信网络以及互联网络进行传播。学习者可以利用智能电视、计算机、智能手机等多种终端获取各种信息资源，实现任何人在任何时间、任何地点，通过任何终端获得所需信息的泛在学习。随着移动互联网的发展，移动终端正成为学习者接入互联网的主要工具。截至2020年底，我国网民规模和在线教育用户规模分别达到9.89亿和3.42亿，且在线教育用户规模占网民整体的34.6%，而手机在线教育用户的规模占手机网民的比例为34.6%。[1]

移动在线教育是在多网融合支持下，运用智能手机、平板电脑等智能移动终端便捷地获取自适应数字学习资源，支持弹性教学、自主学习的新型在

① 中国互联网络信息中心：《第47次〈中国互联网络发展状况统计报告〉》，http：//www.cnnic.net.cn/hlwfzyj/hlwxzbg/hlwtjbg/202102/P020210203334633480104.pdf。

线教育形态。移动在线教育既包括发生在固定时间和地点的常规学校教育场景，又包括发生在非固定时间和地点的校外教育场景（家庭教育场景和社会教育场景）。移动在线教育的学习方式既可以是个体学习，也可以是协作学习；既可以是线上学习，也可以是线上线下混合式学习。[①] 移动在线教育有"短视频＋直播教育"、AI 校外辅导、线上线下融合教学、移动办公等多种形态。

（二）政策扶持为移动在线教育发展带来新契机

为了最大限度地缩小新冠肺炎疫情对正常开学、课堂教学等产生的影响，2020 年 2 月，教育部密集发布文件推进高校在线教学和管理、以信息化支持教育教学、中小学"停课不停学"、教育系统新冠肺炎疫情防控和教育改革发展等工作，为规范开展在线教育活动提供了政策依据。各省（市）、区（县）、学校纷纷制定了适合本地的政策、制度，在线教育企业推出免费资源，专家学者推出在线教育培训课程，全国掀起了大规模的在线教育热潮。此外，中国信息协会教育分会、黑龙江教师发展学院等发布了在线教学质量标准，为评价在线教育质量提供了参照依据。

在线教育已经被纳入国家"十四五"发展规划，成为重点支持的数字经济发展方向之一。2020 年 7 月，国家发改委等部委发布文件支持"在线教育"新业态、新模式健康发展，提出"大力发展融合化在线教育。构建线上线下教育常态化融合发展机制，形成良性互动格局"。[②] 2021 年 3 月 12 日，十三届全国人大四次会议通过的《中华人民共和国国民经济和社会发展第十四个五年规划和 2035 年远景目标纲要》指出，"发挥在线教育优势，完善终身学习体系，建设学习型社会"。[③]

---

① 黄荣怀、王晓晨、李玉顺：《面向移动学习的学习活动设计框架》，《远程教育杂志》2009 年第 1 期。

② 《关于支持新业态新模式健康发展激活消费市场带动扩大就业的意见》（发改高技〔2020〕1157 号），2020 年 7 月。

③ 《中华人民共和国国民经济和社会发展第十四个五年规划和 2035 年远景目标纲要》，2021 年 3 月。

二　移动在线教育蓬勃发展

（一）手机在线教育用户规模持续增大

我国已建成全球最大的5G网络，这为移动在线教育发展提供了强有力的技术保障。中国互联网络信息中心（CNNIC）数据显示，[①] 2020年在线教育用户规模和在线教育使用率迅猛增长。2020年3月，在线教育用户规模达到42296万人，在线教育使用率增长到46.8%。2020年下半年，在线教育用户规模和使用率均有所下降（见图1）。

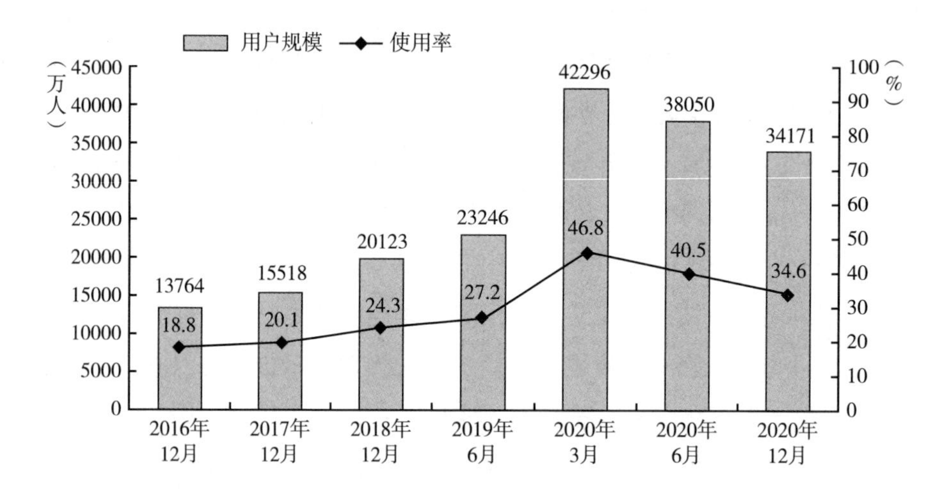

图1　2016年12月至2020年12月在线教育用户规模及使用率

资料来源：中国互联网络信息中心：《第46次〈中国互联网络发展状况统计报告〉》《第47次〈中国互联网络发展状况统计报告〉》。

① 中国互联网络信息中心：《第46次〈中国互联网络发展状况统计报告〉》，http://www.cnnic.net.cn/hlwfzyj/hlwxzbg/hlwtjbg/202009/t20200929_71257.htm；中国互联网络信息中心：《第47次〈中国互联网络发展状况统计报告〉》，http://www.cnnic.net.cn/hlwfzyj/hlwxzbg/hlwtjbg/202102/P020210203334633480104.pdf。

2020 年 3 月，手机在线教育用户规模达到 4.20 亿，手机在线教育使用率增长到 46.9%（见图 2）。此时手机在线教育用户占在线教育用户总数的 99.4%，移动在线教育已经成为在线教育新形态。

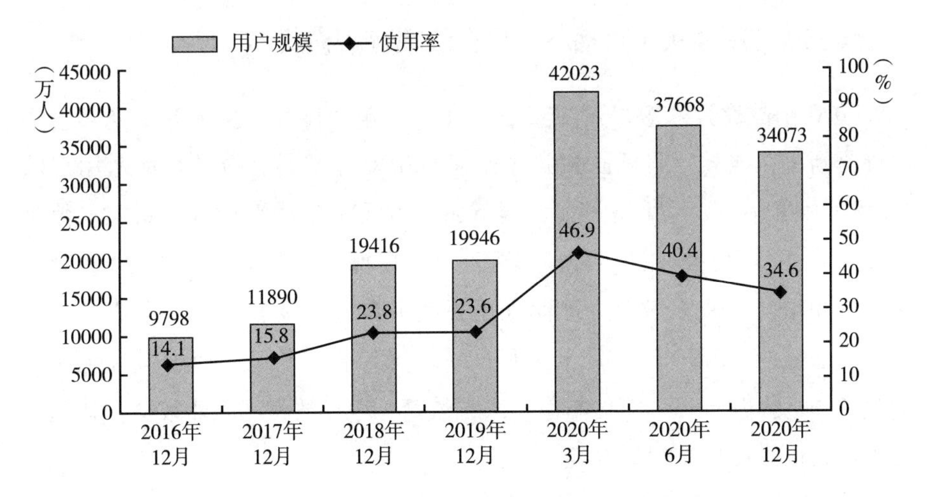

图 2　2016 年 12 月至 2020 年 12 月手机在线教育用户规模及使用率

资料来源：中国互联网络信息中心：《第 46 次〈中国互联网络发展状况统计报告〉》《第 47 次〈中国互联网络发展状况统计报告〉》。

（二）教育类 App 下载量暴增

2020 年，主流媒体融合传播效果持续增强，大众教育移动化趋势明显。至 2020 年底，中央广播电视总台、《人民日报》和新华社在新媒体渠道的累计粉丝量（不去重）均在十亿级以上；8 家央媒机构下载量过亿的自有 App 累计下载量增长 42%，仅上半年增幅达 31%，下半年“央视新闻”、《人民日报》抖音号粉丝量双双破亿。①

截至 2020 年 1 月底，教育部完成 1928 个教育类 App 备案。从教育类 App 使用情况看，学习工具、K12 类教育类 App 用户规模最大，使用时间最

① 《2020 年主流媒体融合传播效果年度报告》，http：//info. broadcast. hc360. com/2021/02/011054849734. shtml。

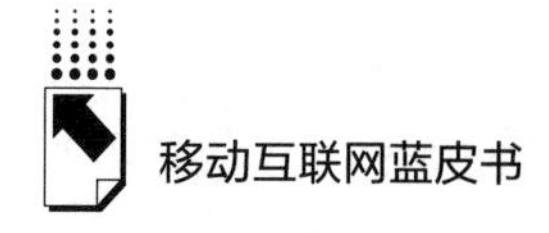

久。受新冠肺炎疫情影响，2020 年上半年用户在线教育类 App 使用时长大幅增加；随着疫情影响的减弱，用户在线教育 App 使用时长有所下降，但仍高于疫情前的水平。[①]

（三）“短视频 + 直播”开启在线教育新模式

2020 年被称为“短视频 + 直播教育”元年。抖音、快手等短视频直播软件刷新了在线教育日活跃用户量纪录。2020 年 9 月，抖音日活跃用户数（DAU）突破 6 亿。[②] 2020 年 1 月至 6 月，快手主应用平均月活跃用户数为 4.85 亿，平均日活跃用户数为 2.58 亿。[③]“短视频 + 直播”开启在线教育新模式。2020 年，众多教育主体涌入短视频平台，凸显了“抖音企业号 + 教育”生态效应。2020 年 1 月至 7 月，平均每天有 1.8 亿人通过抖音企业号学习新知、提升自我。美食制作、语言教育、学科教育、职业教育、知识科普等成为最受用户欢迎的五类知识。[④]

“短视频 + 直播”具有巨大的教育潜力，正在开启大众教育新时代。据普惠根基发布的《短视频与全面发展教育研究报告》，截至 2020 年 6 月，抖音上教育类内容全平台累计播放量超 10 万亿次，累计点赞量超 3092 亿次，累计转发分享量超 102 亿次。[⑤] 短视频具有即时化、人格化、显性化和通俗化等特性，在培养全民全面发展的核心素养方面具有重大价值和发展潜力，正在成为服务全民教育、促进大众全面发展的重要途径。

（四）大量在线教育资源免费开放

针对疫情期间开展线上教学缺乏优质资源的情况，教育部统筹整合国

---

① 《2020 年中国移动应用趋势洞察白皮书——在线教育篇》，https：//www. sohu. com/a/441254260_ 120934024。

② 《抖音日活跃用户数破 6 亿》，https：//www. sohu. com/a/418552778_ 115865。

③ 《快手：主应用平均月活跃用户数 4. 85 亿 日均用 85 分钟》，https：//baijiahao. baidu. com/s? id = 1682578984991958394&wfr = spider&for = pc。

④ 《抖音〈教育行业白皮书〉》，https：//www. sohu. com/a/407648488_ 99973445? _ f = index_ pagefocus_ 4。

⑤ 《短视频与全面发展教育研究报告》，https：//www. sohu. com/a/425078291_ 99973445。

家、有关地方、学校、企业的相关教学资源，提供了丰富多样、可供选择、覆盖各地的优质在线教育资源。国家教育资源公共服务平台开通了国家网络“云课堂”。中国教育电视台筹划“停课不停学”专题，免费为全国小学生、初三、高三学生提供课程资源。至2020年2月2日，教育部组织22个在线课程平台免费开放了2.4万余门在线课程。此外，众多企业提供了大量学习与研究资源，有力保障了在线教育资源的供给。教育部教师工作司统筹整合国培计划、师范院校、教师信息技术能力提升工程2.0等远程培训机构和资源，组织多方力量制作了教师在线教学能力提升培训资源包，迅速提升教师在线教学能力。

（五）超大规模在线教育实验探索开启

2020年，在教育部“停课不停教、停课不停学”的号召下，全国高校和中小学充分发挥教育信息化优势，大力开展在线教育，开启了人类教育史上前所未有的实验探索。在线教育改变了学习、教学和管理的形态，加速推进了线上线下教育融合发展，大幅提升了师生的数字化工作和学习能力，让人们深刻体会到了信息技术对教育产生的革命性影响。

高等教育领域，疫情期间高校在线教学实践呈现全区域、全覆盖、全方位等“三个全”特点，涌现直播课、录播课、慕课与小规模限制性在线课程（Small Private Online Course，SPOC）、远程指导等多种创新教学模式。截至2020年5月8日，全国1454所高校开展在线教学，103万名教师在线开出107万门课程，合计1226万门次课程，参加在线学习的大学生共计1775万人，合计23亿人次。[①]

基础教育领域，疫情防控期间在线教育被誉为教育信息化建设的一次“大练兵”。疫情防控期间，国家中小学网络云平台浏览次数、中国教育电视台空中课堂收视率等创历史新高。基础教育信息化、“三通两平台”建设取得的成果，有力保障了城乡开展在线教育，实现了优质教育资源共享。基

① 赵秀红、王家源：《在实践中创造高校在线教学新高峰》，《中国教育报》2020年5月15日。

础教育的在线教育效果得到了师生的广泛认可，但是与在校学习相比还需要进一步提升。调查显示，80.3%的教师对线上教学效果较为认可，84.07%的学生认为在线学习的体验较为良好；但与在校学习相比，有43.32%的中小学生认为疫情期间的学习效果比在校学习差一些。①

（六）移动在线教育产业增长迅猛

艾媒咨询数据显示，② 2020 年在线教育迅猛增长，在线渗透率达23.2%，远超历年数据；在线教育市场规模增速回暖，在线教育行业迎来新一轮的增长，市场规模达4858 亿元，增速上升至20.2%（见图3）。

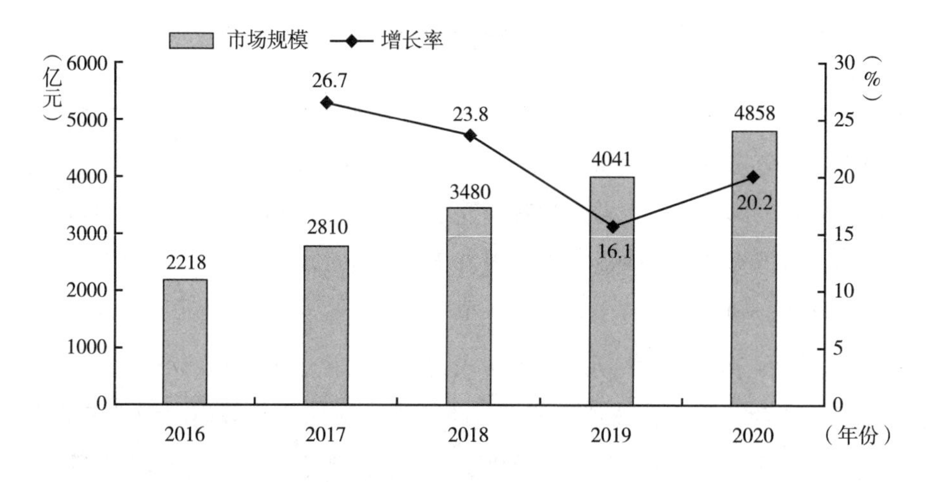

图3　2016～2020 年中国在线教育市场规模及增长率

资料来源：艾媒数据中心。

网经社发布的《2020 年度中国在线教育投融资数据报告》显示，③ 2020 年，全国在线教育行业共发生111 起融资事件，同比下降27.9%。但

① 丁雅诵：《线上开课堂 学习不打烊》，《人民日报》2020 年7 月16 日。

② 《K12 在线教育市场分析报告：2020 年渗透率达23.2%，约六成用户预算在1000～7000 元内》，艾媒网，https：//www.iimedia.cn/c460/76811.html。

③ 《2021 年中国在线教育市场调研报告——市场竞争现状与发展前景评估》，http：//baogao.chinabaogao.com/wentibangong/532033532033.html。

融资规模却大幅增长：2020 年，全国在线教育行业融资总金额达 539.3 亿元，较上年同比增长 267.4%。

从媒体曝光和市民投诉的问题来看，在线教育还存在诸多乱象亟待治理（见表1）。在线教育课堂教学体验不佳、获客成本持续增高、优质资源不足等成为困扰在线教育未来发展的问题。未来在线教育企业需要增强差异化竞争优势，提供更加优质的移动在线教育服务。

表1　常见的在线教育问题

单位：%

媒体曝光的在线教育十大问题		市民投诉的在线教育十大问题	
问题	所占比重	问题	所占比重
退款难	31.93	不予退款	56.25
教师无资质或资质无公示	27.31	虚假宣传、涉嫌欺诈	27.78
虚假宣传	11.34	客服服务不到位	26.39
内容拔高超前	10.92	霸王条款	17.36
客服服务	5.04	培训贷	9.03
不合法规	4.22	骚扰电话/侵犯隐私	9.03
内容不健康	3.78	未履行合同	8.33
收费高或提前预售	3.36	教师水平	4.17
教学水平	1.68	产品设置不合理	3.03
课程设置	0.42	价格高或乱收费	2.08

资料来源：《2021 年中国在线教育市场分析报告——行业供需现状与发展商机研究》，http://baogao.chinabaogao.com/wentibangong/529791529791.html。

（七）在线教育的中国经验获得国际社会广泛认可

2020 年，我国大规模在线教育实验取得了成功，积累了大量经验，为全球学习者开展在线教育提供了“中国方案”。疫情防控期间，我国英文版在线教学平台“爱课程”和“学堂在线”入选了联合国教科文组织全球教育联盟，为全球学习者提供了在线教育解决方案。联合国教科文组织科学政策与能力建设部主任佩琪女士表示：“中国在线教学国际平台不仅对中国有

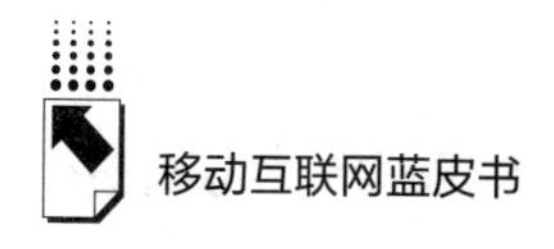

益，也对整个世界有益。”[①] 我国在线教学平台得到了学习者的青睐，受到国际组织和专家的高度认可。

疫情防控期间，我国在线教育走在了世界前列，北京师范大学智慧学习研究院发布了弹性学习、居家主动学习、高校教学设计、开放教育行动、数据与隐私保护等多方面的指导手册，为全球开展在线教育提供了解决方案。

三 移动在线教育面临的挑战与治理

（一）移动在线教育面临的挑战

移动在线教育在新冠肺炎疫情期间及后疫情时代逐渐成为学校教育的有益补充，但在发展过程中也存在不少的问题和挑战。

1. 在线教育资源质量参差不齐

目前优质教育资源出现结构性不足，高质量的在线教学资源仍然较为缺乏，难以满足新时代人们对优质教育的需求。优质教育资源的供给方式仍有待优化，也难以满足学生随时随地学习的需求。虽然少数学校或培训机构能够为学习者提供相对优质的在线教学资源，但由于种种原因，很难实现共享。真正成体系的资源一般需要付费使用，且未经评测，质量参差不齐。

2. 教师在线教学水平亟待提升

移动在线教学借助于教育直播平台或学习管理系统开展，在教学过程中，教师需要熟练操作相关软件，并与线下教学的节奏相融合，实现优质有效的在线互动教学，这对很多教师来说是新挑战。在线学习不是简单地将线下课堂教学搬到线上，而是要将二者有机地融为一体，形成一种面向每个人、适合每个人的未来教育形态。在线教育给教师增加了工作量，从线下到线上教学模式的转变对体制内教师也是较大的挑战。在校外培训机构中，学科类培训人员素质参差不齐，有的缺乏基本教育教学能力。无论从理念还是

---

① 赵秀红、王家源：《在实践中创造高校在线教学新高峰》，《中国教育报》2020 年 5 月 15 日。

实践上，无论是体制内还是体制外，教师的在线教学水平都亟待提升。

3. 学习者的在线自主学习能力不足

在线学习过程中，教师和学生时、空相对分离，学习效果很大程度上取决于学习者的自主学习能力，学生的适应能力、自学能力和自律性成为影响教学效果的重要因素。在线学习过程中，学生要能够自我制定学习目标、自我安排学习进度、对自己的学习过程进行监督和管理、对自己的学习结果进行评价并主动开展学习反思等。现代学生作为数字时代的原居民，普遍能接受在线课程，但目前无论是中小学生还是大学生，在线自主学习的能力普遍不足，需要进一步提升主动学习的意愿和自主学习的能力。

4. 网络学习空间需要净化和优化

目前部分在线教育产品、平台充斥大量广告，甚至还有与教育无关的不健康内容，或存在诱导消费、网络游戏等内容入口或链接；另外，某些学习平台的功能不够完善、界面不够友好、知识搜索不便等，也造成学生在线学习体验不佳。网络学习空间的绿色环保是学生开展学习的最低保障，必须在为学生提供安全的学习空间的基础上，改善学习体验，提升学习效果。

此外，人工智能、大数据等新技术在在线教育领域的日益广泛应用，也带来了一些新的挑战。一是“算法黑箱”造成应用偏差，过于标准化的评价体系对青少年个性化成长有不利影响；二是“信息茧房”等负面效应对青少年身心健康产生负面影响，技术的应用反而让学生的知识面越来越窄；三是在线教育产品和服务中的商业意图对师生的挟持，利用技术强化应试教育的倾向仍然存在；四是在线教育企业在应用人工智能、大数据等新技术的过程中产生的伦理风险。

（二）移动在线教育的治理

面对在线教育遇到的问题和挑战，可以通过政策支持、目标导向、有效监管、市场准入等机制加强对移动在线教育的治理，引导教育机构和在线教育企业运用新技术促进教育公平、均衡和高质量地发展。

1. 加强在线教育教学资源建设

发挥国家大平台和互联网教育企业的协同作用，积极遴选和评测互联网教育服务机构与企业提供的资源和工具，有效减轻教师录制课程视频带来的额外工作量，确保教师将更多精力集中于教学而非技术。利用市场机制激发教育服务业态创新活力，建立教育资源、工具和服务的“网上超市”，完善利益分配机制、知识产权保护制度和教育服务监管制度。充分利用开放教育资源，开展开放教育教学实践。2021 年 2 月，教育部、国家发改委等 5 部委联合印发了《关于大力加强中小学线上教育教学资源建设与应用的意见》，对中小学线上教育教学资源建设与应用工作做出规范。

2. 提高教师的网络教学水平和学生的自主学习能力

进入后疫情时代，基于信息技术开展在线教与学是常规教学的重要组成部分，有效提升教师线上线下融合的教学能力和学生的自主学习能力，是提高教育质量的重要抓手。基础和幼儿教育的教师如此，高等教育的教师也如此，校外培训机构的教师更是如此。教育信息化研究机构和专家应承担使命，针对区域、学校、年级和学科的不同特点进行分类指导，根据自身信息化教学能力、学生的学龄情况和综合素质、学习内容，灵活地选择适合的教学组织形式，引导学生有效开展自主学习。

3. 净化和优化网络学习空间

在线教育企业以互联网、人工智能、大数据等技术为支撑，向学习者提供教育产品和服务，一方面具有一般互联网企业的商业属性和技术属性；另一方面也具有教育机构的属性，应该遵循教育规律和道德伦理。相关监管部门既要引导在线教育企业承担其教育责任，也应加强监管，厘清科技应用伦理的内涵和边界，确保在线教育企业在应用人工智能、大数据等新技术的过程中，遵守福祉原则、不作恶原则、自治原则、公正原则、可解释性原则等。净化和优化以学习系统、教育 App、论坛、工具为载体的网络学习空间，真正为学习者创造绿色的学习环境。

4. 出台在线教育监管办法

教育行政管理部门和市场监管部门应加强在线教育企业监管，特别是资金监管。有关部门应尽快颁布管理办法，建立在线教育产品和服务的市场准入制度、校园准入制度以及风险预警机制，完善退出机制和用户权益保护措施。应加强相关立法工作，引导在线教育企业合法经营，合理融资，规避金融风险，避免资本恶性竞争，不得采用融资烧钱和低价获客的经营策略，不得超出服务能力收取预付学费，更不能用于其他投资。

四　移动在线教育发展趋势

未来教育将呈现线上线下融合的“弹性教学”与主动学习互利共生的特征，[①] 在线教育作为重要的教育形式，会逐渐与线下教育融合，为学习者提供灵活开放的智慧教育。随着5G、互联网、人工智能等新一代信息技术在服务领域的应用不断加深，移动在线教育也呈现新的发展趋势。

（一）“短视频 + 直播”成为移动在线教育新形态

当前，短视频具有的趣味性和“短频快”特征，迎合了人们碎片化学习的需求，“短视频 + 直播”正在构建一种全新的师生连接方式，建立一种有趣的、具有情感陪伴特征的学习方式。个人创作者（教师等）、MCN（Multi-Channel Network）机构以及众多在线教育机构正投入各类短视频平台，成为有力的创作力量，“短视频 + 直播”成为教育领域新风口。“短视频 + 直播”将成为非正式学习的一种重要形式。

当前，我国5G基础设施建设已经处于全球领先地位，为开展超高速直播教育营造了良好的网络环境。5G技术将有助于传播超高清短视频资源，实现双向互动超高清直播教育，增强直播教育的临场感，增强学习者的情感互动，让学习者获得较高满意度的直播教育体验。5G时代的直播教育具有巨大的潜能，未来需要高度重视“短视频 + 直播”形态，引领移动在线教育创新发展。

---

① 黄荣怀、汪燕、王欢欢、逯行、高博俊：《未来教育之教学新形态：弹性教学与主动学习》，《现代远程教育研究》2020年第3期。

（二）移动在线教育将渗透到更广泛的学习场域

未来移动在线教育应用场景将主要体现在以学校为中心的5个核心学习场域，即学校、家庭、社区、公共场所、工作场所，以及延伸出的4个拓展学习场域，即教室、学区、场馆和农村（见图4）。

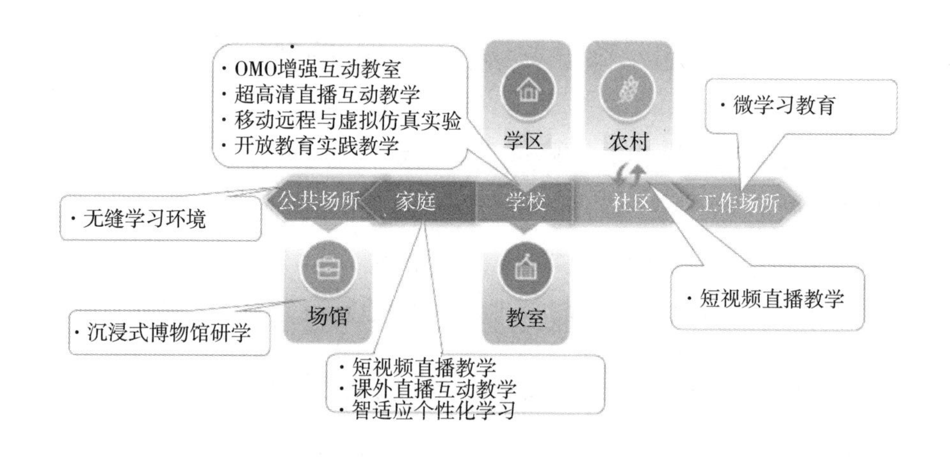

图4 移动在线教育应用场景

移动在线教育在学校（教室）场域中的应用场景主要有线上线下融合（Online-Merge-Offline education，OMO）增强互动教室、超高清直播互动教学、移动远程与虚拟仿真实验、开放教育实践教学等；在公共场所场域的应用场景主要是借助移动便携终端的无缝学习环境构建；在家庭场域的应用场景主要是短视频直播教学、课外直播互动教学、智适应个性化学习等；在社区（乡村）场域的应用场景主要是短视频直播教学等；在工作场所场域的应用场景主要是微学习教育等。

（三）规模化移动在线教育为弹性的教学组织提供了可能

随着互联网、人工智能等新技术对人类生活影响的不断加深，人们对教育的需求更为多样化。在线教育不仅是课堂教学的补充，而且已经成为和课

堂教学同样不可或缺的教学形式。在各种技术的支持下，规模化移动在线教育具有时空组合形式灵活、学习资源共享、教学方式交互多样、学习行为自主化、教学管理自动化等特征，能为弹性的教学组织提供可能，也能增加教育系统的韧性。

未来教育将呈现弹性教学与主动学习互利共生的特征（见图5）。[①] 弹性教学可以在学习时间、学习地点、学习资源、教学方法、学习活动、学习支持等方面为学习者提供可选择的、以学习者为中心的教育策略，它具有弹性的时间安排、灵活的学习地点、重构的学习内容、多样的教学方法、多维的学习评价、适切的学习资源、便利的学习空间、合理的技术应用、有效的学习支持、异质的学生伙伴等特点。弹性教学使学习责任从教师转向学习者，为学习者从被动学习向主动学习的转变创造条件。

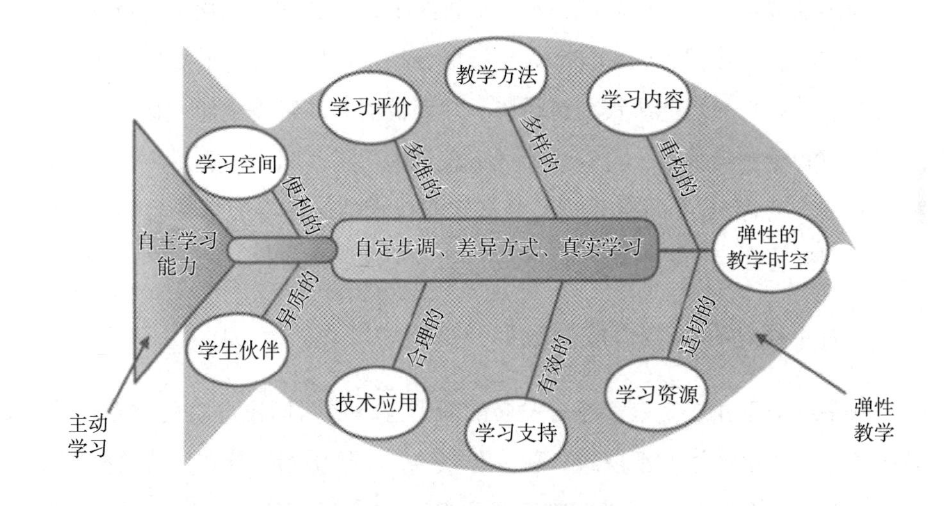

图5　未来教育的新“常态”

资料来源：黄荣怀、汪燕、王欢欢、逯行、高博俊：《未来教育之教学新形态：弹性教学与主动学习》，《现代远程教育研究》2020 年第 3 期。

① 黄荣怀、汪燕、王欢欢、逯行、高博俊：《未来教育之教学新形态：弹性教学与主动学习》，《现代远程教育研究》2020 年第 3 期。

（四）线上线下融合成为在线教育发展新形态

疫情防控措施激发了在线教育活力，加速了在线教育形态、OMO 教育形态、传统教育形态协同发展的态势，也使线上线下融合式学习模式成为各界的共识。融合化（移动）在线学习具有五个关键要素或特征：重构学习空间、提升信息素养、通用设备和网络、适切的资源和工具、弹性教学与灵活学习。教育行业重视对融合化在线教学模式的转型，认为“教育行业的 OMO 模式是指以提升教学效果与体验为核心，通过互联网、人工智能和大数据等新技术打通各环节的数据，并深度融合线上与线下的学习场景，实现标准化的流程与个性化的服务”,[①] 并形成了多种 OMO 模式的转型路径，如获客 OMO、双师课堂、线下机构的教学线上化、线上机构的线下扩张、赋能型生态 OMO,[②] 总体上要实现在线化、数据化和智能化三个阶段。[③]

利用虚拟现实、人工智能等技术促进线上线下教育常态化融合也是各界关注的重点。大数据、云计算和人工智能等技术可以通过智能导师系统、智能仿真教学系统、智能决策支持系统、教育机器人和智能学伴、智能测评技术、学习者分析技术等，打破线上线下教育的边界，为学生提供个性化和差异性服务。随着 5G 技术的发展，虚拟现实技术的应用将为学习者创设高临场感、沉浸感和互动感的学习环境，并支持技能实训等。

（五）移动在线教育成为数字经济新增长点

数字经济正在成为未来经济发展的新形态，成为国民经济的重要支柱。在线教育是数字经济的新模式、新业态之一，是经济新增长点。疫情期间在线教育爆发，在线教育深受资本市场青睐，大量资金涌入。《天眼查大数

---

① 多鲸教育研究院：《2020 年教育行业 OMO 模式转型现状研究报告》，http：//www. djcapital. net/nd. jsp？ id = 183&groupId = －1。

② 36 氪研究院：《2020 年 K12 教育 OMO 模式研究报告》，https：//www. sohu. com/a/446954268_ 468150。

③ 多鲸教育研究院：《2020 年教育行业 OMO 模式转型现状研究报告》，http：//www. djcapital. net/nd. jsp？ id = 183&groupId = －1。

据：2020 教育行业发展报告》显示，[①] 截至 2020 年 10 月，2020 年新增教育相关企业 47.6 万家，注销 13.6 万家，净增 34.0 万家，净增企业数量同比上涨 22.5%。《2020 年中国在线教育行业研究报告》[②] 显示，2020 年教育行业融资总额为 1164 亿元，其中在线教育企业融资总额为 1034 亿元，占比约 89%。1034 亿元融资总额中，融资金额最高的 5 家公司融资 827 亿元，占比 80%，其中好未来和猿辅导 2020 年融资金额分别达 333 亿元（48 亿美元）和 243 亿元（35 亿美元）。尤其是 2020 年 7 月，国家发改委等部委发布《关于支持新业态新模式健康发展激活消费市场带动扩大就业的意见》，将在线教育作为重点支持的新产业、新模式，这将进一步推动在线教育产业发展。

参考文献

黄荣怀、张慕华、沈阳、田阳、曾海军：《超大规模互联网教育组织的核心要素研究——在线教育有效支撑“停课不停学”案例分析》，《电化教育研究》2020 年第 3 期。

祝智庭、胡姣：《技术赋能后疫情教育创变：线上线下融合教学新样态》，《开放教育研究》2021 年第 1 期。

余胜泉：《在线教育与未来学校新生态》，《中小学数字化教学》2020 年第 4 期。

胡钦太：《促进在线教育健康良性发展的多维审视》，《教育研究》2020 年第 8 期。

郭文革：《在线教育研究的真问题究竟是什么——“苏格拉底陷阱”及其超越》，《教育研究》2020 年第 9 期。

王运武、王宇茹、李炎鑫、李丹：《疫情防控期间提升在线教育质量的对策与建议》，《中国医学教育技术》2020 年第 2 期。

北京师范大学经济与资源管理研究院未来教育研究中心、北京师范大学智慧学习研究院：《面向智能时代：教育、技术与社会发展》，2020 年 12 月。

腾讯营销洞察、人民网研究院：《95 后年轻人注意力洞察报告（2021 年版）》，2021

① 《天眼查大数据：2020 教育行业发展报告》，https：//mp. weixin. qq. com/s/Gs-g9l4t8amdbVEh797nqw。

② 艾瑞咨询：《2020 年中国在线教育行业研究报告》，http：//report. iresearch. cn/report/202101/3724. shtml。

年 1 月。

亿欧智库：《2020 教育 OMO 模式落地应用研究报告》，2020 年 12 月。

薛二勇、傅王倩、李健：《论在线教育发展的公平问题》，《中国电化教育》2021 年第 3 期。

B.14
2020年移动互联网医疗的新发展

舒 婷*

摘 要: 随着5G、区块链等新技术的快速发展，以及国家对健康医疗的高度重视，我国移动互联网医疗全面快速发展，触发新的经济增长点，带动医疗市场规模进一步扩大。但同时也存在缺少行业规范、基层医院信息基础薄弱、医疗质控等方面的问题，未来要从政策法规、医院管理、行业规范等方面促进移动互联网医疗发展。

关键词: 移动互联网医疗 医疗市场 互联网医院

新冠肺炎疫情发生之后，移动互联网医疗从原来的崭露头角变成现在的欣欣向荣，涌现更多的互联网医院和移动医疗 App，原本线下的诊疗活动搬到了线上，实现了线上线下一体化就医问诊。

一 移动互联网医疗迎来新发展

疫情期间，国家卫健委委属（管）医院互联网诊疗人次同比增长了 17 倍，第三方的互联网诊疗咨询增长了 20 余倍。[①] 特别是线上处方流转增长

---

* 舒婷，在读博士研究生，国家卫生健康委医院管理研究所副研究员，主要研究方向为智慧医院、医院信息化、互联网医疗。

① 国家卫健委：《委属管医院互联网诊疗比去年同期增加 17 倍》，2020 年 3 月 20 日，http：//health. people. com. cn/n1/2020/0320/c14739 - 31641811. html。

了近10倍，满足了人民群众的就医需求。疫情的突发，使人们认识到互联网医疗的重要性，也带动了互联网医疗平台（如好大夫在线、丁香医生等）的快速发展。一些互联网医疗企业也积极投身抗疫，开发更方便快捷的线上诊疗App，一些公立医院也建立互联网医院平台，极大地扩充了互联网医疗的市场，使人们在线上就医有了更多选择。2020年11月15日，在新华社《半月谈》杂志社主办的“互联网+医疗健康”创新发展论坛上，国家卫生健康委员会医政医管局一位监察专员透露，全国互联网医院已达900余家，2200余家三级公立医院实现了院内医疗服务信息互通共享，超过7000家二级医院提供线上服务。①

二　我国移动互联网医疗的探索

（一）移动互联网医疗相关政策

2018年国务院办公厅发布《关于促进“互联网+医疗健康”发展的意见》，掀开了国内互联网医疗行业的新篇章，自此，国家卫生健康委以及各地方卫生健康委等发布了一系列指导互联网医疗建设的政策文件。尤其是新冠肺炎疫情发生后，国家更加重视互联网医疗的发展，相关政策应运而生，2020年成为支持互联网医疗快速发展的关键之年。2020年互联网医疗相关政策汇总如表1所示。

表1　2020年互联网医疗相关政策汇总

时间	发文机关	政策文件	主要内容
2020年3月	中共中央、国务院	《关于深化医疗保障制度改革的意见》	支持“互联网+医疗”等新服务模式发展
2020年3月	国家医保局、国家卫生健康委	《关于推进新冠肺炎疫情防控期间开展“互联网+”医保服务的指导意见》	积极打通互联网医疗的医保支付通道

① 第三届数字中国建设峰会数字健康分论坛（福州）。

续表

时间	发文机关	政策文件	主要内容
2020 年 3 月	工业和信息化部	《关于推动 5G 加快发展的通知》	优化和推广 5G 在抗击疫情期间的优秀应用，推动“5G＋医疗健康”发展
2020 年 4 月	国家发改委、中央网信办	《关于推进“上云用数赋智”行动培育新经济发展实施方案》	明确要求探索推进互联网医疗医保首诊制和预约分诊制，打造数字化企业，建构数字化产业链，培育数字化生态
2020 年 5 月	国家卫生健康委	《国家卫生健康委办公厅关于进一步完善预约诊疗制度加强智慧医院建设的通知》	建立“三位一体”的智慧医院系统
2020 年 10 月	国家医保局	《关于积极推进“互联网＋”医疗服务医保支付工作的指导意见》	做好“互联网＋”医疗服务医保协议管理，完善“互联网＋”医疗服务医保支付政策，优化“互联网＋”医疗服务医保经办管理服务，强化“互联网＋”医疗服务监管措施

资料来源：据国家卫生健康委公开资料整理。

2020 年 3 月《关于推进新冠肺炎疫情防控期间开展“互联网＋”医保服务的指导意见》发布之后，各个省份（如北京、上海、天津、江苏、浙江等）也发文推进落实互联网医院的医保支付服务政策，推动我国移动互联网医疗由以互联网医院和在线诊疗为主的 2.0 时代迈向医疗、医保、医药三联动的 3.0 时代。

（二）产业市场

近年来，互联网医疗持续保持快速增长态势。2019 年，我国互联网医疗市场规模突破 1000 亿元。在市场需求的不断拉动与诸多政策的支持下，互联网医疗行业快速成长，2020 年，我国互联网医疗市场规模有望接近 1980 亿元。政策利好下，随着互联网医疗进一步普及，市场规模将持续增长，2021 年或近 2840 亿元。[①]

1. 互联网医疗咨询

2019 年 11 月至 2020 年 4 月，医疗健康类 App 增量明显超出上年同期水平，市场上涌现了一批有代表性的移动互联网医疗公司，其中包括好大夫在线、丁香医生等（见表 2）。

表 2　2020 年互联网医疗平台排行前 10

排名	品牌	业务重点和定位
1	好大夫在线	汇集全国 17 万 + 优质医疗权威专家
2	丁香医生	医院查疾病的 App 工具,线下诊所服务
3	平安好医生	在线监控咨询及健康管理 App
4	阿里健康	医院、医疗、健康管理等方面专业服务
5	医渡云	医学数据智能平台
6	企鹅杏仁	一款为医生服务的手机 App
7	京东医药商城	区域化专业健康商品零售与 O2O 药学服务开放平台
8	邻客医生	提供医疗数据解决方案及肿瘤大数据
9	无埃私人医生	医疗、健康在线咨询平台
10	卫宁健康	专注医疗健康信息化

资料来源：驱动中国研究院（2020 年 9 月）。

2. 互联网医药流通

互联网为医药产业赋能，网上买药、网上就诊成为一种新趋势，互联网药品流通行业也因此迎来机遇。2019 年上半年我国网上药店市场销售额为 70 亿元，同比增长 40.6%。[②] 2020 年春节以来，更多居家的患者也愿意选择线上购药、网上就诊，加速了互联网药品流通行业的发展。在政策层面，

① 中商产业研究院：《2021 年中国互联网医疗市场规模持续增长　或近 2840 亿元》，2021 年 2 月 3 日，http：//finance. eastmoney. com/a/202102031802830895. html。

② 《2019 年度中国医药市场发展蓝皮书》。

2020 年 2 月发布的《关于加强医疗机构药事管理促进合理用药的意见》明确提出，要规范“互联网 + 药学服务”，对通过互联网进行的诊疗和用药等进行一体化监管，对相关信息做到可追溯，提升监管水平等，进一步保障了消费者的权益。

互联网为医药产业赋能，网络售药主要可以解决三个问题：首先，让患者有药可买，方便患者药品采购；其次，借助人工智能和大数据，可以为临床和科研提供更多的疾病和健康数据；最后，患者药品的复购，用药依从性的提高，也体现了企业的价值。

（三）基于医疗机构开展的互联网医疗业务

为贯彻落实《国务院办公厅关于促进“互联网 + 医疗健康”发展的意见》有关要求，进一步规范互联网诊疗行为，发挥远程医疗服务积极作用，提高医疗服务效率，保证医疗质量和医疗安全，2018 年国家卫生健康委员会和国家中医药管理局组织制定了《互联网诊疗管理办法（试行）》《互联网医院管理办法（试行）》《远程医疗服务管理规范（试行）》，把“互联网 + 医疗健康”分为三类：互联网诊疗、远程医疗和互联网医院。

1. 互联网诊疗

互联网诊疗活动是由医疗机构注册的医务人员，利用互联网技术直接为患者提供部分常见病、慢性病复诊和家庭医生签约服务。[①]

互联网诊疗很好地利用了医生的碎片化时间，同时也为患者提供了方便。因为疫情影响，互联网诊疗从小众视野扩散到了大众需求，患者们可直接在线上平台求医问药。人们会越来越习惯互联网医疗带来的便捷服务，互联网医疗服务也会随着信息技术的发展而愈发蓬勃，呈现多样化多元化态势，相关产业集群也会随之快速发展，从而使整个“互联网 + 医疗健康”行业繁荣发展。

---

① 《互联网诊疗管理办法（试行）》。

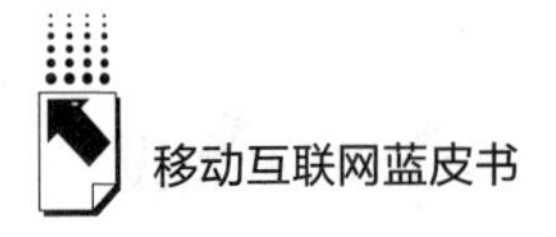

2. 远程医疗

远程医疗是由医疗机构注册医务人员，利用互联网等信息技术开展远程会诊和远程诊断。①

远程医疗一般是大型三甲医院面向县级或基层医疗机构进行的。我国县级医院优先发展远程医疗，使大部分常见病、多发病、危急重症和部分疑难杂症的诊治能够在县级医院基本解决。此举充分扩大了医疗资源覆盖范围，发挥了优质医疗资源的辐射作用。从患者角度来讲，能让患者少走路、就好医；从县级医院角度来讲，能丰富基层医生的诊疗经验。结合目前国内医疗发展状况，远程医疗由大医院逐步辐射到周边乡村及边远贫困地区，未来将运用于心脏科、放射科、皮肤科以及神经科等全科会诊。

3. 互联网医院

互联网医院，包括作为实体医疗机构第二名称的互联网医院，以及依托实体医疗机构独立设置的互联网医院，即在本机构和其他医疗机构注册的医师开展互联网诊疗活动，为患者提供部分常见病、慢性病复诊、家庭医生签约服务。②

据国家卫生健康委医院管理研究所智慧医院评价平台统计，2020 年已经申请互联网医院的医疗机构有 2000 余家。随着 5G 通信技术的加速商用，依托 5G 技术互联网医院可以充分利用有限的医疗资源、人力资源、设备资源等，在疾病诊断、治疗、监护等方面实现远程医疗场景。“5G + 互联网医院”可以突破原有的地域限制，平衡医疗资源，提升效率，降低医院运营成本。5G 建设，将更好地推动互联网医院落地，实现更多应用场景。

互联网医院可以按建设主体分为医院主导和企业主导两种模式，具体差异见表 3。目前，布局互联网医院的企业类型包括制药企业、互联网医疗平台、科技企业等。

---

① 《远程医疗服务管理规范（试行）》。

② 《互联网医院管理办法（试行）》。

表3　不同模式互联网医院的区别

项目	医院主导	企业主导
企业	1. 服务对象是医院,提供技术支持提高医院服务能力; 2. 模式可复制,可靠医院带来大量的医生; 3. 没有问诊费分成,靠处方创收	1. 服务对象是医生; 2. 医生的数量和质量是关键因素; 3. 主要靠问诊费和处方药剂获利
医院	1. 有运营权,处于强势地位; 2. 线下就诊服务网络化,处于医药分离的局面; 3. 就医服务由医院提供,处方单流转由企业负责	1. 给企业提供资质; 2. 负责接收医生多点执业的备案
医生	1. 就医行为受医院管理,限制较多,并非多点执业; 2. 问诊费由医院统一结算后分配	1. 不受线下医院的束缚,有很高的自主权; 2. 依赖自身价值,不依赖医院; 3. 可获得问诊费分成及药品返点
患者	就医流程更加规范,更接近线下的就医服务	企业的趋利性使消费者被引导消费

资料来源:《2020 年中国互联网医院行业分析及发展趋势前景预测》。

三　面临的挑战

移动互联网医疗是以高新技术为驱动的新型医疗服务形式，但我们也应该清晰地意识到，移动互联网也不是万能的，它只是拓展医疗服务方式的有效技术手段，无法代替医疗资源填补和扩充。移动互联网医疗作为新型的医疗方式，目前还处在起步阶段，传统医疗端依然存在问题，虽然纳入医保已在政策上有所突破，但是目前行业整体还处在线上轻问诊、导诊的初步环节，“不可首诊”政策未见明显松动，行业发展仍然面临诸多挑战。

（一）现有法律法规、行业规范不足

目前，我国互联网医疗服务相关的法规政策还处于基础阶段，滞后于该

行业蓬勃发展的现状。目前我国没有相关法律法规规定，执业医师在互联网医疗中承担法律责任，互联网医疗服务的法律主体仍然是医疗机构。最主要的法律法规瓶颈问题有：医务人员的网络征信体系（电子证照），互联网执业医师资格与执业年限的标准亟待建立；电子处方的合法性、真实性、存储，医保支付的可及性，跨机构传输共享平台建设等问题亟须解决；互联网医疗的质量监管需要跟上；医疗纠纷的法律裁定，法律责任和监管部门归属不明晰；互联网医疗服务产品知识产权保护不到位，同质化严重；对信息安全与患者隐私保护重视不够；顺应发展趋势的法律法规与行业管理办法亟待出台；等等。

（二）商业模式尚未成熟

缺乏有效的商业模式是制约移动互联网医疗行业发展的主要因素之一。在发展过程中，医生与医院是既得利益方，不存在付费意愿；面向患者的模式由于医疗本身低频性与互联网医疗服务的低附加值而无法形成；面向药品销售的模式又因政策壁垒而被堵上了关键节点；参考国外模式，与保险公司合作也是未来的方向之一，但由于中国医疗与商业保险结合领域刚刚兴起，商业保险普遍面临亏损与用户不足的难题，在未能证明自身控费作用的情况下，中国互联网医疗嫁接商业保险的商业模式还有很长的一段路要走。

经过前期的探索，多类盈利模式已初步落地，如线上问诊（患者提供付费的线上咨询、线上复诊、线上随访等服务）、处方外流服务（处方共享平台方按交易金额1%～2%收取服务费）、线上支付返佣（按支付流水的万分之五返佣）等。[①] 特别是2019年8月国家医保局发布《关于完善“互联网+”医疗服务价格和医保支付政策的指导意见》，随后互联网医疗纳入医保政策逐步落地，2020年初疫情暴发后，上海和武汉三家医院的互联网医疗试点纳入医保，建立费用分担机制，互联网医疗的商业模式正在逐步探索中。

---

① 未来智库：《互联网医疗行业深度报告：互联网医疗，青云直上正当时》，2020年2月16日，https://baijiahao.baidu.com/s?id=1658664819272987210&wfr=spider&for=pc。

（三）医疗信息化基础建设与应用水平有待提高

医院信息系统建设不完善，数据难以统一采集管理和应用；医疗机构内部系统集成整合不到位，孤岛林立；医疗信息标准化工作滞后，技术标准、管理标准、安全标准、应用与服务标准都显不足，尤其是医疗术语编码标准严重缺乏。针对互联网医疗特点规范的标准体系尚未形成，线上诊疗标准、规范以及支持体制缺失，部分医院间检查检验结果无法互认；跨学科复合型人才奇缺，增量与存量人才培养缺乏连续性机制，人才共育模式还在探索之中；资金投入盲目或不到位，保障机制不完善；厂商产品同质化程度高，售后服务支持薄弱；系统与数据安全有风险，数据开放不足，数据价值没能合理合法体现。

（四）医疗相关领域整合难度大

医疗是非常严谨复杂的行为，行业本身拥有很高的技术门槛，因此医疗服务领域的创新一直相对缓慢。期望在互联网提供医疗服务并保证服务的质量具有很大的挑战性。在现行的政策环境之下，整个医疗体系已形成一套完整的运行体系，每一个参与者的角色与行为边界都十分明确，作为后来者的互联网如果想改变现有的格局就需要改变现有的运行体系，整合难度很大。

（五）可否开展首诊的疑问

目前，我国还未允许开展互联网首诊服务，只允许开展复诊。基于我国当前医疗服务行业监管情况，这样的要求是经过深思熟虑的，配套措施不完善、社会诚信不到位的情况下，贸然开展首诊，是对患者生命的不负责任。可行的做法是“远程医疗式首诊”，即有医生在场的互联网首诊，并逐渐开展依托于实体医疗机构试点部分疾病（如皮肤病、儿科轻急症等）的首诊，遴选合适的病种，同时逐步完善法律法规和监管体系，严格限定业务内容和管理制度，再彻底放开。

（六）医疗质量控制

目前，互联网诊疗的质量控制行为管理需要所依托的实体医院做规范，国家层面并未出台互联网医院医疗质量控制相关的法律法规。因此，如何对互联网医院的医疗质量和诊疗行为进行监管，是目前发展中面临的最重要问题。互联网医院质量控制包括对互联网医院执业环境、提供互联网诊疗服务的医生质量、数据安全、病案质量等进行监督管理。此外，药品配送方面，把控药品质量、价格，规范监管配送商的资质等。此外，互联网诊疗缺乏标准的、统一的实施、监管流程和手段。

（七）医疗资源匮乏

互联网技术可以提升医疗资源供给效率，但无法从根本上解决医疗资源短缺的问题。医疗服务的供需不平衡将是长期存在的一对矛盾。如大型公立医院垄断优质医疗资源，基层医疗机构服务能力弱；基层医疗机构、民营医疗机构专业技术与管理水平亟待提高；医务人员从业率低，医学人才从业意愿不高；医疗机构管理者意识观念不到位；医务人员参与积极性不高，需求引导不到位，补偿机制缺乏；等等。而且政府鼓励发展互联网医疗，目的是优化配置优质资源，而非瓜分现有资源，形成大型医疗机构更大的虹吸效应，造成新的不公平。

四　未来展望

2020 年，受新冠肺炎疫情影响，医院、医生、患者三方的就医就诊行为都发生了变化：更多的大型实体医院依托互联网开展医疗服务；更多的医生加入互联网医院或者互联网诊疗行列；越来越多的患者选择使用线上问诊。供需两端双增长，对互联网医疗行业进一步加速发展起到非常积极的驱动作用。

从《国务院关于积极推进“互联网 +”行动的指导意见》相关内容来看，政策层面对互联网医疗的定位和发展方向体现在三个方面：第一个方面是基于互联网的医疗卫生服务，是一种在线医疗卫生的新模式；第二个方面是促进互联网企业和医疗机构间的合作，共同构建医疗网络信息平台，整合区域医疗卫生服务资源；第三个方面是凸显智能健康产品的创新与应用，逐步提供精准化、个性化健康医疗管理服务。这三个方面比较清晰地勾画出了未来互联网医疗发展的大方向。

第一，医疗服务始终是以患者为中心的服务，医疗机构始终占据移动互联网医疗服务的核心地位，不可替代，也不会消亡，所谓颠覆医疗，颠覆的是服务模式，是旧有的服务流程、诊疗习惯，但颠覆不了所有的就医场所。因此未来一段时间内，互联网医疗服务一定会是线下服务与线上服务并重，线上依托线下，线下规范线上。

第二，未来的医疗是以大数据为基础的个性化医疗。从目前来看，大数据的核心数据源依旧存在于医疗机构之中，因此，医疗机构内部的信息系统建设与应用水平是互联网医疗服务应用的基础，医院系统集成与数据统一管理是必由之路。没有良好的院内系统与数据整合，就没有良好的服务应用和数据价值体现。

第三，未来的医疗服务重心将从临床治疗逐步转向预防保健。主要体现在智能产品应用通过线上线下融合，促进健康医疗知识宣传与百姓健康医疗素养提高；逐步拓展医疗服务业务范围到健康养老等领域，发掘新需求和新经济增长点。依托互联网的智能医疗健康设备也有很广阔的市场应用前景。

第四，互联网医疗要与深化医改的重点内容紧密结合。互联网医疗的发展趋势一定要体现医疗卫生行业自身的发展趋势，并结合现行医改的重点任务，探索建立互联网时代的分级诊疗体系，引导居民合理就医，实现医疗卫生资源优化配置；优化患者在各就医环节的体验，为患者提供便利的就医服务。

移动互联网医疗具备便捷、扁平、规模、集聚、普惠的特点，较传统医疗来说有独特的优势。虽然目前在发展过程中面临着诸多瓶颈和问题，但其发展势头已经势不可当，未来与医疗行业的深入融合，还需要在政府的监管下，“官学研商”合作共赢，互惠互利，构建医疗服务行业发展良性生态，为医疗行业注入发展新活力。移动互联网的兴起与医疗服务的刚需碰撞在一起，一定会擦出智慧的火花，在融合中显现更多的创新与惊喜。

目前我国已进入疫情防控常态化阶段，相比于疫情前的互联网医疗，未来移动互联网医疗的路将越走越宽。危机酝酿着变革。无论是互联网诊疗、远程医疗还是互联网医院，都在疫情中发挥了极大的作用，互联网医药电商平台也显现了一定的价值。定位于移动端的互联网医疗产业正是目前医疗朝阳产业，在疫情的倒逼下将迎来更大的发展，不断优化产品、升级服务，更好地为广大人民群众服务。

参考文献

〔美〕埃里克·托普：《未来医疗》，郑杰译，浙江人民出版社，2016。

〔美〕罗伯特·瓦赫特：《数字医疗》，郑杰译，中国人民大学出版社，2018。

〔美〕埃里克·托普：《深度医疗：智能时代的医疗革命》，郑杰、朱烨琳、曾莉娟译，河南科学技术出版社，2020。

B.15

“短视频 + ”重塑媒体格局和产业生态

申 宁 孟琳达 孙丰欣*

摘 要： 2020年，面对全球疫情防控新形势，受益于移动互联网时代的传播特性，“短视频 + ”强势崛起，牢牢占据了用户的碎片化时间。以人民视频短视频业务的发展为例，可以看出短视频行业逐渐告别“野蛮生长”，在高速发展后进入稳定期，呈现专业化、精品化、产业化、规范化的发展特征，助推媒体融合迈向纵深。

关键词： 短视频 媒体融合 主流媒体 内容生态圈

一 2020年短视频行业总体概况

（一）我国短视频行业全方位崛起

2021 年 2 月 5 日，快手科技正式在港股上市，市值一度超过 1.5 万亿港元，成为市值排名第五的互联网上市企业，仅在腾讯、阿里、美团、拼多多之后。超高市值的背后实质是投资者对短视频行业充满期待。

事实上，移动互联网技术的发展和广泛应用，突如其来的新冠肺炎疫

---

* 申宁，人民视频副总编辑、人民视听研究院院长，研究方向为媒体融合、5G 视听；孟琳达，人民视频融媒体项目副总监，研究方向为融媒体中心建设运营；孙丰欣，人民视听研究院研究员，研究方向为媒体融合传播。

情，多种因素叠加之下，2020 年短视频行业全方位崛起，用户规模之大、占用用户时间之长、激发商业活力之猛，都远超预期。

《第 47 次〈中国互联网络发展状况统计报告〉》显示，截至 2020 年 12 月，我国网络视频用户规模达 9.27 亿，其中短视频用户规模为 8.73 亿，占网民整体的 88.3%。[①]

短视频已成为国人的“杀”时间利器。2020 年 10 月 12 日，中国网络视听节目服务协会在成都发布《2020 中国网络视听发展研究报告》。[②] 报告显示，截至 2020 年 6 月，短视频人均单日使用时长达到 110 分钟，这一数据已经超越了即时通信。

1. 商业价值含金量十足，短视频市场高歌猛进

凭借用户规模和使用时长两大关键指标，短视频平台展现十足的商业价值和市场潜力，成为当下触达率最高的新媒体营销平台，也是各行业发展的新增长点。2021 年 1 月，第三方数据挖掘和分析机构艾媒咨询发布《快手 IPO 及发展前景调研分析报告》。报告显示，2020 年中国短视频市场规模达到 1408.3 亿元，并持续保持高增长态势，2021 年预计接近 2000 亿元。[③]

短视频市场“一路高歌”，不断吸引企业、个人入场“掘金”。企查查数据显示，2020 年短视频相关企业新注册量达到 1857 家，同比增长 116.9%，其中二季度注册量最高，达 659 家。[④]

2. 助力疫情防控，凸显社会价值和公共服务属性

与其他传播形式相比，短视频凭借强烈的直观视觉冲击和突破传统传播语境的个性化表达，对用户具有强烈的示范作用。北京大学中文系教授、北

---

① 《中国网民规模近 10 亿！第 47 次〈中国互联网络发展状况统计报告〉发布》，中国网，2021 年 2 月，http://guoqing.china.com.cn/2021-02/03/content_77183659.htm。

② 《〈2020 中国网络视听发展研究报告〉发布，短视频全面推动市场变革》，新华网，2020 年 10 月 12 日，http://www.xinhuanet.com/video/2020-10/12/c_1210837904.htm。

③ 艾媒咨询大文娱产业研究中心：《艾媒咨询丨快手 IPO 及发展前景调研分析报告》，2021 年 1 月 25 日，https://www.iimedia.cn/c400/76685.html。

④ 《2020 年我国短视频企业注册量同比增长 116.9%》，证券时报网，2021 年 2 月 2 日，https://kuaixun.stcn.com/cj/202102/t20210202_2799641.html。

京大学文化资源研究中心主任张颐武在"短视频的社会价值与文化意义"的主题演讲中提出,"在未来,短视频平台将会有大量新的内容赋能,人们将通过短视频来创造新的社会认同,创造凝聚,创造积极的知识"。①

短视频已经成为当下舆情热点的"引爆器"、社会治理的"加速器"、公共服务的"新利器"。2020 年,在全民战疫中,短视频的社会价值和公共服务属性更是得到前所未有的凸显和增强。用户一方面在各级主流媒体平台上持续关注权威抗疫信息,另一方面则通过短视频社交平台上的海量镜头,直观感受武汉封城后普通人的日常生活,了解和传递各地的疫情防控动态和情绪,见证抗疫一线工作者的艰苦卓绝,让疫情防控工作更具凝聚力、公信力。

以 2020 年武汉经历封城后正式"解封"节点为例,网友通过主流媒体第一时间获取解封后的城市面貌、公众反应、后续防控政策、注意事项等重要信息;与此同时,以"武汉解封""黄鹤楼回来了""热干面回来了"等为主题的短视频在抖音、快手等短视频平台被大量制作和传播,用户自发传递激动、兴奋、感动等复杂情绪。

3. 重塑文化价值,可视化解读中国文化符号

桂花酿酒、染衣织布、手工造纸、文房四宝……来自四川绵阳的"90后"女孩李子柒因一系列"中国式田园生活"视频引起了海内外网友的关注。中华美食、传统文化、田园生活等抽象概念被一个个短视频解构成人人看得懂、心向往之的中国文化符号,向全世界展现了一个平和、多元、美丽、自信的当代中国形象。

在抖音国际版 TikTok 上,中国功夫、书法、美食、京剧等展示中国文化的短视频备受海外用户的喜爱,优秀的中国文化借由短视频社交平台出海,得到海外网友的认同。

近年来,我国经济社会高速发展,5G、VR、人工智能、大数据等新技

---

① 《张颐武:短视频的社会价值与文化意义》,中国青年网,2019 年 8 月 7 日,http://d. youth. cn/newtech/201908/t20190807_ 12033685. htm。

术广泛应用，信息传播方式正在发生剧烈变化。短视频凭借个性化、可视化的表达方式，正在蹚出一条文化交流和国际传播的“新路径”。生动直观、新颖易懂的短视频在讲好中国故事、重塑文化自信方面扮演着重要角色。

（二）主流媒体加入短视频赛道

短视频和直播成为当下最主要、最高效的信息表达方式，是传统媒体转型的关键突破口，更是主流媒体占领舆论主阵地的“新武器”。[①] 短视频和直播的走红，符合去中心化、碎片化、大众化的媒介传播新趋势，同时也倒逼主流媒体告别传统的说教式宏大叙事方式，以更接地气的方式讲述中国故事。

2020 年，在加快推进媒体深度融合发展的背景下，《人民日报》、新华社、中央电视台等主流媒体根据自身实际情况，深入布局短视频赛道，致力于打造自己的短视频生态系统，抢抓短视频风口。

例如，《人民日报》在抖音、快手等平台持续推出短视频爆款；与快手、百度等机构合作，优化自主自控的短视频平台。2020 年 12 月，“人民日报创作大脑”发布，打造媒体一站式智能创作平台。

央视频客户端改变传统媒体传播体系，在 2020 年打通线上线下、大屏小屏、台内台外，打造“短视频 + 长视频 + 直播”三位一体的视频体验模式。

新华社除了自身持续打造短视频爆款产品外，还强化“开门办社”，重构新闻采集模式，与外部内容机构合作，打造内外联动、线上线下联动的“消息总汇”。

1. 人民视频探索“短视频 + ”

短视频正越来越多地表现工具属性，赋能行业垂直细分领域，助力内容生产与传播。作为人民网旗下的中央级视听内容制作、集成和发布平台，

① 《2020（GIAC）智能视听大会》，人民视频，2020 年 11 月，http：//v. people. cn/GB/28140/433999/index. html。

2020 年，人民视频立足当下传播格局，持续探索“短视频 + ”智能视听新模式，用创新表达服务大局、用破圈传播彰显文化自信、用平台思维引领产业升级、用优质内容重塑媒体价值，持续提升主流媒体的传播力、引导力、影响力、公信力。

（1）短视频激发融媒内容生产。人民视频坚持“内容 + 科技”战略，利用虚拟演播技术策划《两会云客厅》，采取“短视频 + 直播”的融合传播形式；组织并承办 2020 智能视听大会、新产业峰会，以“短视频 + 行业”的平台思维，为产业跨界、升级提供平台；立足当下传播格局，持续推出热点短视频作品。

（2）短视频助力媒体融合转型。人民视频成立了人民视听研究院，并打造 50 个融媒体工作室，用“短视频 + ”赋能时政、评论、区域发展等细分领域的传播和推介。截至目前，“人民现场”“众视频”“碰碰词儿”“思聊”“鲁视频”等融媒 IP 品牌已现雏形。

（3）短视频贡献文化传播新表达。2020 年，人民视频推出 24 小时不间断大型城市秀“十二时辰长安秀”等活动，5G 直播的同时推出多角度短视频分发产品，在社交平台进行二次传播。在微信、头条、抖音、企鹅号等共发送短视频、微信推文、海报等各类产品 620 篇（条），综合阅读量达 782 万次。彰显文化自信的同时，也为中国文化出圈、出海提供了有创意的新时代表达方式。

2. 坚守重大事件主流舆论阵地

2020 年，在新冠肺炎疫情防控的全民战疫中，我们清晰地看到了主流媒体的价值所在。疫情防控期间，人们对权威信息、优质内容的需求达到了前所未有的高度，主流媒体在关键时刻担当重任，用优质内容和服务，及时准确地回应群众关切，专业力、向心力、原创力、传播力经受住了考验。

例如，2020 年 2 月 3 日起，中央广播电视总台影视剧纪录片中心纪录频道推出融媒体短视频栏目《武汉：我的战“疫”日记》。该栏目不仅与传统媒体合作，还联合快手、二更、VUE 等短视频平台，实现大屏小屏联动的融媒体传播。

2020年除夕，人民网推出国内首档疫情防控主题的网络直播节目《人民战“疫”》，并同步制作便于社交媒体分发的拆条短视频产品，全国75家媒体、区县级融媒体中心记者参与出镜连线，全国251家媒体、县级融媒体中心和商业平台联动直播，超过8亿次观看量。

新华社则根据疫情防控不同阶段的需要，精心打造了《“手”卫人民》《人民战“疫”》多个重磅微视频。此外，还与腾讯微视联合发起“海外战疫 Vlog”征集活动，通过短视频展示海外同胞共同抗疫的真实场景和奋斗精神，展示国家对海外同胞的关爱和支持。

二　短视频行业年度特征

（一）内容生产专业化：向“短中长”视频生态圈进化

1. 流量加速向头部企业集聚

互联网“二八定律”注定了赢者通吃的局面，短视频领域目前也呈现了类似的趋势：头部企业牢牢占据流量金字塔顶端，并不断扩大优势，中小平台在夹缝中生存，个人和商家依附于头部平台。

《2020抖音数据报告》显示，抖音的日活用户已经突破6亿，日均视频搜索次数已突破4亿。[①] 作为抖音的有力竞争者，快手科技的用户数量迅速增长，并逐渐缩小差距。公开资料显示，2021年春节期间，快手日活跃用户数峰值接近5亿，达到历史新高。

除抖音、快手外，微信、微博、B站、知乎等也在加速追赶。2020年，微信“视频号”上线，以知识分享型和生活趣味型内容居多。

2. 生产门槛提高，草根网红愈难出头

短视频野蛮生长的初期，大量草根视频博主靠单打独斗闯出了一片江

---

① 《〈2020抖音数据报告〉完整版!》，腾讯网，2021年1月，https://new.qq.com/omn/20210108/20210108A08RWB00.html。

湖，比如初代短视频网红 papi 酱，早期就是凭借鲜明的个人风格、创意戏谑的表演赢得了粉丝关注，但后期发展面临个人 IP 运营难、商业变现难等问题，最终选择由个人自媒体过渡到 MCN（Multi-Channel Network，本质是一种多频道网络的产品形态）机构，通过机构化运营实现更专业化的内容生产和变现。

2020 年，短视频领域走红的内容创作者几乎全部来自 MCN 机构，比如“北大李雪琴”迅速从素人变成网红，甚至登上了 2021 年的央视元宵晚会。李雪琴个人风格鲜明，看似“野生”，但实际上从一开始就有幕后团队指点。直播带货界的知名网红李佳琦、薇娅也全部为团队专业化运作。

短视频领域流量变现的成本越来越高，内容生产的门槛也在提高，生产者日益从个人向机构、平台转移。而这一特点从急剧增加的国内 MCN 机构数量也可窥见一二。中国 MCN 机构数量在 2015 年为 160 家左右，从 2017 年开始爆发式增长。2020 年 8 月，第三方数据挖掘与分析机构艾媒咨询发布《2019～2020 年中国 MCN 机构专题研究报告》称，预计 2020 年中国 MCN 机构数量达到 28000 家。

3. 大厂开挖“中长视频”护城河

“长视频”一般指时长超过半个小时的视频，以影视剧为主；而“中视频”主要指时长在 1 分钟至 30 分钟的视频内容。因为时长不同，中长视频的传播逻辑和商业逻辑与短视频存在差异，在用户黏性方面的表现更佳。业内普遍认为，短视频有助于流量攫取和商业变现，中长视频则主要聚焦版权、内容，有利于平台打造和用户黏性提升。在短视频竞争白热化的背景下，2020 年，各平台和机构纷纷布局“短中长视频”内容生态圈，提升竞争力。

2020 年，腾讯视频首次提出了针对中视频领域的类别定位与发展规划；字节跳动旗下的西瓜视频持续加码中视频，提出未来一年至少拿出 20 亿元补贴，与优秀视频创作者发力中视频赛道；B 站作为中视频赛道的资深竞争者，在稳定中视频基本盘后，一直在加大长视频的投入力度。此外，2020 年 7 月，微博启动视频号计划，用 5 亿元现金分成扶持创作者；知乎则在首页上线“视频”专区。人民视频也推出了相应的产品和应用。2020 年，人民视频制作了《夜归人》《科学星图》等中长视频产品，其中《夜归人》微博话题获得 1.4 亿阅读量，《科学星图》在腾讯、微博等平台获得 181.5 万浏览量。

（二）内容制作精品化：垂类视频更易诞生网红品牌

1. 内容制作日益垂直细分

随着短视频行业的不断发展，用户已褪去最初的新鲜感，在同质化内容中产生审美疲劳，转而寻求专业化内容。“隔行如隔山”，内容创作者需依托自身擅长领域进行更优质的内容创作，推动短视频从横向扩张转为纵向深耕。垂类细分领域有望诞生更多短视频网红品牌。

例如人民视频打造的“人民现场”政务短视频品牌，结合网民关切、互联网热词热势，制作短小、精炼、优质的竖屏短视频，先后入驻外交部、商务部、国新办、国台办、公安部等多家国家部委新闻发布会现场。2020 年，“人民现场”平均单条短视频全网播放量达到 50 万次，全网播放总量约 3 亿次。

专注于地产垂类的 MCN 机构“飞呀文化”受到资本热捧，已完成数百万天使轮融资。携程、马蜂窝等垂类平台则继续深耕，依托原有商业平台资源，优化行业内短视频内容生态，构建起文旅产业的“产业链闭环”。

2. 优质内容成竞争焦点

十几秒的短视频看似简单，但要创作出一条有创意、有品质的精品短视频其实不易。尤其是短视频行业进入下半场，各大平台竞争白热化，创新突破的难度越来越大，短视频领域的内容监管越来越严，低质引流内容的生存空间越来越小，优质内容的争夺成为各平台之间的“焦点”。各短视频平台四面出击，通过引入合作方、补贴分成激发 UGC 创作热情、签约 PGC、短视频玩法迭代升级、技术创新丰富内容生态等多种方式，获取更多优质内容。

3. 城乡短视频需求加速分化

移动互联网时代信息爆炸式传播，实际上并未完全改变城乡二元文化的割裂。2020 年，广为流传的"北上广没有靳东，四五线没有李诞"，正是这一问题的现实写照。在本轮短视频行业的快速发展中，四五线及低线城市用户增长迅速，但城乡用户在短视频内容领域的需求继续分化。算法、推荐等技术和模式的应用实质还是为资本服务，未能兼顾商业利益与公共利益，加剧了城乡二元文化的"信息茧房"问题。

4. 内容付费市场日益成熟

短视频行业正在开创前景广阔的内容付费市场。2020 年，突如其来的新冠肺炎疫情让线上教育和知识付费行业逆势上扬，越来越多的人愿意选择订阅打赏、会员制付费、单独购买等方式，在短视频平台接受在线轻量化教育。

值得一提的是，内容付费机制对受众需求的挖掘和分析更加精准，过去许多零散的、隐藏的需求得到聚合和尊重，一些冷门领域的专业从业者可以通过短视频、直播找到自己的受众，获得更高的关注和更多的收益。2020 年，华中师范大学古文学教授兼博士生导师戴建业被多家媒体称为"知识网红"，偏冷门的古诗词讲解课程被传到网上后，迅速从线下火到线上，戴建业本人的知名度和收益也大幅提升。

（三）媒体融合产业化：短视频工具化，重塑产业新场景

1. "短视频＋"重塑产业新链条

短视频行业正在从简单的信息、娱乐功能向工具化、综合化功能转变，客观上推动了各行各业的转型和变革。以媒体行业为例，短视频重塑新闻生产的方式，短视频新闻成为各大新闻媒体机构竞争的新战场。

"大家好，我是康辉，这是我的第一支 Vlog。"央视主播康辉的这条展示工作场景的短视频一经发布就登上微博热搜榜，一改过去严肃、谨慎的固有印象，让中央电视台迅速破圈吸粉。

被改变的不只是新闻媒体行业，医疗、健康、旅游、教育、汽车、音乐、体育等各行各业依托短视频工具，正在孕育新的应用场景，重塑产业新

链条。以受疫情影响较大的文旅产业为例，“短视频＋旅游”成为城市品牌与文旅推介的重头戏之一，四川、西藏、山东、河南、海南等地通过短视频带动当地旅游经济复苏和重振。在线旅游平台与短视频加速融合，携程、马蜂窝等传统旅游垂直类平台通过差异化内容提升用户黏性，激发旅游消费。

2. 融入“新基建”，加速“万物互联”

2020 年 3 月 4 日，中共中央政治局常务委员会召开会议，强调加快 5G 网络、数据中心等新型基础设施建设进度。[①]“新基建”成为高频热词。“新基建”主要包括 5G 基站建设等七大领域，对可视化的依赖程度较高。短视频行业也因此迎来新的发展机遇，智能视听与城建、交通、工业互联网等领域深度融合，令万物“视”联走进现实。随着“新基建”的逐步深入，5G 与 4K/8K、AR/VR、AI 等技术也进一步催生更多样化的视频内容形态，移动互联网应用业务朝着“视频流”趋势加速发展。[②] 比如过去一年里，微博、百度等平台在内容推送时短视频的比例在增加，而且这些视频无须点击下载和等待即可自动播放，更易让用户的目光停留。

3. 央地互动，打通媒体融合“最后一公里”

2018 年 11 月，中央全面深化改革委员会通过《关于加强县级融媒体中心建设的意见》。2020 年 6 月 30 日，中央全面深化改革委员会通过《关于加快推进媒体深度融合发展的指导意见》。以《人民日报》、新华社、中央广播电视总台以及各省级融媒体平台为代表的主流媒体，通过“＋政务”“＋服务”“＋商务”等模式，借助短视频、直播等平台，助力县域融媒体“脱胎换骨”，打通媒体融合引导服务群众的“最后一公里”。

2020 年，人民视频打造了鲁视频工作室，依托人民视频 V·鲁频道，构建山东可视化传播联盟，联合 16 个城市主流媒体的新媒体力量，在拥有 1 亿人口的山东形成正能量短视频的生产、聚合、分发平台，聚焦山东新旧

---

① http：//paper. people. com. cn/rmrb/html/2020 - 03/05/nw. D110000renmrb_ 20200305_ 2 - 01. htm。

② 《5G 将至：视频平台格局如何“生变”?》，腾讯新闻，2019 年 6 月 5 日，https：//xw. qq. com/cmsid/20190605 A0S0WH/20190605A0S0WH00。

动能转换、自贸区建设和上合组织地方经贸示范区建设，打造央地互动的垂直化融合发展模式。截至 2020 年 12 月，由超过 40 家主流媒体组建的可视化传播联盟推出具有强大舆论影响力的精品栏目，聚合短视频超过 3000 条，直播超过 30 场，发展山东区域拍客 3000 名，不断提升区域影响力。

（四）视频行业规范化：原创内容平台加强版权保护与利用

1. 短视频监管日趋常态化

在经历了相对宽松的野蛮生长期后，来自政府部门、行业协会的外在监管正在加强，推动短视频行业从肆意生长转向规范发展。国家网信办、国家版权局、工信部、公安部、广电总局、文旅部、全国“扫黄打非”办等部门，通过约谈、整改、下架、关停、封禁等方式，对短视频行业进行监管和约束，打造风清气正的短视频环境。

2020 年 6 月，《人民日报》发表评论，认为短视频的监管和责任不能“短”，“守护青少年健康成长，需要我们在内容上激浊扬清，在管理上引导规范”。① 预计下一步相关部门将制定更加严格的视频行业法规，对违法行为严惩不贷。

2. 建构用户的价值认同

短视频不只是情绪化的表达，也正在成为舆情热点的“主渠道”和“助推器”，越来越多的短视频平台呼吁行业自律，通过正确的价值导向引导用户，通过优质传播内容提升审美情趣。

2020 年，两个迅速走红的网红收获了全网点赞，一位是中央电视台记者王冰冰，另一位则是四川的“甜野男孩”丁真，被网友们亲切地称为年度最具有正能量的网络红人。和以往的网红打造模式不同，丁真走红后没有和经纪公司签约、变成快餐式的流量变现工具，而是被当地部门和媒体送去读书学习，并与当地国企签约，成为家乡理塘县旅游的代言人。“丁真 IP”

---

① 《人民日报评论员观察：短视频，监管和责任不能“短”》，人民网，2020 年 6 月 30 日，http：//opinion. people. com. cn/n1/2020/0630/c1003 -31763717. html。

的开发中嵌入了脱贫攻坚、乡村振兴、文旅等概念，把地方特色文旅资源通过网红的视角表达出来，提供了一个地方政府、媒体、行业、受众联动打造正能量网红的鲜活样板，也赢得了网友的广泛认同。

3. 内容审核、版权开发行业前景广阔

目前，各平台的短视频创作者数量达数百万级，每日发布的作品数以千万计，短短十几秒的视频里涉及视频、字幕、音乐、拍摄对象等诸多元素。各大短视频平台在版权审核、内容把关、原创保护等方面还存在较大短板，各类侵权现象频发。

2020 年 4 月 21 日，北京市高级人民法院发布了《关于侵害知识产权及不正当竞争案件确定损害赔偿问题的指导意见及法定赔偿的裁判标准》,①“短视频”被纳入保护范围。

《全国人民代表大会常务委员会关于修改〈中华人民共和国著作权法〉的决定》将于 2021 年 6 月 1 日起施行。新修改的著作权法亮点值得关注：有独创性的短视频将作为“视听作品”被保护；将法定赔偿额上限提高至人民币 500 万元；明确网络直播中使用音乐应向音乐制作人支付报酬等。②

随着我国实施知识产权强国战略，未来将推行更加严格的版权保护措施，短视频领域也不例外。目前，各原创内容平台纷纷利用区块链、人工智能、大数据等技术，加强版权保护与利用。

三　短视频行业发展的问题与建议

（一）流量红利退潮后，短视频行业要向产业扎根

每一种媒介形态都有其生命周期，只有变革才能重生。在经历爆发式增

① 《〈2020 中国网络短视频版权监测报告〉发布　多维度打造短视频版权保护网》，中国知识产权资讯网，2020 年 11 月 30 日，http：//www. iprchn. com/cipnews/news_ content. aspx? newsId = 126181。

② 《〈2020 中国网络短视频版权监测报告〉发布　多维度打造短视频版权保护网》，中国知识产权资讯网，2020 年 11 月 30 日，http：//www. iprchn. com/cipnews/news_ content. aspx? newsId = 126181。

长后，短视频行业的流量增长红利不可避免地开始退潮。

增速放缓之后，短视频平台和机构需要走出“舒适区”，正视自身问题和不足，与更多行业跨界融合，更精准地把握和引导用户需求，真正扎根产业、拥抱市场，才有可能探索出新的增长极。人民视频将继续努力探索正能量视听发展方向，发挥“短视频＋”优势，积极推动“内容＋政务＋服务＋产业”融合发展模式，赋能移动化、可视化、智能化建设。

（二）避免马太效应加剧，关注中尾部 MCN 机构

随着 MCN 机构之间竞争的加剧，马太效应正在凸显。少数头部机构吸走大部分流量，而位于中尾部的机构则举步维艰，MCN 机构的生态多样化堪忧，呈现“大树底下不长草”的现象。下一步应关注中尾部 MCN 机构的生存与发展，通过运营指导、流量倾斜、资金扶持、政策引导等多种方式，帮助中小 MCN 机构和个人创作者更好地成长，生产出海量多样的短视频内容，满足更多用户的个性化需求，营造更加健康的内容生态。

（三）政务新媒体跟风上马，或将加重基层负担

网络传播格局在不断变化，政务机构的对外传播也需要尽快适应形势，各地各级政务宣传机构正向短视频等新兴领域延伸。总体来说，政务新媒体的创新和转型，确实为政务公开、民生服务等带来了积极影响。但也有不少地方出现了跟风上马流于形式、重数量轻运营、为涨粉“剑走偏锋”、盲目追求流量“政绩”等不良现象。下一步的政务新媒体打造应因地制宜，根据各地实际情况开展，在重视数量指标的同时更应注重内容质量和传播效果，避免劳民伤财、加重基层负担。

2021 年，短视频行业将迎来更加激烈的竞争。将有更多的政务机构加入短视频发布行列，越来越多的主流媒体渴望借力短视频风口推动自身的转型和融合发展；企业平台之间的抢夺则从流量、用户之争转向更深层次的内容、价值、品牌等方面的较量。

B.16

2020年中国移动游戏市场发展现状及趋势分析

高东旭*

摘　要：2020年，线上娱乐需求增长，中国移动游戏产业得到快速发展。移动游戏行业竞争日益激烈，垂直品类游戏多元化成为亮点，精品化策略初见成效，海外影响力不断增强，移动游戏防沉迷工作取得重要进展。未来，未成年人保护措施将不断完善，云游戏发展空间广阔，游戏企业将不断创新技术应用，深耕产品多维价值。

关键词：移动游戏　出海战略　云游戏　游戏防沉迷

一　2020年中国移动游戏市场发展背景

（一）政策层面

2020 年，各地政府纷纷出台扶持电竞产业以及游戏产业发展政策，国家加大对未成年人保护力度，为产业发展保驾护航。2020 年 9 月，习近平总书记在湖南考察调研时指出："谋划'十四五'时期发展，要高度重视发展文化产业。要坚持把社会效益放在首位，牢牢把握正确导向，守正创新，

* 高东旭，中娱智库创始人及 CEO，全国网络文化标准化委员会副秘书长，兰州大学艺术学院校外导师，主要研究方向为互联网娱乐产业发展及政策合规。

大力弘扬和培育社会主义核心价值观，努力实现社会效益和经济效益有机统一，确保文化产业持续健康发展。”

我国各地区依据各自的地缘优势和发展方向，聚焦区域产业发展，在游戏开发和制作方面呈现一派欣欣向荣、“百花齐放”的文化图景：北京立足产业全局，大力推动“一都五中心”建设工作，构建网络游戏发展产业新格局；上海依托经济优势，着力打造中国“电竞之都”产业标签，在组织电竞联赛、游戏解说方面取得了较快的发展，孵化了一批有实力、有技术、有品牌的游戏企业；浙江聚焦“小镇文化”的产业挖掘与垂直深耕，依靠其悠久的历史文化和区位资源使“小镇游戏”崭露头角；作为早期游戏的发源地，广东在游戏产业发展方面一直增长明显，2020 年该地区的游戏产业在技术应用层面成果颇丰，优势尽显。

（二）经济社会层面

在新冠肺炎疫情背景下，2020 年大部分行业都受到了较大影响，企业遭受了巨大的经济损失，尤其是线下的第三产业。与此同时，网络直播购物、网络游戏、线上办公等却逆势兴起，甚至带动了生鲜配送、在线教育、在线医疗等新型“宅经济”。

相比较而言，游戏行业面临疫情冲击表现相对稳定。疫情的反复推动了生产生活方式变革，也带来了线上新型消费的持续升温，网络文化消费普及，移动游戏以其便利性和高沉浸感优势，获得更多用户，成为年轻人使用最为普遍的社交工具和休闲娱乐工具。但受疫情影响，海外游戏企业工作效率严重下滑，游戏研发工作进度受到巨大影响，我国移动游戏出海企业面临前所未有的成长契机，持续维持高增长的预期。

（三）科学技术层面

技术进步不断推动行业增长，提高整个行业的生产效率，特别是云计算、5G 技术日益普及，推动移动游戏内容升级，拓宽发展空间，助力产业向更加自动化、智能化方向发展。人工智能、脑神经科学研究成果，也陆续在游戏行业应用，为行业发展助力。

游戏本身是科技与人文结合的重要产物，游戏企业在积极提升游戏产品的文化价值和精神内涵的同时，通过新技术驱动游戏产品的研发和运营、提升用户体验，丰富和拓展了游戏产业链。2020 年我国手游持续发展，市场份额逐步提高，在细分市场竞争中优势尽显。云游戏、电竞游戏、游戏直播等用户规模增速较快，核心用户日渐增多。部分云游戏“破土而出”，简化服务器开发流程、降低多人网游的终端要求，使优质的云游戏产品“飞入寻常百姓家”，满足用户娱乐与生活需求。

二　2020年中国移动游戏市场发展特点

（一）营收数据大幅增长，垂直品类游戏多元化成为亮点

中国音像与数字出版协会游戏工委的数据显示，2020 年，中国移动游戏市场规模达到 2087.71 亿元，比 2019 年增加了 506.6 亿元，同比增长 32.04%。移动游戏收入占据中国游戏市场的主要份额，整体市场占比为 75.16%（见图 1）。

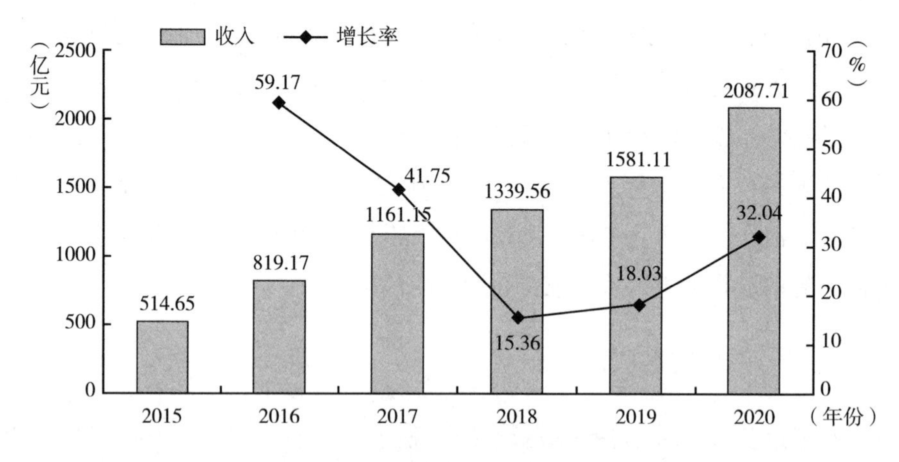

图 1　2015～2020 年中国游戏产业移动游戏市场规模及增长率

资料来源：中国音像与数字出版协会游戏工委。

随着移动游戏加速发展，中国移动游戏行业整体保持稳定上升的发展态势，在整个游戏行业中所占比重持续增大。瞄准细分人群的垂直品类游戏日益涌现，游戏类型逐渐丰富，为用户提供多种选择，包括电竞、二次元、女性向在内的细分市场逐渐成为产业焦点。

随着国际电子竞技市场的发展，我国的移动电子竞技产业也越来越受到重视。全国多地陆续发布了支持移动电竞产业发展的产业政策，移动电竞产业的政策环境和社会环境日趋改善，实现了快速发展。移动电竞成为吸引年轻人群、拉动地方经济增长的重要推动力。中国移动电子竞技游戏市场实际销售收入从2019年的581.9亿元上升至2020年的1142.36亿元，增加了560.46亿元，同比增长96.32%，增速较上年快速提升，保持较高增长速度（见图2）。[①]

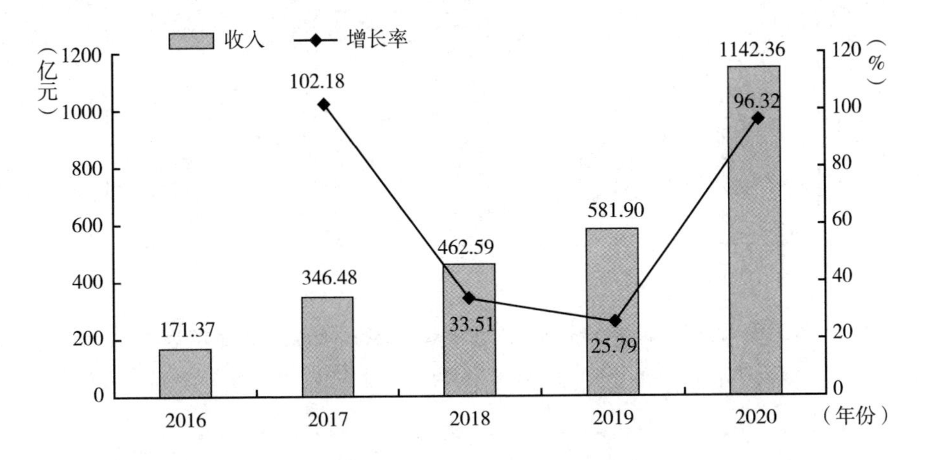

图2　2016～2020年中国移动电子竞技游戏市场实际销售收入及增长率

资料来源：中娱智库。

随着二次元文化及作品受到越来越多年轻人的喜爱，二次元游戏的用户逐年增加，已经发展为面向用户的一大移动游戏品类。同时，研发门槛逐渐提高，向精品化发展，在玩法上需要更多创新。

① 中娱智库。

中国音像与数字出版协会游戏工委的数据显示，2020 年，中国二次元游戏市场实际销售收入达 259.85 亿元，同比增长 20.53%，增速相比 2019 年有所提高（见图3）。综合来看，2019 年至2020 年，中国二次元游戏市场实际销售收入占比和用户规模占比均有所上涨，潜力较大。二次元游戏用户具有年轻化、低龄化的特点，同时具有忠诚度高、消费意愿强的特点。随着二次元游戏用户逐渐向成人阶段过渡及其收入水平的提升，二次元游戏市场潜力渐显，付费用户的增长与付费能力的提升，使二次元游戏市场具备长期持续增长的潜力。

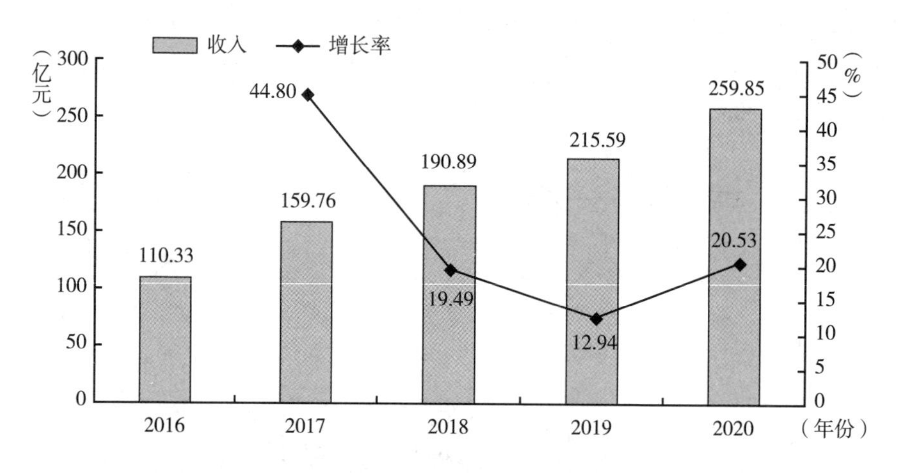

图3　2016 ~ 2020 年中国二次元游戏市场实际销售收入及增长率

资料来源：中国音像与数字出版协会游戏工委。

（二）用户增长进入瓶颈期，新用户获取成本提升

2020 年，中国移动游戏市场竞争更加激烈，用户规模达到 6.55 亿人。新用户较 2019 年增加 0.31 亿人，同比增长 4.97%（见图 4）。使用移动设备的游戏用户增长进入瓶颈期，增速放缓，新用户获取成本增加。

2020 年，中国移动游戏用户更喜欢角色扮演类游戏，在市场细分类型中，角色扮演类游戏在整体市场收益中占较大份额。在中国移动游戏收入排

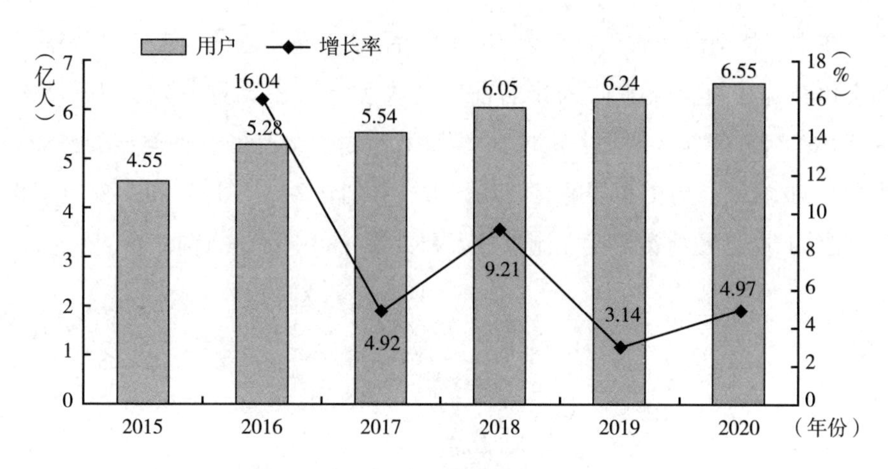

图 4　2015～2020 年中国移动游戏用户规模及增长率

资料来源：中国音像与数字出版协会游戏工委。

名前 100 的产品中，目前有三类游戏占比超过 10%，分别是：角色扮演类游戏，占比为 28%；卡牌类游戏，占比为 16%；策略类游戏，占比为 12%（见图 5）。

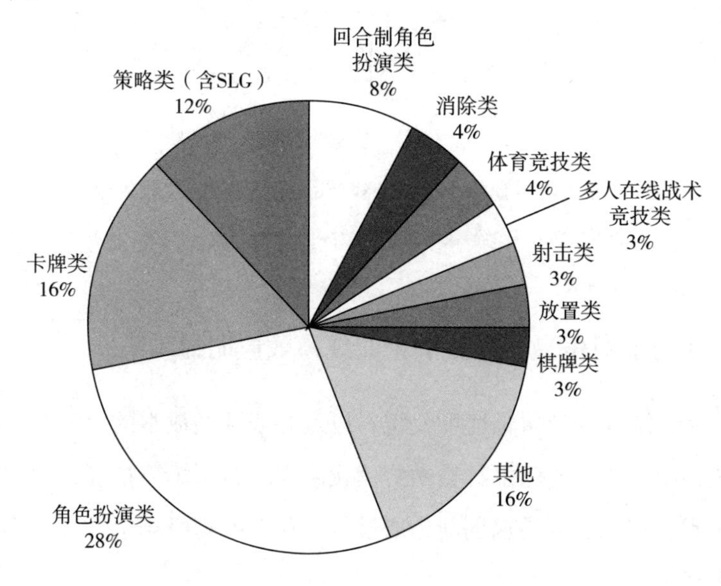

图 5　收入排名前 100 移动游戏产品类型分布

资料来源：中国音像与数字出版协会游戏工委。

在中国移动游戏收入排名前100的产品中，现代题材、玄幻/魔幻题材和文化融合题材是流水收入排名前三的类型，所占比重分别为16.75%、15.50%和15.06%（见图6）。题材类型数量占比最高的三种类型的游戏分别是玄幻/魔幻、历史和弱题材游戏，占比分别是24%、16%和14%（见图7）。玄幻/魔幻题材类游戏在流水收入和数量分布中都进入前三名。①

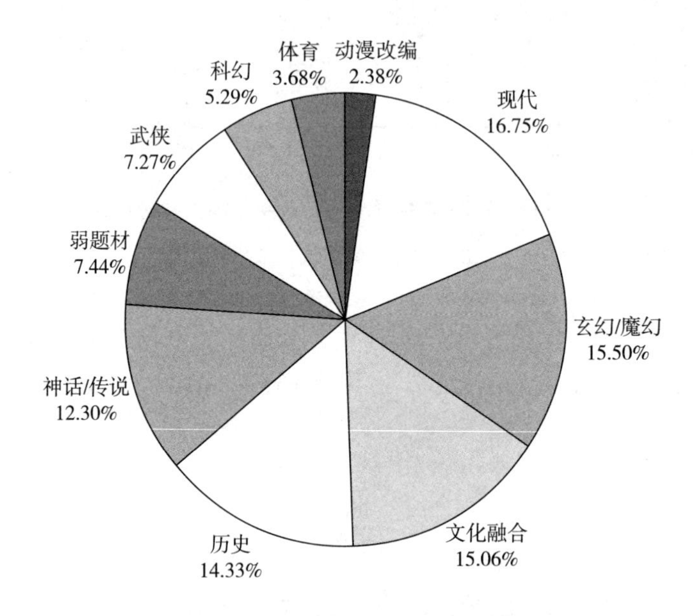

图6　收入排名前100移动游戏产品题材类型流水收入分布

资料来源：中国音像与数字出版协会游戏工委。

（三）行业竞争激烈，头部企业规模效应明显

中国移动游戏用户增长速度放缓，以及游戏开发成本的上升和产品的同质化，使移动游戏行业竞争日益激烈。玩家需求愈加难以把控，很多厂商开始在产品质量和玩法上寻求创新，通过差异化获取自身竞争优势，满足用户多种娱乐需求。

① 中国音像与数字出版协会游戏工委。

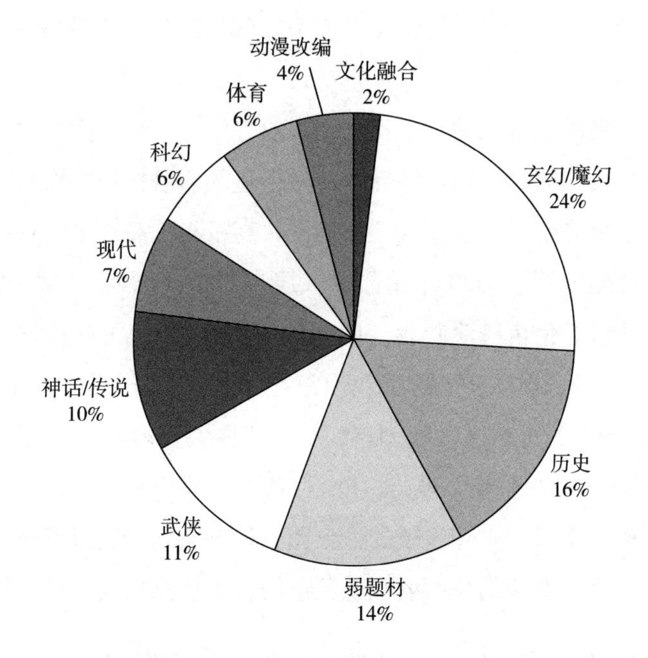

图7 收入排名前100移动游戏产品题材类型数量分布

资料来源：中国音像与数字出版协会游戏工委。

在这种情况下，头部企业聚集效应和规模效应明显，其游戏产品占据了绝大部分市场份额。游戏市场收入和利润向头部企业聚集，中小企业生存空间狭小，竞争力极其有限，面临生存压力。随着越来越多的移动游戏企业开启出海战略，中国移动游戏发行商（研发商）不仅需要在本土竞争，而且要在异国市场与国内企业展开同台竞争。

（四）游戏精品化策略初见成效

在流量红利减退背景下，优质内容IP成为吸引用户、实现内容价值变现的核心环节。行业竞争核心向内容品质化和差异化发展，不断满足用户多元需求。移动游戏企业通过IP改编、自研IP等途径研发精品游戏，并逐步挖掘各领域的小众IP。加大对移动游戏研发各个环节的重视程度，深挖移动游戏IP价值。企业通过合作、投资等方式整合产业链上下游资源、拓宽业务领域，不断完善 IP 产品矩阵，最终构建 IP 产品生态圈。

得益于精品游戏意识的不断提升，企业宣发方式和手段日益革新，多款精品游戏受到玩家喜爱，用户黏性强，在渠道的话语权不断增加。精品游戏的持续成功使更多游戏企业进入了高标准、高投入、高产出的正向循环，推动行业持久健康发展。2020 年精品游戏层出不穷，例如，国内游戏企业自主研发的开放世界角色扮演游戏《原神》，在国内外上线首月收入及下载量表现亮眼，同时刷新中国移动游戏出海纪录；《万国觉醒》在原有传统 SLG① 游戏基础上，进行各方面创新，在游戏体验和内容方面更贴合玩家习惯，长期排名全球畅销榜前 30；《江南百景图》从美术设计到人物及景观造型都别具一格，将明代水乡古镇的社会图景丝丝入画，通过策略性的布局玩法，进一步加大了游戏的自由度和想象空间，给玩家极大的可玩性。

（五）技术发展加速，云计算创新推动行业发展

近年来，全球各大科技巨头、移动通信公司、游戏企业纷纷布局云游戏产业，我国云游戏产业在市场规模、用户数量以及国际竞争力、影响力方面进一步增大和巩固，云游戏产业未来发展空间十分广阔。

2020 年，中国云游戏市场保持较快增长，市场规模达 23.78 亿元，同比增长 141.18%（见图 8），用户规模超过 4700 万人。未来随着 5G 技术的不断普及、网络宽带环境的优化，云游戏产业将持续快速发展。②

针对 5G 技术在游戏领域中的应用，产业链各方通力合作，共同推进云游戏研究、应用和试点示范。云游戏弱化游戏用户端硬件要求的同时，对游戏企业的技术能力提出了更高层次的要求。2020 年，多个云游戏项目接连落地，给行业带来新的机遇，也促进产业生态变革。目前云游戏产业基本面已经初步形成，但总体仍处于巨头试水、企业规划布局的早

① SLG 即 Simulation Game，策略类游戏，现特指回合制策略游戏以及即时 SLG。

② 中娱智库、中国游戏产业研究院：《2020 中国云游戏市场发展报告》，2020 年 8 月 1 日。

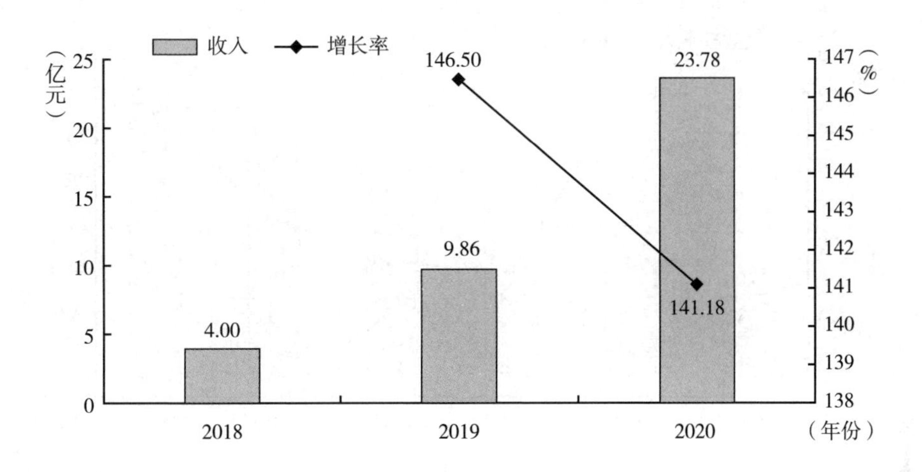

图8　2018～2020年中国云游戏市场规模（收入）及增长率

资料来源：中娱智库及中国游戏产业研究院《2020中国云游戏市场发展报告》。

期阶段，国内尚无规模较大的云游戏平台。腾讯、网易、华为、谷歌、英伟达、索尼、微软等巨头公司虽已明确入局云游戏，但除谷歌外，这些公司尚未将云游戏作为主要发力方向，云游戏仍需较长时间的产业积累。

（六）出海成效明显，机遇与挑战共存

受多种因素的影响，2020年全球以游戏为主的线上娱乐形式成为人们的重要休闲消遣方式，全球游戏市场稳定增长。越来越多的国产精品游戏在2020年登上了国外畅销榜单，国产精品游戏正逐渐被全球玩家所认可和喜爱。

2020年，中国自主研发游戏海外市场规模达154.50亿美元，增长率为33.25%，保持稳定增长（见图9）。

中国移动游戏企业积极向海外拓展，出海战略不断成熟，游戏出海已从量变过渡到了质变。随着中国自主研发游戏的迭代升级，中国自主研发游戏在海外游戏市场面临的竞争越来越激烈，游戏产品出海已经不能再靠“铺量”成功，游戏产品本身的质量以及相应的海外发行策略、用户运营已经

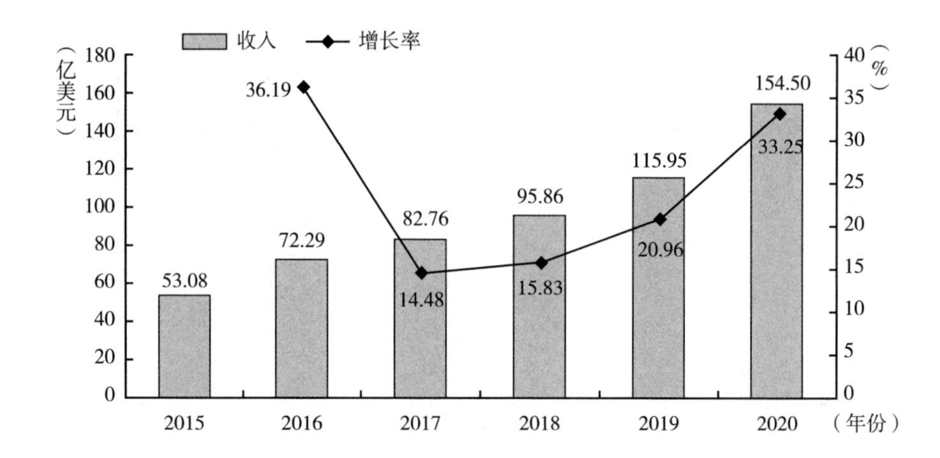

图9　2015～2020年中国自主研发游戏海外市场规模（收入）及增长率

资料来源：中国音像与数字出版协会游戏工委。

成为中国游戏企业越来越关注的点。中国移动游戏厂商深入重点市场，加大本地的运营投入，把握品类发展的细化方向，突出游戏产品差异化，采用精细化营销。

2020年，中国自主研发游戏海外市场实际销售收入的地区分布为：美国的收入占比达到27.69%，日本的收入占比达到23.59%，韩国收入占比为10.46%，三个地区合计占比达到61.74%。数据表明，美国、日本、韩国是中国游戏企业出海的重要目标市场。①

在此背景下，中国游戏企业的游戏开发、发行和运营经验优势愈加受到全球游戏产业和用户的广泛认可，国产游戏通过打造精品原创游戏的战略，凭借差异化的产品定位与优秀的游戏品质，成功塑造了一批优秀的中国游戏品牌，助推了国内游戏企业专业化、本地化以及快速高效的研发运营体系的搭建。

① 中国音像与数字出版协会游戏工委、中国游戏产业研究院：《2020年中国游戏产业报告》，2020年12月17日。

（七）政策监管注重用户权益保护和青少年保护

2020 年 10 月，我国《未成年人保护法》的修订为游戏行业发展提出了新的要求。作为游戏行业的工作重点，游戏防沉迷工作在主管部门的引导和管理下，在各省份、各地区、各企业有序推进；“护苗 2020”“净网 2020”“秋风 2020”“清朗”等全行业集中行动，在清除网络垃圾、净化社会文化环境方面取得了重大成效；适龄提示团体标准基本落地，行业协会及企业自律联盟的监督作用逐渐提升。通过管理模式的优化和保护力度的加大，我国游戏行业初步构建起了集家长、企业、社会于一体的未成年游戏保护体系，基本形成了全方位的行业标准。游戏企业在上级部门的指导下，重点落实防沉迷的具体执行工作，将其作为企业履行社会责任的重心。游戏企业积极开展对标工作，将“践行初心使命”和“体现责任担当”放在同等重要的标准上，积极推动未成年人保护工作，重点落实团体标准的相关要求，通过大数据定位和算法升级做好未成年人防沉迷的初步筛查工作。部分企业深耕技术，人脸识别功能日趋完善、实名认证愈发规范，实现了从登录到支付场景的多维监测。我国移动游戏防沉迷工作通过层层把关、逐级完善，取得了重要的进展。

（八）内容管理日趋规范，产品国际传播影响深远

2020 年，我国移动游戏企业内容自查审核机制日渐完善，导向意识日益增强，版权意识和管理制度不断升级。一方面，通过有效加速企业价值观模型构建，使游戏内容产品成为主流价值观的宣传窗口。另一方面，积极践行我国《著作权法》修正案草案的相关要求，版权交易规范、知识产权自我保护力度加大，内容自审的把关能力加强，版权意识贯穿从内容生产到产品发行的各个环节。在企业自我审查、行业监督、国家审核等多层级的版权制度管理下，2020 年我国移动游戏的版权界定、内容开发、IP 联动以及新文创内容生态发展日趋科学与规范；各行业、各地区的跨界合作形式日趋多样，共利共生。各企业深耕资源优势，通过版权交易和生产合作探索多方共

赢的新模式。在国内版权管理进一步规范的前提下，海内外的版权交易如火如荼，版权的引进与开发、海外代理、兼并参股、共同开发等多种合作模式齐头并进。我国自主研发的游戏产品出海规模逐年攀升，贸易顺差日渐明显，海外影响力、海外市场份额、全球用户规模也在与日俱增。

三　中国移动游戏市场发展趋势分析

（一）社会责任受到行业普遍重视

从行业的整体发展来看，移动游戏产业作为文化内容产业的重要组成部分，必须始终把社会效益、社会责任放在首位。社会责任意识不断增强，坚持社会主义核心价值观，坚持对利益相关者负责，是移动游戏企业生存发展的前提所在，也是未来所有中国移动游戏从业者应该努力的方向。

当前未成年人保护依然是移动游戏产业的重中之重，也是行业应当践行的首要责任。部分企业的未成年人保护措施还有待完善，未成年人保护工作将汇集政府、企业、用户等多方力量，不断深入落实。游戏企业需不断严格自我要求，行业监督、有效纠偏、头部引导、服务社会、正确导向等相关要求将持续提升。

（二）移动“游戏+”趋势更加明显

新生代消费者的消费观念日益成熟，当前游戏玩家的活动场景已不再局限于移动游戏产品，对游戏产品的质量和玩法要求更高，推动了“游戏+”产品业态的发展。横向来看，随着玩家需求分化、品质诉求提升等变化，瞄准细分人群的垂直品类游戏日益涌现，细分市场逐渐成为产业焦点。纵向来看，除去游戏本身的玩法、题材等方面，游戏产业链涉及的诸多延伸市场也在拓宽。诸如游戏直播、互动视频等与游戏本身息息相关的产业形态快速发展，移动游戏产业与其他产业以及其他载体的融合日益紧密，围绕游戏展开的娱乐场景也将进一步拓展。

在此过程中，游戏衍生品和文创的合作模式日益多样化，从简单授权过渡到联合开发、共同孵化模式，游戏已经成为融合发展的细分市场。此外，“游戏+非遗”、“游戏+国风”、“游戏+主题公园”、影游互动等模式日益成熟。随着产业化进程的加深，移动游戏产业在社会上的影响力将越来越大，商业价值亦逐渐被社会认可。

（三）云游戏发展空间广阔

云游戏将不仅带来游戏方式、类型、体验的升级，对整个移动游戏行业生态、行业主体变革也会起到举足轻重的作用。作为5G、云计算等“新基建”工程的重要落地商用场景之一，云游戏产业未来发展前景良好。

移动游戏解决了端游场景局限的问题，但在操作性、设备性能上受移动设备交互和性能限制。云游戏将对移动游戏行业产生颠覆性影响，具体来看，云游戏对游戏上下游产业带来的利好主要体现在：摆脱硬件限制、提升用户体验、降低试玩门槛、减少游戏外挂、促进数据互通、打破行业壁垒、游戏开发降本增效和丰富商业模式。云游戏打破了传统大型游戏与移动游戏各自的局限，将两者的体验性与便捷性融合，实现在低性能设备及手机上畅玩原本配置要求较高的重度游戏，提供更好的游戏体验。随着5G网络的逐步部署，云游戏在中长期将会进入快速发展阶段。未来云游戏将与现有游戏形式结合，为玩家提供更为丰富、灵活的游戏体验。

（四）创新技术将在产业中得到更多应用

目前，移动游戏产业已经进入新的发展阶段，运营网络环境以及使用终端都在不断更新变化，行业在短期内仍将保持较为稳定的发展趋势，直到新兴技术能带来交互稳定、定价合理、玩法成熟的用户体验时，移动游戏市场可能会进入新一轮的格局变化。技术创新被各家游戏厂商看作推动增长的切入点，伴随新兴技术的不断发展，其在游戏产业研发及运营中的运用日益广泛，如5G应用推动了云游戏市场的发展。其他的创新技术也纷纷被应用到游戏行业，比如，人工智能（AI）技术，已经被运用于游戏产品人工智能客服、电竞游戏比赛人工智能模拟等，机器学习（ML）技术被运用于游戏角色模型的优化。因此，创新技术的应用将推动产业的进一步发展和优化。

（五）移动游戏企业重视大数据和产业研究能力

随着大数据分析成为现代企业的基本能力，游戏企业纷纷成立大数据挖掘和分析部门，对产品研发及运营数据进行监测分析，指导产品研发和运营策略，提高产品精细化运营能力。在游戏产业如火如荼的发展进程中，产业研究为行业的纠偏、引导、规范起到了重要作用。许多游戏企业开始意识到这一点，积极加强产业研究和政策研究，关注未来趋势变化，为企业的发展提供宏观决策支持。

（六）版权意识不断增强，深耕产品多维价值

未来移动游戏产品的价值将会更大限度地实现细分。精品移动游戏依然是我国游戏企业海内外竞争的主要资源，其内容产品的版权延伸、深度开发、技术维护仍是未来游戏企业的发展重点。具有多维价值的功能游戏的社会影响力将持续扩大，其在娱乐基础上深挖社会价值，实现教育、科技、医疗、人文等多种学科知识的社会化普及，在未来市场竞争中将会受到越来越多用户的青睐。

参考文献

中国音像与数字出版协会游戏工委、中国游戏产业研究院：《2020年中国游戏产业报告》，2020年12月17日。

中国游戏产业研究院、中娱智库：《2020中国云游戏市场发展报告》，2020年8月1日。

人民网：《游戏企业社会责任报告（2020）》，2020年10月18日。

中娱智库：《2020功能游戏产业报告》，2020年7月31日。

B.17 2020年直播电商：从眼球秀到新经济产业发展

张 毅　王清霖*

摘　要： 2020年新冠肺炎疫情进一步加速了直播电商产业发展。数据显示，2020年直播电商市场规模达到9610亿元。直播电商产业生态日趋完善，形成了商家、网红/MCN、平台和消费者的完整链路。消费者对直播电商业务的满意度较高，但也对产品质量、购物体验等有担忧。未来，直播电商的垂直类平台仍有生存机会，主播面临更大挑战，势必向专业化发展，同时批发电商给零售电商带来新挑战，或将形成新的电商模式。

关键词： 直播电商　直播带货　MCN　主播

直播电商是电商模式依托信息技术的一种新变革，通过“货找人”的售卖逻辑触达并吸引用户，运用互联网技术的互动性和娱乐性刺激用户购物，形成购买力。① 2020 年淘宝直播、抖音电商等平台的电商成交总额（Gross Merchandise Volume，GMV）都超过了目标值，据官方公布数据，淘

---

* 张毅，艾媒咨询 CEO 兼首席分析师，主要研究方向为移动互联网及新经济发展；王清霖，艾媒咨询分析师，主要研究方向为直播电商等新经济发展模式。

① 艾媒新零售产业研究中心：《2020～2021 年中国直播电商行业运行大数据分析及趋势研究报告》，https://www.iimedia.cn/c400/68945.html。

宝直播 GMV 超过 4000 亿元，抖音电商 GMV 超过 5000 亿元，[①] 大量的电商平台及其他类型平台、企业入局，中国电商产业开始面临新一轮的变革。

一　中国直播电商产业发展历程

尽管至 2019 年下半年，直播电商模式才大范围“蹿红”，但直播电商并非新生事物。中国的直播电商萌芽于 2015 年，但是产业发展并非一蹴而就。2015～2017 年是直播电商的快速成长期。在这一时期，中国高性能手机和网络 WiFi 在人群栖息地渗透率不断提高，4G 网络逐步完成商业化，成就了依靠网络的工具型产品，资本纷纷抢占赛道，形成“百花齐放”的局面。

直播电商在 2017～2019 年迎来商业变现期。这一时期，直播电商的监管政策趋严，部分不合规企业相继倒闭，企业融资遭遇困境。直播平台开始谋求通过礼物打赏和广告获得商业变现。但随着竞争加剧和内容同质化，流量成本也不断上升，有直播平台开始探索直播电商模式，推动直播成为新的营销工具。

2020 年，在新冠肺炎疫情影响下，直播、短视频等手机消费娱乐普及率进一步提高，直播电商产业近万亿市场被激活。但是在经历了快速成长之后，直播电商产业也开始滋生流量造假、带货质量等问题，令产业进入了新一轮的洗牌期。iiMedia Research（艾媒咨询）数据显示，2020 年直播电商整体市场规模达到 9610 亿元，同比增长 121.5%（见图 1）。受益于疫情期间的企业数字化转型加速，直播电商正在逐步渗透至电商的各个领域，预计 2021 年直播电商整体将继续保持较高速增长，将达到万亿量级规模。

---

① 《阿里巴巴：2020 年全年，淘宝直播带来的 GMV 超过人民币 4000 亿元》，https://baijiahao.baidu.com/s?id=1690586568246087104&wfr=spider&for=pc；《抖音电商 2020 年全年 GMV 超过 5000 亿元　同比 2019 年翻三倍多》，2021 年 2 月 2 日，https://www.chinaz.com/news/1222461.shtml。

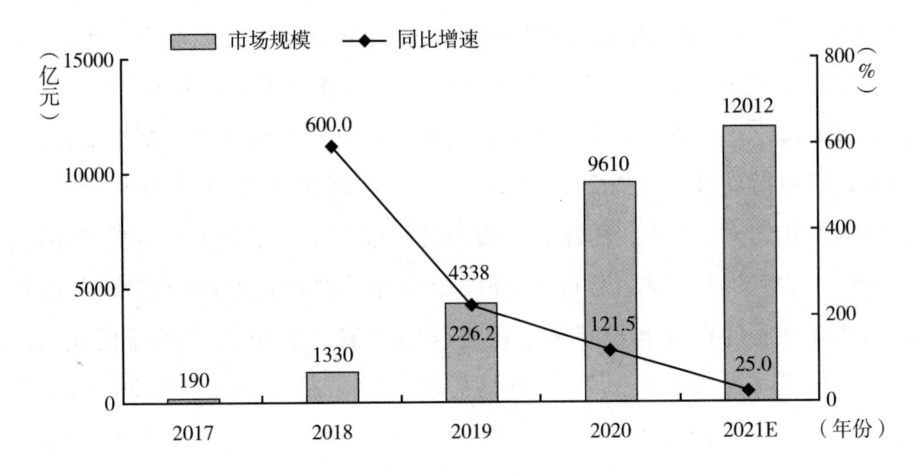

图1　2017~2021年中国直播电商市场规模情况

注：本报告中除特殊说明外，其余数据均来自艾媒数据中心。

资料来源：艾媒数据中心（data. iimedia. cn）。

二　2020年中国直播电商产业发展驱动力

直播电商产业之所以能够蓬勃发展，得益于宏观的政策支持、经济发展、社会需求和技术进步。

（一）政策因素

政策支持是直播电商发展的基础。2018~2020年，国家和地方政府积极推出直播电商的支持政策。2020年4月，国务院金融稳定发展委员会召开第二十五次会议，提出了“稳预期、扩总量、分类抓、重展期、创工具”的15字工作方针。在“创工具”的指导理念下，直播电商作为拉动国民内需、稳定市场经济的新工具，得到进一步发展。

在新一轮直播电商的风潮下，各地区也希望能够将直播与当地的优势资源融合。例如，广州、浙江具有货物充足、供应链完备等优势；四川、重庆等地的直播电商在文创、视频直播、主播网红等方面具备优势。

2020 年 3 月，重庆市人民政府办公厅发布《关于加快线上业态线上服务线上管理发展的意见》，对加快线上业态、服务及管理发展的内涵、路径、举措作出了部署；4 月，四川省商务厅印发《品质川货直播电商网络流量新高地行动计划（2020～2022 年）》，计划在 2022 年实现直播带货销售额 100 亿元；3 月，浙江省政府办公厅颁布《关于提振消费促进经济稳定增长的实施意见》，发布 16 项举措提振消费促进经济稳定增长，鼓励实体商业通过直播电子商务、社交营销开启“云逛街”等新模式；7 月，广州市商务局出台《广州市直播电商发展行动方案（2020～2022 年）》，从五个方面提出 16 条政策措施，大力发展直播电商，打造广州直播电商之都。

（二）经济因素

国民经济的稳定增长是直播电商发展的基石。疫情肆虐给全球经济发展带来负面影响。为了进一步巩固中国经济发展，中央提出加快形成以国内大循环为主体、国内国际双循环相互促进的新发展格局，通过发挥内需潜力，使国内市场和国际市场更好联通，更好利用国际国内两个市场、两种资源，实现更加强劲可持续的发展。直播电商模式成为 2020 年经济发展的新抓手。

一方面，直播电商成为促进复工复产、弥补销售损失的重要手段。珠宝、汽车、房产等依赖线下渠道的传统企业为了寻求出路，开启了线上销售模式。另一方面，直播电商也开始衍生出如跨境直播等模式。为保障 2020 年的中国国际进口博览会举行，海关总署制定了《2020 年第三届中国国际进口博览会海关通关须知》和《海关支持 2020 年第三届中国国际进口博览会便利措施》，提出支持跨境电商业务。

（三）社会需求

国家统计局数据显示，2020 年全国网上零售额达 11.76 万亿元，同比增长 10.9%，实物商品网上零售额达 9.76 万亿元，同比增长 14.8%，重点监测电商平台累计直播场次超2400万场。[1] 直播电商用户的不断增长以及以青年为主的用户群体为直播电商带来了持续动力。《第47次〈中国互联网络发展状况统计报告〉》显示，截至2020年12月，我国电商直播用户规模为3.88亿，占网民整体的39.2%，在电商直播中购买过商品的用户已经占到整体电商直播用户的66.2%。[2] iiMedia Research（艾媒咨询）的调研数据显示，“80后”“90后”是直播电商用户的主力军，占比达到70.49%。[3]“00后”等新一代消费者对网购模式的接受程度更高，网购用户呈现年轻化趋势。

特别是疫情为直播购物模式带来了深远的影响，社会电商化程度逐步提高。调研数据显示，在直播电商模式中商品展示更直观真实、采购环节更加便捷、价格更加优惠等因素推动下，网民更愿意选择直播电商购物模式（见图2）。

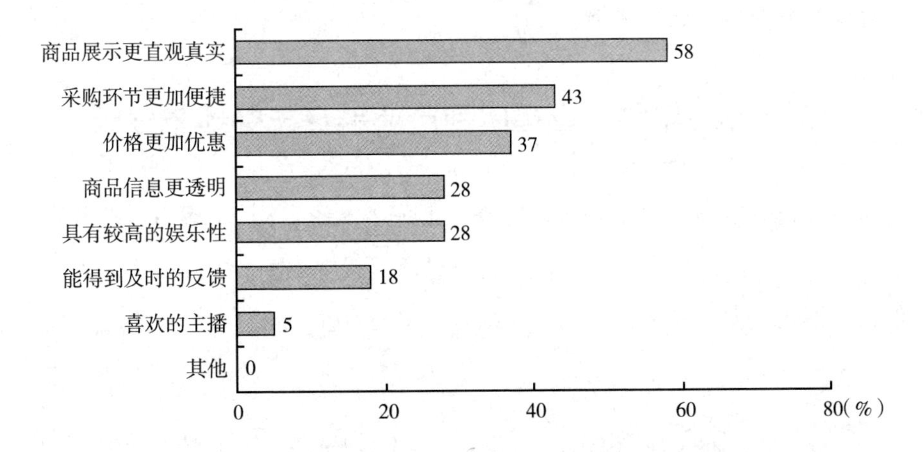

图2　2019年中国直播电商用户选择直播网购的原因分布

资料来源：艾媒数据中心（data.iimedia.cn）。

---

① 《商务部有关负责人谈2020年网络零售市场发展情况》，2021年1月23日，http://www.gov.cn/shuju/2021-01/23/content_5582138.htm。

② 中国互联网络信息中心：《第47次〈中国互联网络发展状况统计报告〉》，2021年2月3日，http://www.cac.gov.cn/2021-02/03/c_1613923423079314.htm。

③ 艾媒新零售产业研究中心：《2020~2021年中国直播电商行业运行大数据分析及趋势研究报告》，https://www.iimedia.cn/c400/68945.html。

（四）技术发展

直播电商模式本就是信息技术发展的产物，因此直播电商的发展需要技术的持续迭代。直播流程主要包括录制、编码、网络传输、解码、播放，因而直播电商平台的技术可以分为视频采集和编码录制端、视频播放端、视频服务端和内容分发四大模块。不同模块有不同的技术要求，但都与互联网传输技术、视频编解码技术和流媒体技术密不可分。而5G时代的到来，可以让音视频应用释放更大的潜力。比如运用“实时通信、实时音视频（Real-time Communications，RTC）+5G”技术进行直播带货，可以放大商品的细节。

5G的落地与商用将开启万物互联的智能新时代，音视频互动领域成为5G的大带宽和低延时特性最直接的受益者。因此，直播电商产业在基础层、技术层和应用层的发展，将进一步推动直播电商产业发展，同时也给产业各个环节带来新的问题和挑战。

三　2020年中国直播电商产业链及主要环节分析

当前直播电商产业生态日趋完善，形成了商家、网红/MCN、平台和消费者的完整链路。如图3所示，在直播电商模式中商家、主播两大要素与其他销售模式类似，而平台和消费者则有一定的特性。

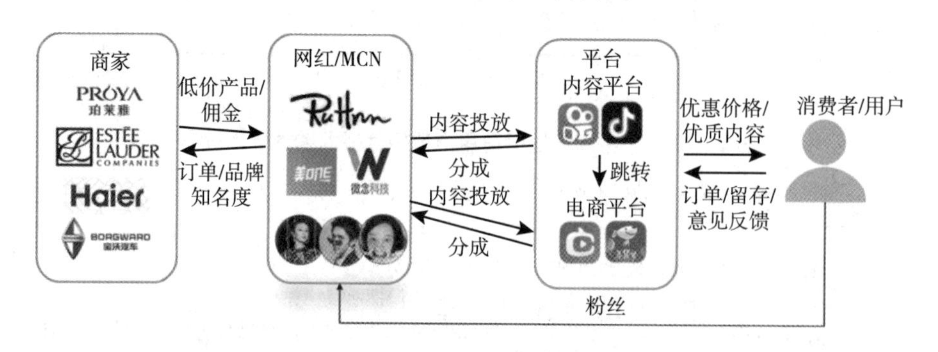

图3　中国直播电商产业链

资料来源：艾媒数据中心（data. iimedia. cn）。

（一）直播电商平台分析

直播电商的发展不仅吸引了电商平台（如淘宝、京东）、内容平台（如抖音、小红书）等入局，也吸引了部分第三方平台（如媒体类的触电传媒），但是从行业发展看，电商平台和内容平台优势明显。

首先，电商平台率先发展“电商+直播”模式。由于电商平台拥有庞大的用户规模，并且用户的主要诉求即为网购，有显著的优势，因此目前主流电商平台都已加入直播赛道。其中，以用户体量最庞大、进入直播电商领域最早、最先打造出标杆式主播（如薇娅、李佳琦）的淘宝直播发展优势最明显。如图4所示，超过七成的受访网民会在淘宝观看带货直播，其次是京东、天猫、拼多多平台，占比分别为38.35%、25.94%和23.31%。此外，也有部分受访者会观看苏宁、蘑菇街等平台的直播。

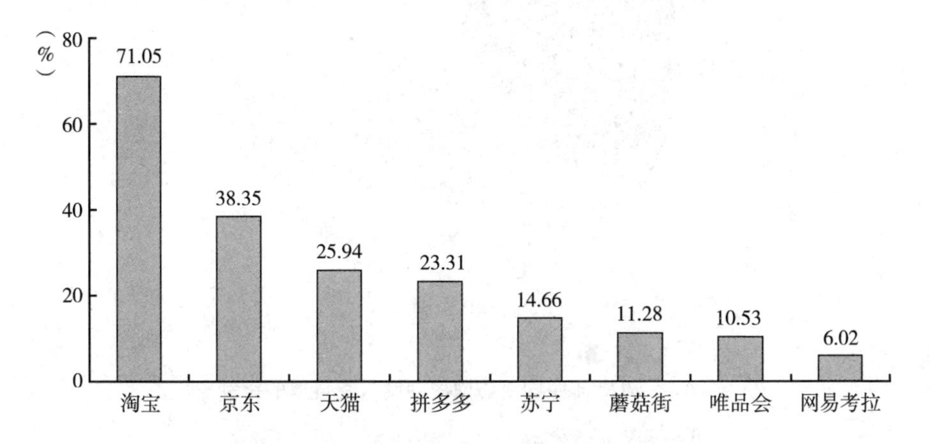

图4　2020年中国直播电商用户观看直播的主要平台分布

资料来源：艾媒数据中心（data. iimedia. cn）。

其次，内容平台也试图融合电商模式获得变现，布局“直播+电商”。内容平台可以挖掘内容创作的商业潜力，这有利于打造“爆款”产品。此类平台虽然引流速度较快，但是用户以社交娱乐诉求为主，购买动机不足，转化量较低。并且与电商平台相比，内容平台的供应链管理明显不足。即便是抖音、快手等身处第一梯队的内容平台，也存在购物车容量不足、需跳转淘宝等平台购买等问题。

（二）直播电商用户分析

我国青少年是直播电商的主要用户群体。2020年新冠肺炎疫情发生以来，社交隔离推动了直播电商的发展，名人跨界带货更使直播带货模式走红网络，这在一定程度上深化了网民对直播的认知，培养了直播购物的习惯。数据显示，观看过直播带货的网民比例达到85.3%，其中27.8%的受访者表示几乎每天都看。

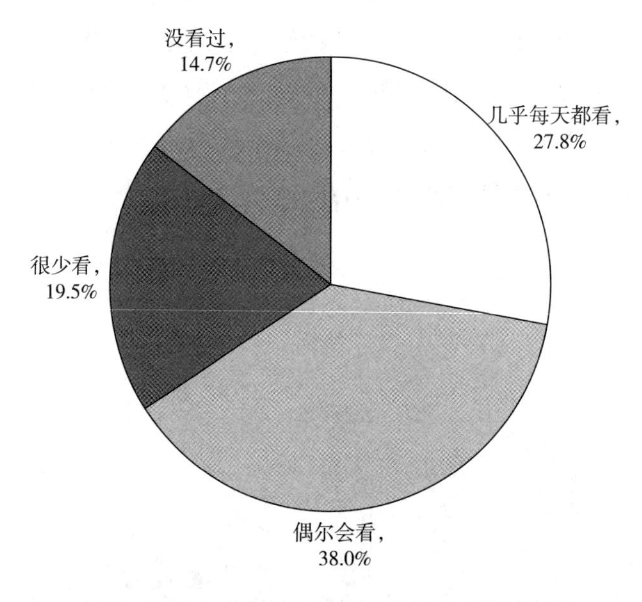

图5　2020年中国受访网民观看带货直播的比例

资料来源：艾媒数据中心（data. iimedia. cn）。

价格实惠（66.17%）和刚好需要（54.51%）依旧是网民选择直播电商购物的主要原因。此外，喜欢的主播以及购物从众心理也是促成直播购物的重要因素，占比分别为28.57%、19.17%。换言之，直播电商的交易本质没有改变，同时直播模式还能形成一定的偶像效应，带动冲动消费。购物用户会在主播限时低价营销的手段下产生冲动消费，但如果产品价格有提升，那么冲动消费的比例会有所降低。

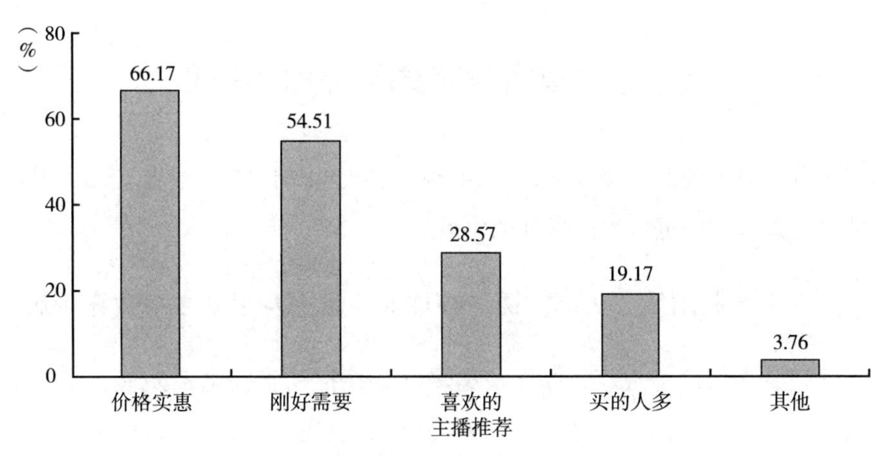

图6 2020年中国直播电商用户购物原因分布

资料来源：艾媒数据中心（data. iimedia. cn）。

从消费品类看，网民普遍偏好食品饮料、洗护用品、家居用品、服饰箱包等日常用品。一方面，这些日用品大多属于高频消费、客单价低、利润空间较大的生活用品；另一方面，此类产品的展示性较强，主播具有较大的展示空间，因而更容易吸引用户。

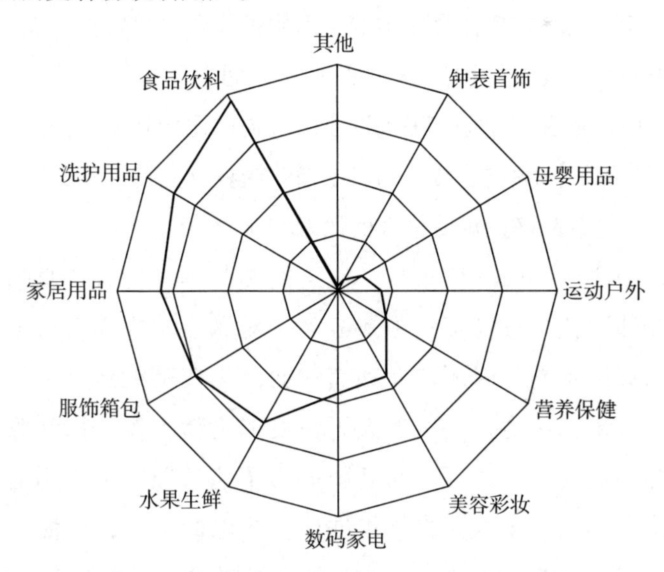

图7 2020年中国直播电商用户采购偏好品类

资料来源：艾媒数据中心（data. iimedia. cn）。

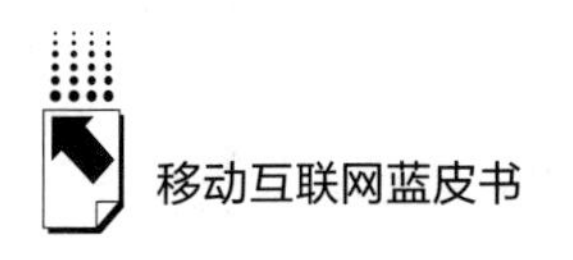

四　中国直播电商发展面临的挑战

随着直播电商的火爆发展，一些产业乱象也逐渐暴露，比如产品质量不过关、虚假带货数据、难以保证的售后等。

（一）产业困境：头部主播一夜成名，腰部及以下主播生存艰难

薇娅、李佳琦等头部主播的一夕爆红直接推动直播电商发展，带货战绩吸引众多追随者涌入，助推了产业的浮躁气息。事实上，直播电商主播面临着“粉丝多≠转化高”“流量高≠销量好”“销量好≠赚钱多”三大困境。首先，头部顶流主播占比仅约2%，扩大到有一定知名度的所谓“肩部主播”，占比也不足10%。特别是在直播电商不断吸引演员、主持人、企业主管等跨界专业人士入驻的情况下，没有经验及资源的新人网红很难获得流量。

其次，流量高也不意味着销量好。流量高和粉丝影响力强的头部带货主播议价能力相对高，在直播合作中的直播服务收费类目较多、收费标准就较高。直播服务费主要包括坑位费（见图8）、佣金及销售提成三大类，坑位费为固定费用，是否有佣金和销售提成以及提成比例则要根据主播情况单独商定。然而收取了高额坑位费的知名主播、演员、主持人等，带货销售翻车也屡见不鲜，这令品牌商承受极大的风险和压力。

最后，即便冲破前两道关卡，对主播和品牌商而言，直播销量高也并不一定能够赚钱。直播带货主播表示，对私人主播而言，退货率才是决定盈利的关键。倘若因用户冲动消费而产生较高的退货率，主播就要面临极大的现金流压力，必须加大下一场的直播力度，以新收款项支付退货款，容易造成恶性循环。而品牌商为了能够跟顶流主播合作，大多需要以低价甚至低于成本价的形式进行直播电商销售，更像一场“赔本赚吆喝”的广告行为。因此，品牌商只能寄期望于直播带来的品牌效应，提升后续销量。

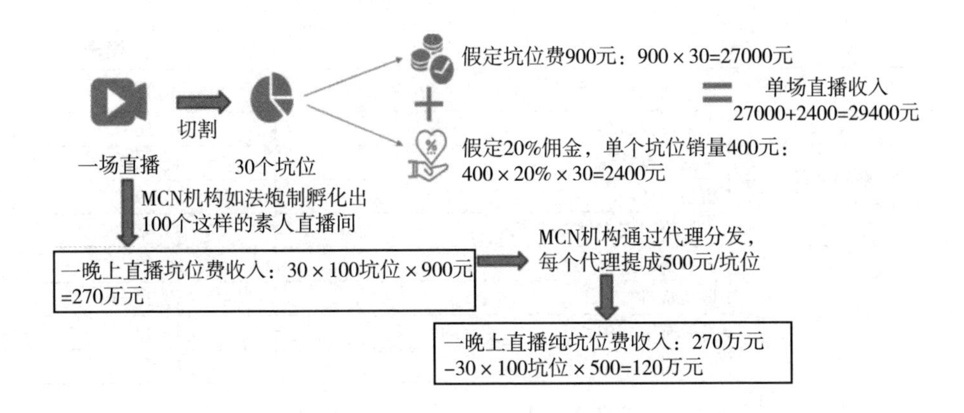

图 8　2020 年中国直播电商坑位费模式

资料来源：iiMedia Research（艾媒咨询）。

（二）消费者体验：近八成表示满意，但仍会担忧产品质量、售后等问题

目前消费者对直播电商的满意度相对较高，但也对产品质量、购物体验等问题有一定的担忧。调研数据显示，近八成（79.31%）用户对直播购物表示满意，其中12.07%表示非常满意，仅3.88%表示不满意。在购买直播电商产品时，网民会担心产品、购物流程和售后服务三方面。产品方面，52.63%的受访者最担心产品质量问题，45.49%的受访者担心瑕疵产品。购物流程方面，受访用户最担忧的是主播虚假宣传和直播数据造假问题。此外，售后服务和支付安全也是受访用户比较担心的问题。售后服务方面，54.89%的用户最担心商家不提供售后服务，导致退换货等需求无法满足（见表1）。

表 1　2020 年中国受访者直播购物担忧的问题分布

单位：%

直播购物担忧的问题		比例
产品	产品质量	52.63
	瑕疵产品	45.49
	即将过期产品	43.23
	假冒产品	39.47
	清仓产品	37.97

续表

直播购物担忧的问题		比例
购物流程	主播虚假宣传	72.56
	直播数据造假	42.86
	售后服务	36.09
	支付渠道安全性	33.46
售后服务	没有售后	54.89
	退换货难	50.38
	售后态度恶劣	42.48
	收到错误产品	37.97

资料来源：艾媒数据中心（data. iimedia. cn）。

在直播电商购物遇到问题时，超六成受访者选择找平台维权，四成多选择找销售商家，有三成左右选择找主播维权或向有关部门投诉。此外，有近五成受访者认为平台、主播和商家都应为直播带货行为负责，各自承担相应责任。直播带货涉及主体及法律关系复杂，因而要厘清不同主体的责任边界、加强对主播的管理并强化平台的监督管理责任，在强化监管责任划分下施行多主体协同共治，共同维护产业健康发展。

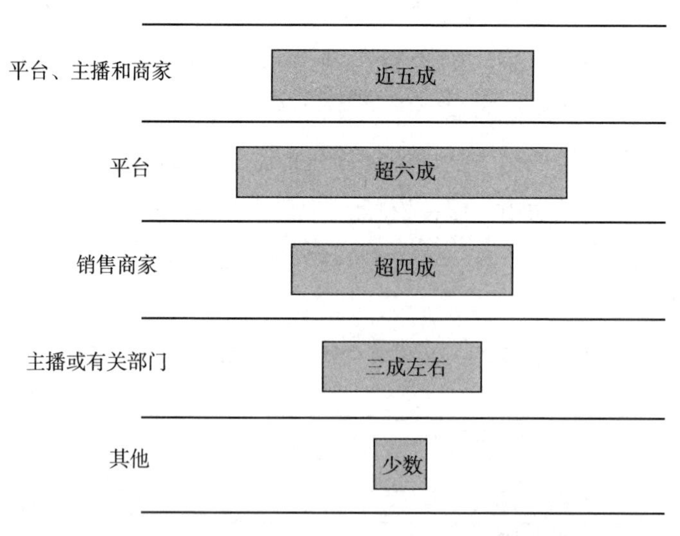

图9　2020年中国直播电商消费者选择维权责任主体倾向

资料来源：北京消费者协会。

五 中国直播电商发展趋势

（一）直播电商平台梯队分化明显，垂直专业电商领域有一定生存机会

经历了20年的高速发展，直播电商产业链各环节趋于理性，但是短期内仍是最重要的销售模式之一。从当前格局看，直播电商迅速历经了快速发展阶段，并从蓝海变成红海，其中淘宝、拼多多、抖音、京东、快手等头部企业获得最大红利；而蘑菇街、苏宁等平台，尽管在直播电商初期因入局较早获得快速增长，但其后用户也转向了大平台。由此看来，搭建直播的第三方平台及新兴专属发展直播电商的平台也很难在直播电商中出头。

与之相反，批发类、母婴类、珠宝玉石类等垂直平台获得并沉淀了相对稳定的用户。例如，成立于2015年、专注线上批发的批批网平台，在2019年吸引了超过9000家批发商入驻。但是，垂直电商平台当前还不具备迅速扩大发展的生态，面临着用户精准垂直、需要专业主播带货等问题。因此，珠宝、保险等垂直类企业多在当前流行的直播电商平台开设直播间，培育自己的专业主播并积累客户，获得生存空间。

（二）专业人士入场提升主播素养，虚拟偶像将进一步压缩主播生存空间

跨界红人入局主播产业，在令产业竞争更加激烈的同时，也提高了内容水平，使主播不得不提升自己的专业素养和综合能力来保持竞争力。例如，2020年5月1日，“央视 boys”与国美零售联手直播，销售额为5.286亿元；5月4日，影视明星刘涛在聚划算直播带货首秀，成交额为1.48亿元；5月15日晚，格力总裁董明珠在京东直播，成交额为7.03亿元。为了规范产业及主播职业发展，相关政府部门在“互联网营销师”职业下增设了“直播销售员”职业，逐渐将主播变为新工种。自此，部分地市及职业培训机构将主

播视为一项专业职业技能，推出系统性的主播培训，要求主播“持证上岗”。

与此同时，虚拟偶像的入局为市场开辟了一个新的垂直赛道。但虚拟偶像IP做直播带货仍面临真实感不足、互动性不强和技术的挑战。未来随着5G、虚拟现实等技术的应用和普及，虚拟偶像带货将会成为趋势，进一步挤压真人带货主播的生存空间。2020年5月1日晚，国内知名度最高的二次元虚拟歌姬洛天依现身淘宝直播间“天猫青年实验室”，此外还有言和、乐正绫、乐正龙牙等5位虚拟偶像助阵，观看人数突破213万。①

（三）5G+直播电商带来批发电商模式，带给零售电商巨大挑战

直播电商逐渐进入黄金发展阶段，其商业模式和产业链条都在逐步丰富。在直播电商的影响下，终端消费者与批发上游的关系越来越近，导致供应链的管理要求越来越高。直播带货的主要竞争力在于能够低价走量、快速反应。因此，按需定制、按需量产、低价走量已成为批发直播供应链的必然趋势。直播电商销售模式将逐渐应用于专业批发市场中，一方面可以缓解批发商户销售萎缩、盈利难等问题，另一方面也可以引导批发商应对快速变化的消费趋势，为商家提高创收机会。

特别是随着5G技术的发展，视频直播将不再局限于室内，可以应用于户外批发市场销售。对比拼多多、聚划算、淘宝等典型的零售电商，档口直播更具有产品便宜、互动性强、产品信息透明、采购更便捷、选购时间成本低等优势。而采购体验的不断完善，很有可能会对既有的零售电商形成分流。

参考文献

成栋、王振山、孙永波：《直播带货的本质：是颠覆式创新还是对传统电商模式的

① 《虚拟IP直播带货：200万人打赏，30天卖了千万，真的可行么?》，2020年5月7日，https：//new.qq.com/omn/20200507/20200507A0NTEN00.html。

扩展》，《商业经济研究》2021 年第 5 期。

陈雪娇、喻国明：《技术迭代视角下直播电商的发展逻辑、动力模型与操作要点》，《新闻爱好者》2020 年第 1 期。

郭全中：《中国直播电商的发展动因、现状与趋势》，《新闻与写作》2020 年第 8 期。

姚林青、虞海侠：《直播带货的繁荣与乱象》，《人民论坛》2020 年第 25 期。

B.18
2020年中国自动驾驶行业发展报告

孟 醒 赵兴华 高 红*

摘 要: 2020年，中国自动驾驶行业发展迅速，集群效应明显。以珠三角、长三角、京津冀为重心的自动驾驶应用圈已经初步形成。随着整车产品、关键技术等方面不断取得突破，智能网联汽车向车规级量产演进，由试验品走向商业化、产业化前期。以人为本的未来城市体系对智能交通系统提出了更高的共享化、智能化、绿色化要求。

关键词: 自动驾驶 车路协同 智慧城市 共享出行

2020年，全球新冠肺炎疫情暴发，世界现有经济、交通产业发展格局面临巨大挑战。与此同时，人们对出行方式的健康性和安全性提出了更高的需求，无接触经济、无人驾驶正成为新的发展契机，创造了新的经济增长点，丰富了智慧交通场景，加速了自动驾驶行业的规模化应用和商业化探索。

我国高度重视自动驾驶行业发展，视其为重塑道路交通系统的核心技术载体，积极推进智能网联汽车与智慧城市基础设施的深度融合，为解决交通拥堵、交通事故、交通污染等“大城市交通病”注入了新动能。“车城融合”的解决方案正成为城市交通发展新的“风向标”，必将极大地释放城市生产力及其边际效能，实现城市可持续发展。

---

* 孟醒，滴滴自动驾驶公司首席运营官；赵兴华，滴滴自动驾驶公司政府事务负责人；高红，滴滴自动驾驶公司政府事务高级经理。

一 态势篇

（一）取他山之石——国外相关做法的借鉴参考

受疫情影响，国外产业链重构加速，应用形态和模式进一步多元化。日本放开了L3级别的自动驾驶车辆量产准入，美国则实现无人驾驶合法上路常态化运营以及收费运营，且应用场景从载客扩大到送货、送餐服务等，值得借鉴和参考。

1. 无人运营已成现实，安全实践领先行业

2019年12月，美国自动驾驶公司Waymo在凤凰城向公众开放没有安全员的无人驾驶出租车服务，成为全球首例。正因为美国对无人驾驶的开放环境，国内自动驾驶公司也纷纷在美国获取无人驾驶测试许可，抢占行业先机，作为验证自己技术实力的里程碑。作为第一家在公共道路上实现完全自动驾驶的公司，Waymo于2020年10月发布了含无人驾驶车辆的公开道路安全表现报告、自动驾驶安全报告，与此前发布的安全措施和安全准备报告配合，展现了硬件、自动驾驶系统以及车辆运营三个层面完整的体系化自动驾驶安全评估方法论，并披露几乎所有发生碰撞的事件都是由其他交通参与者的行为所致，佐证了“与自动驾驶的AI司机相比，人类司机驾驶更不安全”，从而为行业做出了安全上的表率。

2. 车辆准入逐步放开，上路商用已无障碍

联合国、美国、韩国、日本、欧盟均已出台或实施自动驾驶相关法律法规，如《欧盟自动驾驶车辆许可豁免流程指南》、韩国的《促进和支持自动驾驶汽车商业化法》、德国的《自动驾驶法》等，从法律层面允许自动驾驶车辆量产准入及合法上路。以美国为例，Nuro无人配送车获得加州首张自动驾驶部署许可，用R2送货机器人来进行收费的自动送货服务，这也是行业新的里程碑；日本本田公司获国土交通省L3级自动驾驶要求车型的批准，并于2021年3月4日开售L3级自动驾驶量产车Legend Hybrid EX，成为全

球首例；美国自动驾驶初创公司 Zoox 发布了一款没有方向盘的“马车式设计”完全自动驾驶电动汽车，已上路测试，计划推出拼车服务，最多可搭载 4 名乘客，最大时速可达 75 英里且每次充满电足以运行 16 个小时，受到行业认可。

Nuro送货机器人R2

丰田Legend Hybrid EX

Zoox全无人驾驶Robotaxi

图 1　国际自动驾驶车辆前沿案例

3. 应用场景全面延伸，社会价值初步凸显

“无接触”服务场景在美国疫情期间发挥了积极作用，如美国 Cruise 宣布与零售巨头 Walmart 达成合作，消费者在沃尔玛商店下单，Cruise 的电动自动驾驶汽车将提供送货到家服务；现代—安波福自动驾驶合资公司与一家非营利机构合作，利用无人驾驶汽车在拉斯维加斯为家庭送餐，以回馈社区。以人为本的城市化场景在延展，日本丰田启动了 Woven City（编织之城）项目，是以人工智能和分级交通为主导的“未来原型城市”，将部署自动驾驶汽车、服务机器人、智慧家居等，期望实现人、车、建筑的友好关系，保障交通安全和生活绿色高效。同时，“可感知”的数字孪生城市方案将为自动驾驶创造更好的环境，日本国土交通省启动 3D 城市模型开发项目“PLATEAU”，推动 3D 城市模型建立及开放数据获取，MIT 感知城市实验室（MIT Sensible City Lab）发布由社交信息流来塑造城市的实时感知方案，均将加速与未来自动驾驶出行服务的融合。

（二）看百花齐放——国内自动驾驶最新形势

各地在推进的自动驾驶测试、示范应用试点工作取得积极进展，商业运

Cruise和Walmart无人供货试点　　丰田Woven City

MIT感知城市实验室　　日本“PLATEAU”项目

图2　自动驾驶应用场景城市化延展

营已是“箭在弦上”。国家上位法取得积极突破，首次将自动驾驶车辆纳入法律法规。智能网联汽车产品准入机制初步形成，行业合规有序发展将有据可循。同时，多巨头布局自动驾驶赛道，有望在2023年提前实现规模量产。

1. 多维度支持政策出台，示范应用呈现集群化发展

为推动自动驾驶健康有序快速发展，国家层面从发展战略、管理办法、标准体系、路侧新型基础设施支持、法规监管等方面均做了大力支持，发布政策20余项。总体来看，国内自动驾驶应用呈现集群式发展，以京津冀、珠三角、长三角为核心圈辐射全国各地。地方层面积极发挥先行政策试点优势，在产品准入、商业运营、无人/远程驾驶测试等方面给予积极支持。珠三角地区的政策突破最前沿，深圳以特区立法权为先机，通过产品准入、牌照发放、判责规则设定等全面保障自动驾驶车辆的合规上路，广州在远程驾驶与合规运营两个层面不断探索和突破，希望打造产业链集群效应；北京则

以亦庄作为政策先行示范区，探索高精地图试点及运营收费的可行性，为在地企业积极创造应用优势；上海目前正在探讨放开高速公路测试。

表1 国家自动驾驶相关重点政策汇集

部门	政策	重点关注领域	发布时间
国务院	《关于进一步优化营商环境更好服务市场主体的实施意见》	测试互认及流程简化	2020. 7
国家发改委、网信办、科技部、工信部等11部门	《智能汽车创新发展战略》	发展战略	2020. 2
工信部	《新能源汽车产业发展规划(2021～2035)》	智能网联汽车	2020. 11
工信部	《汽车驾驶自动化分级》	技术分级	2020. 3
公安部、工信部、交通部	《智能网联汽车道路测试与示范应用管理规范(试行)》(征求意见稿)	示范应用	2021. 1
工信部、公安部、国标委	《国家车联网产业标准体系建设指南(车辆智能管理)》	车辆智能管理	2020. 4
工信部、交通部、国标委	《国家车联网产业标准体系建设指南(智能交通相关)》	智能交通	2021. 3
交通部	《道路运输条例》(修订草案征求意见稿)	自动驾驶	2020. 11
国家市场监管总局	《关于进一步加强汽车远程升级(OTA)技术召回监管的通知》	OTA 安全监管	2020. 11
工信部	《网络数据安全标准体系建设指南(征求意见稿)》	车联网安全	2020. 4
公安部	《道路交通安全法》(修订建议稿)	法律支持	2021. 4

资料来源：根据公开资料整理。

表2 地方政府自动驾驶相关重点政策汇集

城市	政策	重点关注领域	发布时间
北京	《北京市智能网联汽车政策先行区总体实施方案》	商业运营、无人配送车路权、路侧设施运营	2021. 4
深圳	《深圳经济特区智能网联汽车管理条例(征求意见稿)》	产品准入、合法上路、商业运营、无人测试、事故判责	2021. 3
广州	《广州市关于智能网联汽车道路测试有关工作的指导意见》	远程测试	2018. 6

续表

城市	政策	重点关注	发布时间
长沙	《长沙市智能网联汽车道路测试管理实施细则(试行)V3.0》	无人测试	2020.6
沧州	《沧州市智能网联汽车道路测试和示范运营管理办法(试行)》	示范运营	2020.12

资料来源：根据公开资料整理。

2. 多巨头布局自动驾驶赛道，造车行业迎来新竞争时代

滴滴、腾讯、百度、阿里等互联网公司，华为、小米等 ICT 企业，小鹏、蔚来、理想等新造车势力均涌入自动驾驶造车赛道，传统企业和新兴企业竞合发展，市场十分活跃，价值链等发生深刻的变化。如滴滴聚焦 L4 及以上自动驾驶，以量产自动驾驶车为目标，牵引汇聚车企、零部件企业等为一体的生态链重塑，先后与北汽、沃尔沃、禾赛科技、广汽埃安等签订合作协议，共研共创产业化路径。华为致力于打造产业生态优势，以自研解决方案、激光雷达等关键零部件的方式切入产业链，与汽车生产企业合作，扮演自动驾驶赋能者的角色。与传统车企相比，新造车势力在自动驾驶的投入较大，积极培育市场对产品的期待，希望以定制化和差异化为核心竞争力，讲述更好的未来故事。各方动态频频，造车势力“群雄争霸”，行业内生需求旺盛，产业链上下游协同加速。

3. 本土品牌汽车受民众认可，数字生活实现生态圈扩展

2021 年 5 月，市场研究机构 J. D. Power 和《环球时报》联合发布了“2021 年中国消费者自动驾驶信心指数调查”，[①] 对比发现，中国消费者展现出比美国消费者更强的信心和对本土自动驾驶技术的“安全感”。如今，公众能在上海、长沙、北京、沧州等地免费体验自动驾驶出租车，新奇的科技尝鲜为公众延展了对未来城市交通的想象。自动驾驶企业基于市民的真实

① 《中国消费者更信任“国产”自动驾驶技术》，https://china.jdpower.com/zh-hans/resources/china-self-driving-confidence-index，2021 年 5 月 13 日。

出行场景，如工作通勤、休闲娱乐、旅游接驳等，搭建起运营范围、运营路线以及运营服务体系，获得公众认可。自动驾驶出行服务作为一个新品类，与先行的网约车、巡游车等体系融为一体，构成用户出行的交通工具网络，从而延展了对未来出行的期待。

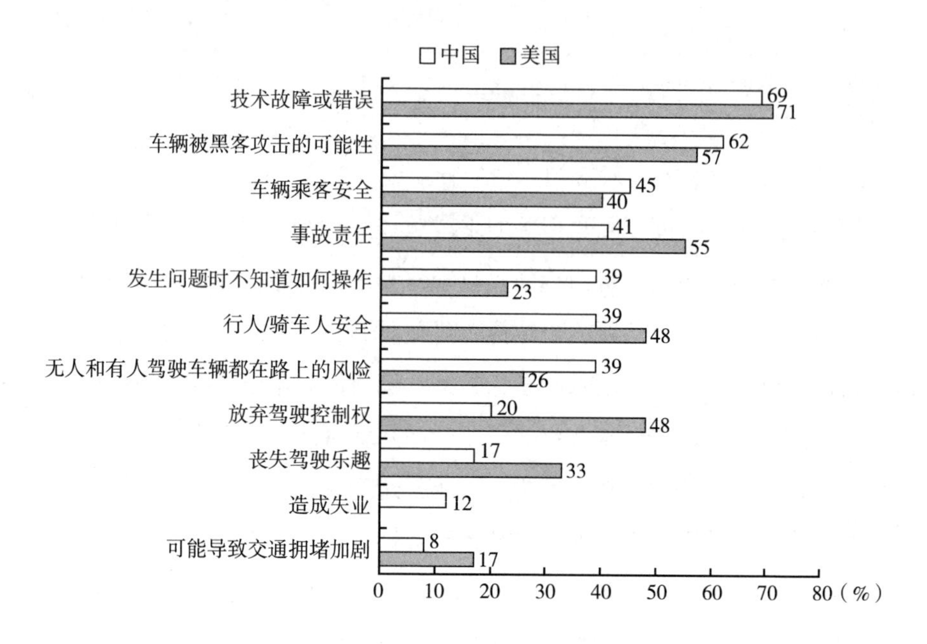

图3　中美消费者对无人驾驶的顾虑

资料来源：2021 年中国消费者自动驾驶信心指数调查。

二　成果篇

随着整车产品、关键技术等方面不断取得突破，并积极向车规级量产演进，智能网联汽车已由试验品走向商业化、产业化前期，自动驾驶服务的领域已覆盖载人、载物、清扫、安防、巡逻、物流配送等。在构建交通基础设施时，提前考虑未来的交通路网和基础设施与路面各类交通承载工具和元素之间的交互，助力未来交通生态发展。

（一）关键技术实现自研突破

虽然我国自动驾驶起步较晚，但已实现了不少关键技术突破：车载多线束激光雷达已在量产前装的过程中，禾赛自研激光雷达已超过 Velydone 稳居行业出货量前列；车载毫米波雷达、自动驾驶计算平台、智能芯片等实现自主研制，如华为 MDC 智能驾驶计算平台获 Safety 最高等级——德国莱茵 TÜV 集团 ISO 26262 功能安全管理认证；高精地图等也在做积极探索、寻求突破，如以四维图新、高德为代表的企业在 ADAS Map、HAD Map 采集范围与地图制作方面与国际先进水平保持一致。我国在促进自动驾驶产业发展的战略中兼顾车、路、网，已形成健全的 C－V2X 产业生态体系，[①] 实现了“跨芯片模组、跨终端、跨整车、跨安全平台”，[②] 在标准制定、产品研发、应用示范、测试验证等方面都达到国际领先水平。

表 3　部分关键技术进展

关键技术	代表企业	领先优势	量产阶段
激光雷达	禾赛、华为	转镜式	已准备量产
高精地图	高德、四维图新	市场优势	L3＋自动驾驶的高精地图已能量产
MDC 智能驾驶计算平台	华为	德国莱茵 TÜV 集团 ISO 26262 功能安全管理认证	发布即量产
C－V2X	华为、大唐高鸿	V2X 底层通信模块、自主通信芯片、模组	量产

（二）车路协同取得积极进展

我国自动驾驶发展兼顾车与路，从 2019 年起，就通过建立车联网先导

① 中国汽车工程学会：《节能与新能源汽车技术路线图 2.0》，2020。

② 《中国信科陈山枝：“新四跨”活动开启 C－V2X 规模商用序幕　我国车联网产业更上层楼》新浪财经，https：//finance. sina. com. cn/tech/2020－11－16/doc－iiznezxs2056485. shtml，2020 年 11 月 16 日。

区、示范区的方式，推动布局车联网“新基建”。此外，各地通过改善城市交通系统、丰富交通场景应用等项目，将自动驾驶与车路协同作为重点突破，搭建车载路侧协同感知体系。与此同时，配套推进交通大数据平台的改造、道路交通标识的数字化以及共享出行服务体系的落地。我国在5G以及北斗、卫星等快速高精度定位导航网上有国际领先的优势和应用规模，加速提升了智能化网络基础设施体系的服务支撑能力。以作为全国首个智能网联汽车示范区的上海为例，其创新布局了车路协同试点示范基础设施，滴滴自动驾驶、启迪云控等企业参与其中，推动实现道路全息感知可视（目标级）、道路拥堵状态监测（车道级）、远程协助等。

（三）智能汽车与智慧城市协同发展

2020年初，住建部启动城市信息模型（CIM）平台建设的试点工作（在局部城市开展），将智能汽车、智慧交通、高精地图等列为组成要素。2020年底，工信部和住建部联合推动智能汽车与智慧城市融合发展战略，核心在于通过推动城市基础设施的智能化、个性化、绿色化发展，实现智能网联汽车的产业化、智慧城市的社会效益最大化。2021年5月，工信部和住建部在京召开智慧城市基础设施与智能网联汽车协同发展试点工作部署会议，再次强调要坚持“单车智能+网联赋能”的战略定位，加强智能化基础设施和“车城网”平台建设，加强数据、基础设施、产业协同互通。“人—车—路—云”高度协同，通信网络、道路交通、地图定位等智能化基础设施覆盖率高。滴滴自动驾驶、百度、腾讯等企业均有较成熟的智慧城市建设方案，助力城市打造更泛在化、个性化、共享化的操作“大脑”。

三　挑战篇

智能网联汽车是跨产业融合创新产物，支撑其发展的产业格局和生态体系也在深刻调整。目前，智能网联汽车大规模运营还不成熟，尚缺乏城市级交通运营服务机制支撑。自动驾驶对国家相关法律法规、行业管理等

提出了较大挑战。汽车网联化发展，也带来了数据安全、网络安全等新问题。

（一）如何实现智慧城市标准化发展

在智慧城市、智能交通与智能汽车协同发展层面，城市规划、交通管理、社会组织形式等都面临新领域的探索，既是新机遇也是新挑战。同时，企业与个人之间的数据确权和数据安全受到前所未有的关注。此外，目前行业发展模式均为区域探索，采取因地制宜的方式开展规划与设计，未来如何实现跨省份、全国统一的标准化对接和运营体系尚未在规划中体现，这也将对车辆流动造成不可知的影响。在智能交通方面，依靠现有的信号灯改造，不足以实现面向未来的车路融合一体化感知、协同管控交通规则和组织方法。车路协同是实现交通路侧与车端融合控制的关键技术，但目前缺乏标准化的实施方案，基本是各家用自己的技术方案，数据格式、传输方式、铺设程度等不一样，给使用方带来一定的适配成本，还会导致不好用。另外，智能汽车本身尚未取得产业化应用突破，产品成熟度在大规模应用上有待验证，与城市、道路的协同还需要进一步完善。只有打通数据壁垒，规范统一基础设施，实现全城级运营适用，自动驾驶才能实现定制化按需出行。

（二）如何实现智能汽车（L4及以上）产品准入及上路营运

过往的中国汽车产品准入制度以欧洲 ECE 法规体系为基础，采取认证许可模式。2021 年 4 月，工信部发布《智能网联汽车生产企业及产品准入管理指南（试行）》，在功能安全、预期功能安全、网络安全、道路测试安全等维度上提出要求，然而尚未对产品准入实施形成具备可操作性的细则。同时，交通、公安等相关管理部门针对高级别智能网联汽车上路及营运的法律法规修订工作仍处于初期研究阶段。目前行业已开展 L4 及以上自动驾驶车辆的前装量产的可行性研究，亟须在政策、法规及标准等维度与政府管理思路保持一致。

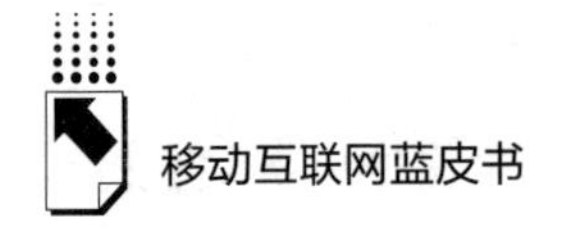

（三）如何建立适当的法律体系与现有机制融合

目前，我国没有对自动驾驶汽车交通事故法律责任进行专门规定，从现有机制推导，相关法律责任主要分民事、行政、刑事三种。自动驾驶汽车带来的最大挑战是如何界定“人”与“车”在不同自动驾驶技术等级下的法定义务边界。2021 年 3 月，公安部发布《道路交通安全法（修订建议稿）》，核心原则还是基于现代化道路交通治理格局（加强人和车源头管理），按照自动驾驶从封闭测试到道路测试（取得临时行驶号牌，在指定区域路线通行）制定相应的通行规定，责任认定体系判定仍主要针对 L3 及以下自动驾驶车辆（保留驾驶人的状态）。对于 L4 及以上自动驾驶车辆（取消驾驶人的），法律上能否将公共安全绝对交由“机器”，并免除驾驶人全部义务，需要对现有判责体系进行重构，我国尚未开展实际立法的工作。同时，现在也没有明确自动驾驶车辆的生产者、销售者、设计者和运营者、使用者等相关主体的范围界定及承担的责任，这给制度设计带来了很大的挑战。

（四）如何搭建安全的自动驾驶运营体系

自动驾驶具有提供更安全、更清洁、更高效、更具包容性的交通运输生态系统的潜力。特斯拉事件带来的系列安全问题，引起国家监管部门和公众的关注。数据安全、网络安全问题迫在眉睫。为保障未来自动驾驶车队级、平台级运营安全，V2X 安全、道路安全等也亟待提前部署。车外安全层面，Waymo 发布的安全运营报告中，大多数的事故皆由其他道路参与者行为所致，在某种程度上佐证了“智能汽车的 AI 司机比人类司机更安全”。车辆安全层面，自动驾驶功能安全问题已经成为企业在技术层面的重点研究内容，政府层面针对网络安全与数据安全问题的政策制定已经开展。车内人员安全层面，也将对运营企业提出新的要求：如何搭建自动驾驶安全运营体系，保证无司机运营模式下的乘客安全。此外，政府监管体系及责任划分也将是自动驾驶运营领域的新课题。

四　展望篇

在未来城市数字化、智慧化的要求下，汽车、道路新型基础设施、ICT技术、平台、数据等已成为城市基础设施，城市形态发生变革，以硬设施为主的传统规划、治理思路将转为更好的“以人为本”的生活体系。同时，在城市规划、路网建设、能源额度、交通设施建设与管理中，建立中国标准智能汽车与智慧城市方案，推动实现“人—车—路—网—云”一体化发展，将使未来城市触手可及。

（一）智能网联汽车量产加速，共享出行将加速自动驾驶的商业化进程

据现在行业火热态势，如整车企业和自动驾驶企业联合、零部件企业车规级量产突破等方面积极推进，有望在2023年提前实现规模量产。在技术及产品有待验证、成熟的阶段，消费市场需要一定的培育过程，智能汽车的产量也不会一下达到数百万，通过卖车实现盈利。中国“集中式”的城市形态以及庞大的通勤需求情况下，共享出行模式能提高交通效率和实现更可持续的城市发展。在现有技术和环境下，一辆智能共享汽车平均可以替代2.4辆私人汽车；[①] 在未来，一辆智能共享汽车最多可以取代11～14辆私人汽车，[②] 大大提升车辆利用率，将有望彻底解决交通拥堵，并促进交通资源的高效配置、交通成本大幅降低、环境质量大幅改善。智能网联共享出行将会进一步释放道路空间，每一辆自动驾驶共享汽车可减少至少20个停车位

---

① 王冠、杨超、张英杰、陈海林：《自动驾驶条件下共享车辆车队规模》，《综合运输》2019年第2期。

② 王鹏、雷诚：《自动驾驶汽车对城市发展的影响及规划应对》，《规划师》2019年第8期；Zhang W., Guhathakurta S., Fang J., et al. “Exploring the Impact of Shared Autonomous Vehicles on Urban Parking Demand: An Agent-based Simulation Approach”, *Sustainable Cities and Society*, 2015 (19): 34-45.

需求，[①] 从而促进城市公共空间的可达性、宜居性和舒适性。联合产业链上下游打造的共享出行平台会成为一个多赢的解决方案。短时间内，智能汽车购置、保养维护成本高，共享出行平台更聚焦单位里程的成本，同时可以加速触达真实用户群体，加快自动驾驶的商业化进程。

（二）智能电动汽车正当其时，将促进智慧用能和增值服务等新模式新业态

智能汽车是新技术、新能源、新材料、新制造融合的产品，也是连接范围最广、自由度最大、效能最佳的核心载体，将与智慧能源等深度融合发展，产生新的功能和服务。汽车的智能化和电动化天然吻合，未来充电基础设施实现联网，接入智慧能源平台，在“互联网+”智能能源模式下，智能汽车可与能源生产、传输、存储、消费等环节打通，促进更为灵活高效的能源互联网形成。分布式智慧电网将实现电动汽车与主电网的良性互动，可综合分析剩余电量和自身位置，选择位置最佳的充电站，同时也能帮助主电网实现电网电量及时消纳和虚空填补。智能汽车通过车辆 ID 与智慧能源交易平台打通，实现灵活、便捷的能源交易，还能促进智慧用能和增值服务、绿色能源灵活交易、能源大数据服务应用等新模式和新业态发展。智能汽车将作为城市能源系统的智能储能终端发挥更大的作用。

（三）智慧基础设施泛在感知，未来城市实现交通精细化治理将触手可及

为支持城市级自动驾驶大规模应用，智慧城市将构建“全息感知”的智慧基础设施，不仅提供信息——如动态交通数据、动态出行数据、城市道路地标、导航地图、天气环境数据等，还包含基于 C－V2X 等通信网络构建的车路协同基础设施，实现与智能汽车车端感知、决策与控制相融合。这样

---

① 姜洋：《智能共享出行，未来城市交通的新形态》，http：//www.chinaweekly.cn/8167.html，2019 年 2 月 3 日。

的未来城市，将实现城市交通精细化治理，包含高效的车辆调度组织，紧密的停车场泊位调度，以及充电、运维等设施的配置等；同时增加了城市时空数据获取的实时性、动态性、广域性，有利于政府、规划部门、科研机构等对城市交通和社会经济运行情况进行更加深入和全面的掌握。面向智能汽车的智慧城市治理体系，将有助于打造安全、高效、绿色的道路交通，降低市民出行成本、提升出行舒适度，并将未来的智能汽车作为新的工作、学习、娱乐空间，提升人民群众的幸福感获得感。

专 题 篇

Special Reports

B.19 大数据战略目标与个人信息立法的价值冲突与协调

刘德良　靳雨露 *

摘　要： 2020年我国大数据战略得到了长足发展。但当前我国大数据战略目标与个人信息立法的价值追求存在冲突。为化解这一冲突，实现大数据战略目标与个人信息立法价值的协调，应重新审视我国既有的个人信息立法观念，正确认识大数据技术及其应用，树立正确的隐私观念，区分个人信息与个人数据，以有效防止滥用为个人信息立法的宗旨和目标，合理平衡个人利益与产业利益。

关键词： 大数据战略　个人信息立法　个人信息安全　价值冲突与协调

---

* 刘德良，北京师范大学法学院教授、博士生导师，亚太网络与人工智能法治研究院院长，主要研究方向为网络法、个人信息保护法；靳雨露，北京师范大学法学院博士研究生，主要研究方向为网络法、个人信息保护法。

一　2020年中国大数据战略与个人信息立法回顾

（一）2020年大数据战略发布与实施情况

1. 2020年大数据战略发布一览

2015 年 11 月 3 日发布的《中共中央关于制定国民经济和社会发展第十三个五年规划的建议》提出，拓展网络经济空间，推进数据资源开放共享，实施国家大数据战略，超前布局下一代互联网。一般认为，这是我国首次提出推行国家大数据战略。国家大数据战略实施后，我国开始全面推进大数据发展和应用，推动数据资源开放共享，旨在建设数据强国。贵州省、天津市、河北省、北京市、珠江三角洲、上海市、河南省、重庆市、沈阳市、内蒙古自治区先后被列入国家大数据综合试验区。

2020 年 2 月，为全力实施大数据战略行动，贵州省发布了《贵州省大数据战略行动 2020 年工作要点》，提出数据创新应用行动等贵州省大数据战略实施“六大行动”。[①] 2020 年 3 月，《天津市全面深化大数据发展应用行动方案（2020 - 2022 年）》发布，提出加快建成数据融通、应用发达、产业繁荣的大数据高地，实现公共数据充分开放，数据应用价值充分体现。[②] 2020 年 6 月，《沈阳市构建行权治理体系推进数字政府建设实施方案（2020 - 2022 年）》发布，旨在加快数字政府建设，推进政务数据资源有序共享开放。[③] 2020 年7 月，《河北省大数据产业创新发展提升行动计划（2020 - 2022 年）》发布，旨在加快大数据产业创新发展，打造数字经济

---

① 《〈贵州省大数据战略行动 2020 年工作要点〉发布》，中国网信网，http：//www.cac.gov.cn/2020 - 02/11/c_ 1582962736446240.htm。

② 《天津市出台全面深化大数据发展应用三年行动方案》，中国网信网，http：//www.cac.gov.cn/2020 - 03/27/c_ 1586847632336468.htm。

③ 《关于沈阳市人民政府关于印发沈阳市构建行权治理体系推进数字政府建设实施方案（2020 - 2022 年）的通知的解读》，沈阳市人民政府网，http：//gzw.shenyang.gov.cn/html/SYGZW/157611502900856/157611428174776/157611502900856/0290085626600055.html。

新优势。[1] 2020 年 9 月,《北京市促进数字经济创新发展行动纲要(2020 - 2022 年)》发布,旨在加快数字技术与经济社会深度融合,促进数据要素有序流动并提高数据资源价值,打造数字经济发展的先导区和示范区。[2] 2020 年 9 月,《2020 重庆市大数据智能化应用发展蓝皮书》发布。

2. 2020年大数据战略实施情况

2020 年大数据战略实施取得了重大进展。国家大数据综合试验区为配合国家大数据战略实施,相继出台了一系列行动纲要、建设方案等。贵州省发布了《贵州省大数据战略行动 2020 年工作要点》,提出实施数字经济提升行动、实施数据创新应用行动、实施大数据助力等"六大行动";京津冀地区三地政府分别制定并发布了促进云计算、大数据产业发展的指导意见,大数据产业聚集格局也逐步显现;《重庆市新型智慧城市建设方案(2019 - 2022 年)》等相关政策出台,形成"三位一体"推动大数据应用发展的新格局。虽然 2020 年我国大数据战略实施和大数据产业的发展取得了显著成效,但是随着我国个人信息立法工作如火如荼地开展,大数据战略目标与个人信息立法的价值冲突也越发凸显。

(二)我国有关个人信息的立法

目前,从法律层面上讲,我国已经通过的与个人信息有关的立法主要包括《网络安全法》(第 40 条至第 45 条)、《民法典》总则(第 111 条)、人格权编有关规定(第六章)等。同时,2020 年 10 月 21 日,全国人民代表大会常委会审议了《个人信息保护法(草案)》(以下简称为《草案》)。综观这些立法(或草案)的规定,其基本思路是以欧盟个人信息立法为蓝本,将个人信息界定为"是指以电子或者其他方式记录的能够单独或者与其他

① 《河北省大数据产业创新发展提升行动计划(2020 - 2022 年)》,河北省工业和信息化厅,http://gxt.hebei.gov.cn/hbgyhxxht/zcfg30/snzc/673678/index.html。

② 《北京市经济和信息化局关于印发〈北京市促进数字经济创新发展行动纲要(2020 - 2022 年)〉的通知》,北京市人民政府网,http://www.beijing.gov.cn/zhengce/zhengcefagui/202009/t20200924_2089591.html。

信息结合识别自然人个人身份的各种信息，包括但不限于自然人的姓名、出生日期、身份证件号码、个人生物识别信息、住址、电话号码等”。[①] 要求收集个人信息应该遵循“知情—同意”原则，即收集哪些数据、收集的目的是用于何种用途、将与何人分享等信息告知被收集者，在被收集者知悉且表示同意的情况下，才能收集数据。与个人有关的数据收集、存储、使用、加工、传输、提供、公开等应该遵循合法、正当、必要原则，不得过度处理，同时应该公开收集、使用规则，明示收集、使用信息的目的、方式和范围。

二　大数据技术原理与个人信息立法的价值追求

（一）大数据战略实现的技术及法律要求

1. 大数据技术原理

大数据技术是将归纳思维运用于数据的收集、存储、处理、加工分析、流动和应用过程的信息技术。大数据的收集、存储、加工、提炼分析、流动、利用等环节都是高效自动化的实现过程，没有人的直接参与；它强调尽可能多地收集各种不同类型的海量数据，以剔除其中数据的个性化特征，从中归纳出具有一般性的特征，从而指导社会实践。因此，大数据产业健康快速发展的前提条件是数据的收集、存储、加工、提炼分析、流动、利用整个环节能够尽可能地高效、便捷，数据能够自由高效地流动和利用。

大数据作为生产要素，本质上跟原油、煤、铁矿石等原材料一样，收集

① 《网络安全法》第76条第（五）项规定：“个人信息，是指以电子或者其他方式记录的能够单独或者与其他信息结合识别自然人个人身份的各种信息，包括但不限于自然人的姓名、出生日期、身份证件号码、个人生物识别信息、住址、电话号码等。”《民法典》第1034条规定，个人信息是以电子或者其他方式记录的能够单独或者与其他信息结合识别特定自然人的各种信息，包括自然人的姓名、出生日期、身份证件号码、生物识别信息、住址、电话号码、电子邮箱、健康信息、行踪信息等。《个人信息保护法（草案）》第4条规定，个人信息是以电子或者其他方式记录的与已识别或者可识别的自然人有关的各种信息，不包括匿名化处理后的信息。

（开采）之后将被什么主体用于什么目的，事先完全无法预测。大数据作为一种资源，具有稀缺性，如果要最大限度地发挥其潜在的价值，就必须在制度上促进其能够快速流向实现其价值最大化的人手中。[①] 与原油、煤、铁矿石等原材料不一样的是，大数据具有时效性。在大数据时代，时时刻刻都会产生海量的数据，如果不及时处理的话，需要花费大量资本去存储这些数据。任何数据都位于一个连续的时间轴上，都有其时间属性；不同时段的数据有着不同的价值特性。一般来说，老数据具有总体或趋势分析的价值，新数据则更具有个体应用价值。大数据时效性的要求对数据的实时采集、实时加工、实时分发提出了极高的要求。数据处理上有一个著名的“1 秒定律”，即要在秒级的时间范围内计算出分析结果并分发出去，超过这个时间，数据就失去价值了。这在许多时候还很难做到，从而在相当程度上限制了大数据的应用。因此，对大数据的加工、提炼、分析、交易等整个环节和过程都需要遵循时效性规律，否则大数据的应有价值将大打折扣。

2. 法律要求

为了实现快速高效地收集、存储、加工、分析、交易和利用大数据，充分发挥大数据的价值，实现大数据战略目标，有两个法律要求：一是数据的产权应当清晰；二是数据的利用应当是无害利用。

（1）产权清晰

产权清晰是确保交易、分享和利用的法律前提。为保障大数据高效快捷的收集、自由流动和利用，在法律上首先必须使大数据的收集、加工、分析、交易或分享者对有关数据享有产权。在大数据时代的今天，从个人那里收集的与个人有关的数据，是大数据的重要组成部分。因此，正确界定个人信息和厘清个人信息与大数据之间的关系是大数据产业发展的法律前提。

（2）无害利用

大数据战略的开展要求数据高效地流通和利用。在法律上，数据的利用

---

① Joel R. Reidenberg, “Resolving Conflicting International Data Privacy Rules in Cyberspace”, *Stanford Law Review*, Vol. 52: 1315, p. 1342 (2000).

应当是无害利用。所谓的无害利用是指对数据的利用不能侵害有关主体的合法、正当权益。比如，利用大数据进行包括价格歧视在内的各种歧视，就是典型的数据滥用。

（二）我国个人信息立法的价值追求

从我国有关个人信息立法的基本内容来看，其立法和理论基本上是借鉴欧盟。这种立法的认识论基础是“个人对与其有关的数据享有控制权，这种控制权攸关基本人权和隐私权”。[①]

虽然我国在立法上似乎想把个人信息与隐私区别开来，但是实际中往往又把二者混淆在一起。立法强调数据处理者对其所掌握的数据承担安全保密（保障）义务；“个人数据泄露”被视为“隐私泄露”，应该承担相应的法律责任。这种立法对个人信息和个人数据不加区分，将“个人数据”界定为与已识别或可识别的自然人（“数据主体”）相关的任何信息。我国《个人信息保护法（草案）》参考欧盟《通用数据保护条例》（*General Data Protection Regulation*，*GDPR*）的做法，在界定个人信息时规定了“匿名化数据不属于个人信息”，但在大数据时代条件下，所谓的“匿名”与“显名”、“去标识化”与“再标识”之间只具有相对性，由此导致这种规定缺乏可操作性。换言之，在实际中，也可以把几乎所有与个人有关的数据都纳入个人信息的范畴，从而要求有关主体遵守个人信息保护法的有关规则。

三　大数据战略目标与个人信息立法价值的冲突及其协调

（一）价值冲突

一方面，立法上的个人信息（数据）的外延在实际中具有不确定性，

---

① 杨芳：《个人信息自决权理论及其检讨——兼论个人信息保护法之保护客体》，《比较法研究》2015 年第 6 期。

由此导致了企业手中与个人有关的大数据往往落入个人信息的范畴，进而导致大数据产权不确定。

如前文所述，由于我国有关理论和立法不区分个人信息和个人数据，将个人信息视为隐私，赋予个人对其个人信息的控制权，不承认商家对其收集的与用户有关但不能直接识别出特定自然人身份的数据拥有独立的财产权益，因此，商家无法对其在经营活动中所收集的数据进行自由处理。从收集、处理、加工到利用、分享、交易的整个环节都需要取得个人的授权，不得超出最初获得授权时的目的，否则，应该重新取得授权；个人信息（数据）处理的所有过程，都必须遵循严苛的规则。这种制度安排由于与信息技术相悖，不仅不合理地增加了商家（合规）的成本，而且还会由于商家对其所收集的（与用户有关但不能直接识别出特定用户个人的）数据不享有产权而无法促进数据的流通和分享。[①] 由此，在我国，凡是商家基于自己的经营活动而获得的（与用户有关）数据都是不能分享和交易的。个人信息的范围无法确定导致“大数据”的产权无法界定，由此严重阻碍数据高效流通的大数据战略目标的实现。

另一方面，现行立法所确立的原则、规则与大数据产业发展的客观需要相悖。按照大数据产业的要求，企业不仅应该收集尽可能多的数据，而且，还应该快速高效地利用数据。为此，企业对其收集的数据可以尽可能多地与其他企业分享，让其高效快捷地被流通和利用，只有这样才能充分发挥数据的潜在价值。显然，我国有关个人信息立法所规定的知情同意规则、目的特定化、必要且最小原则等不仅加大了企业的合规成本，而且还严重阻碍了企业对数据的收集、加工、分享、利用等处理行为，最终将严重阻碍我国大数据产业发展和战略的实现。

（二）冲突的协调

我国学习和借鉴的欧盟立法，在认识论上把个人对于个人有关的数据

① Paul M. Schwartz, Daniel J. Solove, “The PII Problem: Privacy and a New Concept of Personally Identifiable Information”, *New York University Law Review*, Vol. 86: 1814, pp. 1879 - 1884 (2011).

（个人信息）的控制视为隐私权和基本人权，认为它攸关人格自由发展。这种认识论貌似道德站位很高，但其实它是虚高的，无法落地和得到实际验证。实际上，之所以需要保护个人信息，无外乎有两个方面的原因：一方面，那些与个人身心有关、直接攸关名誉和尊严的个人信息（数据），才应该是真正法律意义上的个人隐私[①]，一个正常理性的人都会保密，除非基于家庭、恋人、医患关系，律师与当事人之间的关系；另一方面，对于除上述之外的其他个人信息，恰恰是基于正常的社会经济文化交往需要而产生的，因此，基于正常的社会经济文化交往收集、公开和使用这些个人信息本身并不会对个人造成损害。事实上，对个人造成损害的往往是后续的滥用行为，如我们希望对身份证（号码）信息保密是担心身份假冒给我们造成其他损害（失）[②]、对电话号码保密是不希望垃圾短信和骚扰电话等。因此，真正需要做的是如何有效防治对这类个人信息的滥用，而不是去控制、保密，因为我们既无法通过控制（所谓的“知情—同意”）或授权来防范风险，即使是合法取得的，后续也可以被滥用，同时现行立法还会妨碍对这类信息的有效利用。

为了平衡大数据战略目标与个人信息立法的价值冲突，应该正确认识大数据技术及其应用，树立正确的隐私观念，合理平衡个人利益与产业利益，以及区分个人信息与个人数据。

1. 正确认识大数据技术及其应用

一方面，正确认识大数据技术及其应用与隐私保护的心理学基础之间的差异。如前述，大数据技术和产业强调的是数据的收集、存储、加工、分析乃至利用的整个过程基本上都是计算机高效快速的自动化实现的，无须人的参与。而隐私保护的心理学基础是“人与人相处的社会关系和背景”，即只

---

① 如裸照、被衣服覆盖的身体信息、医疗健康信息、内心情感经历、性倾向、性经历等具有真正意义上的私密性，不具有社会性。

② 身份证的使用就是基于身份表征和身份识别需要，它的正常使用情形一定是要求有关识别机构或主体在持证人手持证件的情况下对“人”与“证”（所载信息）是否一致的比对环节；缺少了“人”与“证”的同时比对环节很可能会导致身份假冒。

有在人与人之间人们才会有保有隐私的心理需要。因此，在人与物（如计算机）之间的（大）数据收集、存储、加工、分析、利用等背景下不存在隐私保护的需求。

另一方面，大数据技术的理念与个人信息保护的理念完全相反。前者强调从海量和无限丰富的数据中去除个性化元素及其特征，运用归纳思维，抽象出一般性的规律；而后者恰恰是强调信息的个性化特征。显然，我们担心大数据产业中涉及的个人信息泄露，实际上是对大数据技术及其产业应用的误解。

2. 树立正确的隐私观念

一方面，树立正确的隐私观，需要认识到法律意义上的隐私概念不同于其他学科上的隐私概念。

我国现行立法和理论有关隐私的观念，是以美国人隐私概念之瓶装欧洲人隐私内容之酒，认为“隐私是自然人的心理安宁不被打扰、不愿意让他人知悉的私密活动、私密空间和私密信息”。显然，这种隐私观念并没有区分心理学、社会学、政治学、宗教学、经济学、法学等不同学科、不同领域的隐私概念，而是将这些隐私概念混淆在一起，其实际社会效果必然导致法律上的隐私是一个仁者见仁智者见智的概念，进而导致在社会生活实践中，每个人的隐私外延具有鲜明的主观色彩。由此，法律上的隐私权保护的边界也会因人而异，进而必将导致不必要的社会纠纷。实际上，法律上的隐私应该是个内涵确定、外延明确的范畴，而不应仁者见仁智者见智。隐私应该是那些与公共利益、社会利益没有直接关系，同时又攸关主体名誉或尊严的个人信息，这类个人信息只与主体自我身心有关，不具有社会性。因此，一个正常理性的人，都会采取保密措施，不让他人知悉；除非基于配偶、家庭、情侣、医患、律师与当事人之间的关系。而除此之外的其他个人信息，都是基于正常的社会交往产生的，是正常的社会交往活动需要知悉的，所以，我们在各种场所无数次向有关单位或个人提供过这些信息。从我国有关个人信息的立法、执法和司法实践来看，把一般的个人信息等同于个人隐私，认为凡是未经个人同意或违背个人意愿收集、公开这些信息等属于侵犯个人隐

私。显然，这是混淆了不同学科、不同领域的隐私概念。

另一方面，树立正确的隐私观，需要知道隐私保护的环境条件。实际上，人们之所以需要保护隐私，乃是基于想在人与人之间的关系中保持自己的尊严或名誉，即隐私的环境条件是在人与人之间的关系中；换言之，在独处或人与（动）物相处时是没有隐私保护需求的。因此，在大数据技术及其应用过程中，对与个人有关的数据的收集、存储、加工、分析等过程都是由人工智能快速高效地进行的，不存在人与人的关系，只是机器与人的关系。所以，不存在隐私保护的环境条件。

按照正确的隐私观念，我国未来在个人信息立法上应淡化个人信息立法中的隐私观念，树立"只有法律意义上的隐私才需要保密，防止刺探、传播和滥用"的观念。隐私之外的其他个人信息（数据），由于是在社会经济交往过程中产生的，其正常的价值和功能就是促进正常的社会经济交往活动，对其收集、公开、加工本身并不会对个人造成任何损害；造成损害的一定是后续的滥用行为，因此，立法应该以如何有效防止对个人信息的滥用为切入点，而不是像现在这样强调安全、保密，不仅事实或技术上无法做到，还会阻碍对这类信息的正常有效利用。[①] 如此，既能尊重个人的名誉和尊严，个人所真正担心的滥用问题也能够得到有效解决，又能够促进大数据产业发展。

3. 应该重新认识个人信息，区分个人信息与个人数据

目前，在包括我国在内的各国有关立法和理论上，个人信息是指"据此可以直接或间接识别出某一特定自然人的各种符号形式"。从外延上看，个人信息既包括可以直接识别出特定自然人的各种符号形式，也包括可以间接识别出特定自然人的各种符号形式。如果放在50年前的传统技术背景下，以这种定义方式来界定个人信息尚具有一定的积极意义，而在大数据背景下，如果继续按照这种思路来界定个人信息的话，那么几乎所有的数据或信息都可以与其他数据或通过其他技术识别出某一特定自然人，即个人信息的

---

① 刘德良：《个人信息法律保护的正确观念和做法》，《中国信息安全》2013年第2期。

外延在实际中具有不确定性。如果遵守严苛的规则，与个人有关的大数据产业就无法发展。也许是认识到这种界定个人信息的做法存在问题，欧盟 *GDPR* 又规定“匿名化数据”不属于个人数据，不受有关规则的限制。然而，这种做法仍然不符合大数据技术背景，因为在大数据时代，匿名和显名、去标识化与再标识化本身都是相对的，只要识别的手段、场景等存在不确定性，个人信息外延不确定性所带来的大数据产业发展障碍问题仍然会存在。由此看来，传统的个人信息理论已经无法适应大数据时代技术发展的客观需要了。

基于上述原因，笔者提出了重新界定个人信息、区分个人信息与个人数据的观点。个人信息应该被界定为在任何场景下据此可以直接识别出某一特定自然人的符号形式，它强调的是具有直接识别性，如一个人的肖像（面部特征）、声音（纹）、指纹、眼虹膜等生物特征信息。同时，个人信息在媒介上是中立的，不仅包括文本信息，也包括电子或数字化的信息，还包括图片、视频乃至味道等一切形式的信息；而那些虽然与自然人有关，但不能据此直接识别出特定自然人的数据，称作个人数据。这里的个人数据，强调的是以碎片化的数据形态存在的、与个人有关的信息形式。

之所以区分个人信息与个人数据，其法律意义在于个人信息的商业价值属于个人财产，对其商业利用必须要取得个人授权，否则，不仅可能侵犯人格权，而且还会侵害财产权（利益），受害人可以要求财产损害赔偿。从立法技术上讲，未来的立法可以采取实际损害（失）与法定赔偿相结合的救济方式，即只要受害人能够证明自己因此遭受的损失，就可以获得实际损害赔偿；如果难以证明实际损失，可以请求法院以法定赔偿（如法定赔偿可以定为一次侵权赔偿 5000 元、10000 元人民币等）。这样，对于一个正常、理性的商家，在趋利避害的秉性驱使下，都会积极采取各种措施尽可能避免不必要的个人信息收集，也会积极采取各种匿名化、去标识化手段处理手中持有的与个人有关的数据。相反，只要商家收集、持有的与个人有关的数据在任何场景下都不能直接识别出特定自然人的话，商家就可以对此享有财产权；收集、处理与个人有关的数据都不需要征得个人授权或同意。当然，立法还必须同时禁止对个人信息和个人数据的滥用，对于滥用者施以严苛的法律责任。由此，个人（需要个人信息保护的）真正担心的问题不存在了，商家也可以低成本、高效地收集、处理、交易、分享与个人有关的数据，最大限度地发挥大数据的潜在价值。由此，可以为现行个人信息立法与大数据产业发展的价值冲突解决奠定清晰、可行的法律基础。

综上所述，2020 年，我国大数据战略取得了长足的发展。但是，也应该看到我国个人信息立法的价值目标与大数据产业发展存在不适应甚至是相互矛盾的状况。要想真正早日实现大数据战略，必须重新审视我国既有的个人信息立法观念，合理平衡个人利益与产业利益之间的关系；树立正确的隐私观，重新界定个人信息，区分个人信息与个人数据，企业收集那些不能直接识别出特定自然人的数据无须获得个人授权，企业对此类个人数据享有产权，可以自由处理和利用。未来立法应该重在防止对个人信息和个人数据的滥用问题，只要没有了个人信息与数据的滥用，个人担心的问题也就不存在了，大数据的价值也可以得到充分发挥。

参考文献

Paul M. Schwartz, Daniel J. Solove, “The PII Problem: Privacy and a New Concept of Personally Identifiable Information”, *New York University Law Review*, 2011 (86).

刘德良:《个人信息法律保护的正确观念和做法》，《中国信息安全》2013 年第 2 期。

刘德良:《个人信息保护立法问题探讨》，《民主与法制时报》2017 年 7 月 6 日，第 7 版。

B.20
移动互联网新技术与媒体融合发展

杨 崑*

摘 要： 移动互联网的创新一直是媒体融合发展的重要依托，移动化手段让线上与线下相互补充，让虚拟与现实相互作用。新一代网络技术、视频技术和人工智能技术在其中扮演着重要的角色。需要关注人工智能技术在系统性完善、多模态、人机耦合方面可能带来的新突破，这对提升媒体智慧化水平尤为重要，并且会影响到媒体融合发展的整个演进路线。

关键词： 移动互联网 媒体融合

移动互联网经过多年发展，无论是网络用户规模、流量水平还是应用种类都达到了很高的水平。但也面临着用户红利消失和原有模式增长空间不足的问题，需要寻找新的支点，转换新动力。国内数字化社会建设的整体提速可以为移动互联网的转型提供新的契机。包括围绕5G技术的万物互联，工业互联网和车联网等产业互联网，围绕新一代视频技术和人工智能技术的全真互联网或触觉互联网，以及结合星链等新技术的“天空地一体化网络”等都受到关注。这需要加快5G、人工智能、新一代视频、物联网等新技术在数字化社会建设中的应用，推动“人—机—物”相统一的社会和物理空间的数字互联，进而不断推动社会资源优化配置。在这一新

* 杨崑，中国信息通信研究院技术与标准研究所正高级工程师，中国通信标准化协会互动媒体工作委员会副秘书长。

的发展趋势中，包括媒体传播在内的各类移动互联网应用都需要做出深刻变革。

一 移动互联网技术发展为媒体创新提供关键助力

（一）移动互联网一直是媒体融合发展的重要依托

截至2020年12月，我国网民规模达到9.89亿。[①] 中国的数字化社会已经具备了很好的用户基础，吃、穿、住、用、行、工作、教育等活动都已经高度依赖移动互联网，这也包括微信、微博、短视频等主要新媒体业态和主流媒体转型后的产品。媒体融合发展是目前国内主流媒体机构面向未来提出的工作目标，融合化、智能化和移动化是工作的主要方向，近年来，各方在政策、平台、业务和技术等方面进行了大量的投入。而面对移动互联网未来新的发展趋势，仅依靠增加内容供给和渠道覆盖数量无法满足全效、全息传播等新的需求。如何把握新技术带来的能力，利用好移动互联网转型带来的机遇，实现媒体创新与数字社会的发展建设同步，成为摆在所有媒体机构面前的问题。

移动互联网应用平台已经成为社会化信息流聚集地，平台通过流量的聚合与分发实现了线上与线下的紧密融合，线上数字关系成为现实社会关系的实质延伸，并在时空等多个角度摆脱了实体环境的局限，让社会活动在更大范围内能够低成本和高效率地运行。越来越多传统上非媒介属性的社会活动信息流被转移到移动互联网应用平台上完成，成为广义新媒体的一部分。数字化社会中“虚拟”与“现实”的广泛结合，让“媒介普遍深度参与”成为可能，“人—机—物”混杂共生的场景下，媒体融合发展要继续发挥重要的信息枢纽作用，就必须实现能力的再造和升级，借助移动互联网的研究和技术创新成果，构建能同时联通线上与线下世界，驱动现实和虚拟互动的生产力。

---

① 中国互联网络信息中心：《第47次〈中国互联网络发展状况统计报告〉》，2021年2月3日。

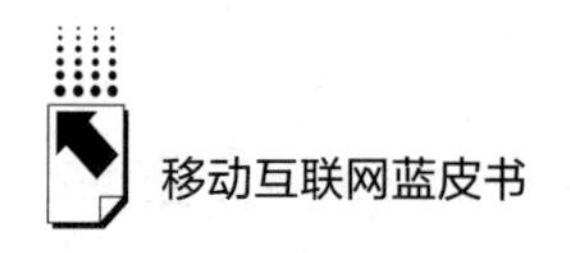

（二）新网络、新视频、智能化技术为媒体融合创新注入动力

在移动互联网助力媒体向深度融合发展的过程中，人工智能技术、新一代视频技术和新一代网络技术等已经开始扮演越来越重要的角色。

1. 5G 技术的发展加快媒体提升与网络的动态耦合水平

以 5G 为代表的新一代承载网络为数字化社会铺垫了更强大的运行基础，也为媒体融合发展的未来提供了全新的环境。目前国内 5G 网络建设在持续深入推进，产业成熟度在快速提升。2021 年世界移动通信大会（MWC）上海展开幕式上，工信部副部长刘烈宏表示，全国累计建成 5G 基站超过 71.8 万个，约占全球的 70%；5G 终端连接数超过 2 亿（根据公开数据测算，占全球 5G 连接数的 87%）；技术产业加速成熟，已上市 5G 手机达到 218 款。而中国移动、中国电信、中国联通各自公布的 5G 套餐用户粗略累加已经超过 3 亿户。5G 应用创新在媒体文化、体育活动、居住服务等消费领域的探索不断加快，矿山、医疗、港口制造等垂直行业的 5G 应用模式日益丰富并开始规模化推广。目前社会上存在对 5G 应用发展不足等担心，但从移动通信产业以往的演进规律看，3G 和 4G 的应用快速普及期都会滞后于网络建设期；预计随着产业成熟度提升，5G 应用将在未来几年内出现大的爆发并对数字社会产生越来越大的支撑作用；根据全球移动通信系统协会（Global Association for Mobile Communication Systems，GSMA）的研究报告《中国移动经济发展 2021》预测，到 2025 年，4G 将占中国总连接数的 53%，而 5G 则占 47%。目前需要为新应用的爆发做好各种准备。

承载网络与应用分离的现状造成用户体验难以得到直接保障、用户流量的计费和管理模式陈旧等问题，这都会限制对 5G 高速传输潜力的充分利用。当超高清视频等大流量业务日益成为网络主流时，加快将智能化能力嵌入“云—管—端”的各个环节，为多样化的应用提供有针对性的连接体验保障成为产业共识。5G 网络在空口侧通过升级软硬件技术来满足多场景的高速接入需要，而在传输和核心网络侧进行网络架构的革新，比如通过资源池云化、智能化控制等手段实现对不同应用场景的灵活、高效支撑，实现对

超高速和复杂连接下传输能力的智能管理，从而为不同属性的业务提供有针对性的保障能力。新的“云、切、边、端”一体的新架构将逐步成形，未来云网之间不再是 OTT（Over The Top）模式下的简单叠加关系，而将成为伴生的整体。网络的变化将推动超高清、虚拟现实（VR）、车联网等有高质量要求的5G 应用从 OTT 模式向动态耦合模式转变，其中也包括融合化程度不断提升的媒体应用；媒体机构如果不能尽快适应平台和网络动态耦合的新环境，那么很多超高速带宽和低时延的新业态根本无法实现，这就无法实现真正意义上的融合传播。

2. 网络算力技术对媒体创新的影响逐步增强

媒体应用之前更多关注的是网络传输能力，这和移动互联网被 OTT 模式主导有直接关系。随着人工智能技术和新视频技术应用日益广泛，对具化目标和碎片化场景提高识别度和准确度的需求快速增加，这需要强大的算力支持。前期媒体领域对算力的关注方向还集中在对算法模型的训练方面，包括建立适合媒体场景的图像目标、视频目标、语音目标和文本目标等的识别模型，在这个过程中已经出现算力不足影响技术部署的情况。2020 年，国内先后推出一系列 AI 服务器产品阵列，对缓解硬件能力不足带来的阻碍起到了很大作用。但从长期发展来看，随着未来自动驾驶、自动生产和精准内容推荐等复杂场景对语义理解等具有推理性质的计算需求日渐增多，比如自动驾驶 L5 级就需要 500 + TOPS① 算力，依靠本地化的算力设备扩容根本难以满足，必须通过算力的网络化和共享化来实现。

算力网络今后必然会在相当程度上成为基础设施，媒体机构是否能具备对公共网络计算资源的调度和使用能力，决定了融合媒体在未来是否能对数字化社会中庞大的数据资源进行实时和高效的处理，决定了沉浸化视频等新媒体业态是否能顺利开展。构建媒体智能化平台和公共算力网络之间的关系和调度机制，还有很多工作要做。

---

① TOPS，Tera Operations Per Second 的缩写。1TOPS 代表处理器每秒钟可进行 1 万亿次操作。

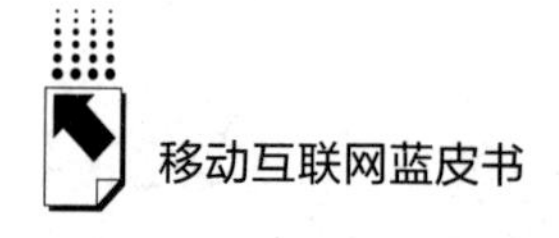

3. 边缘计算技术影响媒体融合新产品在用户端的实现

5G网络环境下，支持对海量数据的实时处理是业务创新的必要前提。目前集中部署的云平台无法解决传输导致的网络拥塞和网络时延过大的问题，产业界在推动网络的处理能力，尤其是计算能力向边缘转移。移动边缘计算（Mobile Edge Computing，MEC）可以大幅降低业务时延、减少对传输网的带宽压力、降低传输成本、提高内容分发效率、优化用户体验，对实现高速低时延应用的大规模部署具有重要价值，比如未来媒体服务中会大量采用的VR直播。根据国际权威数据调研分析机构IDC（International Data Corporation）预测，到2023年，接近20%用于处理人工智能工作负载的服务器将部署在边缘。

目前产业界已经在5G等网络的架构中开始MEC功能部署的探索，在靠近用户侧的边缘机房部署的服务器等设备中增加计算能力，对低时延应用、本地化的数据等进行就近处理和传输，不再回传到核心平台。如中国联通成立“5G+MEC边缘云创新业务运营中心”，计划面向100个行业应用提供边缘赋能；腾讯未来网络实验室和英特尔成立了5G & MEC联合实验室，计划未来面向车联网、云游戏、云视频等业务提供支持；阿里入股千方科技以推进智能交通和MEC领域的发展；英伟达推出EGX加速计算平台，以满足对即时、高吞吐量的边缘人工智能需要，帮助企业在边缘实现低延迟的人工智能服务。

2020年，MEC技术已经在部分媒体现场直播中发挥出巨大作用，但这仅仅是单点的临时性部署方案，未来大规模部署时会面临巨大的建设成本压力。而且如此巨大数量的设备之间的协同和优化还有待研究，比如媒体机构未来开展高速内容分发时，如何通过媒体的控制单元和网络边缘控制平面间的互通，有效地调度边缘资源以保证用户体验的优化。

4. 网络的全空间覆盖能力助推媒体融合新业态探索

融合媒体未来会越来越多涉及“人—机—物”混杂的环境，机器和物联网数据在媒体内容中将占据更大的份额。太空互联网具有对全球近乎全角度的覆盖，是融合媒体构建万物互联环境下的传播能力必须倚重的因素。目前多国已经开始太空互联网的探索，美国联邦通信委员会（Federal Communications Commission，FCC）批准Space X发射11943颗卫星，到2020年已经发射了

1000 多颗星链卫星并已经投入使用；Space X 自己的文件表示，目前星链卫星可以为每个用户提供每秒 100/20Mbps 的数据传输能力，绝大多数用户体验到的延迟在 31ms 或以下。但通过理论计算可以得知，即使每颗星链卫星的整体传输速率能超过每秒 20G 的容量，用 3 万多颗卫星组成星链也只能为地球上每平方公里提供 16Mbps 的数据传输能力，根本无法与 5G 等移动通信网络比拟。融合媒体机构需要考虑在未来的业态设计中，将低通量广覆盖和高通量近覆盖的网络能力统筹考量，实现对海量物联网设备的全空间覆盖，才能真正具备融合化的“人—机混合”传播能力。

5. 数据资源的自动化处理水平不断提升

大数据是数字社会重要的基础资源，大数据技术在媒体运营中起到的作用也日益凸显，已经在融合传播、智能运营、精准覆盖、产效提升中发挥出巨大的作用，加速了媒体融合发展中经营模式、管理方式、服务模式和商业模式的变革。2020 年，国内各大媒体机构继续围绕以媒资挖掘和精准推送为重点的数据经营能力加大投入；大型融合媒体平台抓取和挖掘多渠道数据的能力进一步加强；在专业机构支持下，媒体平台通过语义分析、关联分析等手段进行用户大数据画像，开展内容生产与传播的精细化水平进一步提升。

但随着媒体平台需要处理的数据规模持续增长，同时需要应对计算压力陡增，存储成本增加，数据资源和设备的管理日趋复杂，多样性数据细分难度加大等挑战，这明显超过了现有的大数据系统的能力。只能构建可以处理快速增长的异构数据、日益细分的多元化传播场景、可实时响应需求的数据处理体系。产业界在其他领域正在探索用智能化方法实现数据管理系统的自动优化，如阿里提出的智能化的冷热数据分层、智能建模、资源调动、参数调优、索引推荐等手段，这类思路有可能成为未来媒体平台数据处理功能的可选方案，有效降低数据计算、处理、存储、运维的难度和成本，实现数据管理系统的“自治与自我进化”。

6. 以云原生打造媒体业态加速创新的孵化器

随着业务面对的场景日益细分，不断增多的业务系统让移动互联网服务商对应用的管理和支撑成本急剧上升，能够直接发挥云计算平台灵活性优势的云原生技术受到了更多重视。和传统上将移动互联网业务系统嫁接在云平台上不同，云原生技术通过将业务处理逻辑中非功能性的代码剥离出来，让云平台直接处置业务中大量的非功能特性（如弹性、韧性、安全、可观测性等），这样开发时需要处理的非功能性的代码大大减少，降低业务开发和部署的难度。非功能特性会逐渐下沉到底层的基础设施，特别像高可用能力、容灾能力、容量保障、安全、运维等，由云设施来统一处置。2020 年，越来越多的移动互联网应用开始向云上迁移，比如云游戏、云手机、云办公等，中国电信还发布了天翼 1 号云手机。

融合媒体平台如果采用云原生的应用开发架构，可以在面对复杂的异构环境时更有效地调度媒体内外的各类资源，借助各类工具集缩短媒体新应用的开发工期，降低开发和部署成本，加快大批针对细分用户群的新应用快速上线。媒体机构的技术部门需要根据微服务原则来研究适合未来数字社会的新业态，提出适合作为非功能特性的组件。在以智能媒体云为枢纽连接外部应用生态和内部能力生态时，应将这些组件提前部署下去，否则无法在快速构建和部署方面获益。还应注意的是，未来媒体机构的云平台、基础组件、数据乃至算力等多是通过与第三方合作完成的，是否能利用云原生的思路，通过云网融合、云数融合、云边融合、云智融合等一系列手段实现对第三方公共资源的有效利用，将是决定融合媒体平台竞争力的重要因素，其带来的影响远超过今天内容推荐算法。

7. 新一代视频技术加速推动新业态的成熟

视频内容已经成为媒体最主要的内容展现形态，以优酷、爱奇艺为代表的长视频，以抖音为代表的短视频，以快手、火山和 YY 等为代表的视频直播已经成为最主要的移动互联网信息传播形式。尤其是疫情期间，直播和短视频对解决企业营销和公众居家娱乐遇到的问题发挥了重要的作用；快手 CEO 宿华在快手港交所上市时宣布，其在 2020 年就产生了超过 130 亿条视频，有近 9.6 万亿分钟的消费时长。[①] 5G 网络解决了视频高速传输的难题，更适合

① 《快手 CEO 宿华：2020 年快手产生超 130 亿条视频》，https：//baijiahao. baidu. com/s? id = 1690819076918409253&wfr = spider&for = pc。

VR、AR（增强现实）等技术优势的发挥，比如为360°全景视频传输制作提供1Gbit/s以上的带宽保障，还可以保证传播的时延在20ms以下的强交互体验。

目前超高清技术已进入商业推广阶段。2020年，比较成熟的“5G + 超高清直播”已经在国内媒体机构得到普遍应用。开展户外活动直播时，4K高清摄像机可以通过5G网络回传信号，将现场视频推送至直播平台进行直播；还可以利用5G网络实现所有播出设备通过无线连接消除活动限制；通过5G网络连接远程云平台开展实时制作，成本远低于“直播车 + 卫星直播”的传统方式；“5G背包 + 直播设备”的现场直播可以不受场地限制，灵活性更强，再结合无人机等设备还可以开展空中多角度的高清直播。在一些大型活动中，通过5G网络将超高清全景视频就近上传到MEC进行实时转码，再拉流分路推送到相关终端，能为现场用户实时提供精彩镜头及时回放、多码流多视角的VR直播等全新的直播服务能力。预计未来“5G + 超高清”的应用场景在融媒体领域的应用还会不断增加。

虚拟现实等新技术正在逐步成熟，推动传媒从平面化、被动式和以视觉为主向全景立体化、参与式和多感官交互的“沉浸媒体”转变。用接近自然的方式让用户与虚拟环境中的对象交互，可以让媒体的信息服务效果极大增强。2020年，国内媒体机构已经在直播场景中更多采用多视角等VR带来的新能力，而利用XR技术（3D视觉交互系统，主要包含虚拟现实、增强现实和混合现实等技术，统称为扩展现实）构建虚拟场景还无法大规模商用，但近期在产品的性能提升方面还是取得了明显进展。在AR领域，苹果公司最早推出的产品是ARKit，其后还发布了AR游戏、AR相机、AR导航等系列产品；谷歌、腾讯、阿里、百度等也都在AR领域有所布局；小米2020年还获得AR眼镜的专利，并鼓励开发者尽快为谷歌ARCore开发游戏；随着形似隐形眼镜的AR头显于2020年投放市场，产业界希望能够通过AR设备与智能手机捆绑来推动服务市场的增长。VR和MR（混合现实）产品虽然还没有找到实际的商业突破点，但依然被产业界持续关注，IDC于2020年发布《VR产业研究白皮书》，预测未来企业围绕商用VR内容的资金投入2024年将达到921.8亿元市场规模。苹果公司将在2022年第一季度发布一款 VR 头盔，配备 1 个激光雷达光学扫描仪、6 个镜头；苹果公司预计推出的 MR 头显将配备 10 多个摄像头，包括各种激光雷达扫描仪和先进的眼球追踪技术。XR 技术未来要大规模商业推广，就必须打破硬件产品体验和内容生态之间死循环的状态，通过继承移动互联网现有产品生态逐渐过渡到新生态是可能性很高的策略，比如 Nreal 公司用 MR 眼镜连接手机，将手机上的移动互联网生态以 MR 全新的方式重构在用户眼前；目前已经可以在德国和日韩提供 3D 全息真人偶像、音乐娱乐类 MR 应用、3D 体育赛事直播、游戏、在线教育、3D 虚拟工作等服务。由于 XR 内容资源和技术的瓶颈过高，未来需要建立媒体机构与专业部门之间互利的合作关系，找到合适的商业模式，才有可能打开融合媒体进入这一市场的通道。

8. 人工智能技术逐步向媒体融合各环节深度渗透

人工智能技术近年来在媒体创新和融合发展中扮演着越来越重要的角色，通过模拟人类思维和自然行为对媒体内容生产、分发、审核及管理等各项工作赋能提速。人工智能技术包括很多分支，在 2020 年，包括计算机视觉、自然语言处理、模式识别、模糊逻辑、推荐系统、知识图谱等在内的各类细分技术都已经被大量用于互联网新媒体平台和各层级的融合媒体平台中，并取得了更多实践经验。

算法精准推荐依然是媒体领域关注的重点，而且引发了更广泛的社会关注。2020 年世界主要国家，都对网络媒体平台的推荐算法的监管、社会责任、技术中立等问题给予了高度关注，未来在对用户隐私、社会公平和商业发展之间如何平衡会有更深入的研究成果，这对于媒体融合发展的算法策略会有深刻的影响。

在内容生产环节，基于人工智能和大数据的智能场景分析、智能选题、智能流量预测有了更多进展。基于人工智能的内容理解和语音、文本、图像算法做分切、混剪、包装以及自动生成结构化媒体内容的占比不断加大。目前优酷每日智能生产的视频内容播放量已经占全站的约 15%。[①] 此外，人工

① 《中国视听新媒体发展报告（2019）》。

智能赋能音视频内容（如老电视剧修复），通过分辨率提升用户体验，实现音视频内容的自动加工和编辑的手段也日益丰富。

计算机视觉、自然语言处理技术在提高采集效率、提升内容管控能力方面的应用场景日益丰富。基于自然语音处理、人体特征识别的现场设备在国内大型活动的新闻采访中已逐渐成为标配，在融合媒体平台开展海量媒资管理时成为基本功能，在内容审核中极大地提高了审核的安全性和准确性。目前国内新媒体平台媒体处理已经达到可以超过 10 亿条的水平，能支持超过 100 种以上的风险场景检测。①

人工智能技术在广告精准投放及情景化投放上也发挥了越来越大的作用。比如通过对用户的行为分析，勾勒用户画像以推荐合适广告内容，根据智能 OCR（光学字符识别）文字识别理解当前用户播放视频的语义，据此推送符合情境的广告。各大视频网站，如爱奇艺、优酷等都将人工智能技术应用到广告分发推送的全链路中。

二　智能化技术在媒体未来融合发展中将扮演更重要的角色

各项新技术对媒体融合发展的影响在 2020 年以后会逐步放大，从融合和提效两个角度看，人工智能技术在其中所起到的作用会尤其突出，在媒体融合演进中逐渐成为核心角色。目前人工智能技术在媒体领域的应用依然是以“移植性”为主，也就是将其他领域的成熟方案应用于媒体运营中；下一阶段应关注人工智能技术在系统性完善、多模态、人机耦合方面可能带来的帮助，这对媒体系统的整体智慧化水平提升非常重要，并且会影响到媒体融合发展的演进路线。

① 《中国视听新媒体发展报告（2019）》。

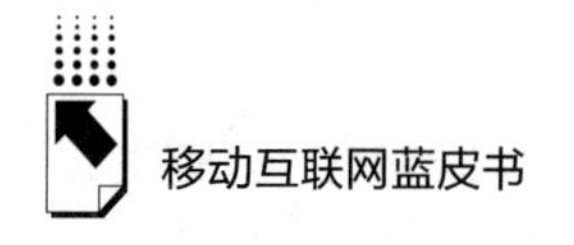

（一）加快媒体智能功能的系统化建设

人工智能技术推动媒体融合化发展的过程中，需要逐步从目前以单机、单点效率提升为主向端到端的系统化智能过渡，这也是构建未来面向数字化社会“人—机—物”融合的大环境所必需的。现阶段媒体机构缺乏自主技术开发能力的情况下，主动构建具有一定自主学习和主动进化能力的平台，可在一定程度上缓解媒体智能化运营能力需持续提升的压力。这需要从四个方面着手开展工作：场景规划、云端协同、全能力部署、建立开放生态。

场景规划指的是媒体机构要主动深入了解未来媒体业务场景的变化，这是依靠技术合作伙伴无法完成的，也是打造差异化竞争能力、构建以自身为主的业务矩阵所必需的。只有完成面向新环境的场景规划，才有可能打造有针对性的融合传播策略、规模化的媒资处理、精准分发能力，形成以应用场景驱动的“人工智能＋媒体”发展策略闭环。

云端协同是指在目前融合媒体平台下构建平台到端的媒体智能交互的信息回路，在交互过程中有效调度和优化数据、存储、算法、算力等资源，让媒体传播的商业价值和社会价值都能够不断放大。这不仅涉及媒体内部的设施，还包括通过媒体融合平台实现对外部数据池、算法仓、操作系统、数据挖掘分析工具等的接入，共同形成媒体云到端的能力集合。

全能力部署指以媒体细分场景为目标，面向“云—边—端”融合的新环境，逐步实现各项智能技术关联化部署。这样才有可能在媒体智能化大系统中对设备、软件、数据、流程等各方面的资源采用标准化和可协同的技术架构进行配置，避免出现碎片化的状态，具备媒体平台的自我学习、自我进化能力。

建立开放生态指的是要逐步实现媒体机构数据、技术、场景的标准化，并开放给产业合作伙伴，打造可复制的生态平台，能够搭载第三方的硬件和算法。只有实现媒体智能化系统的开放才能让融合媒体平台具有持续的发展空间。

(二)多模态人工智能技术将突破内容运营的壁垒

媒体数据的来源或者形式是多样的，声音、文字、图片、光学图像、红外图像等都可以称为一种模态。传统上，媒体采用人工智能技术都是对各个模态数据分开处理的，如人脸识别系统只能处理光学图像，语音识别系统只能处理声音数据，由此划分成计算机视觉、语音识别等不同领域。2020 年前后出现的多模态人工智能研究成果改变了这一局面，可以同时处理多种模态的数据，如无人驾驶系统在导航的过程中会实时采集光学视频、激光图像等多种模态的数据，进行综合分析后选择合适的行驶路线。其关键在于打破多模态数据间强行将两者进行语义关联时的“语义壁垒”。

多模态人工智能研究成果已经取得了一定突破。美国人工智能公司 OpenAI 2020 年 5 月推出自然语言处理模型 GPT－3，其拥有 1750 亿超大参数量，是自然语言处理领域目前最强人工智能模型。GPT－3 不仅能够答题、写文章、做翻译，还能生成代码、做数学推理、数据分析、画图表、制作简历。OpenAI 推出两个跨越文本与图像模态的模型——DALL · E 和 CLIP，前者可以基于文本生成图像，后者则可以基于文本对图片进行分类。与 GPT－3 一样，DALL · E 也是一个具有 120 亿参数的基于 Transformer 架构的语言模型，但 DALL · E 根据随意输入的一句话可以生成相应的图片，这个图片内容可能是现实世界已经存在的，也可能是根据自己的理解创造出来的。

多模态技术的突破表明用文字语言来操纵视觉内容已经接近实用化，自然语言处理和视觉处理的边界被打破后，多模态人工智能系统将重塑移动互联网领域的内容生成和传播规则，这也包括融合媒体的内容生产和传播规则。首先，在短期内就可以解决目前媒体领域的现实难题，如媒体目前算法训练需要花大量时间和资金对数据集进行采集和标注，但训练好的模型只擅长一类任务，很难迁移到其他任务，而多媒态技术的突破可以实现模型的低成本直接迁移；未来，多模态技术还将带来诸多新的应用，如手机内置多模态语音助手可以实现对语音、视频、图片等多种应用中不同模态数据之间多样化的联想、推荐、查询等操作，社交应用的形态将完全变化；还可以实现多模态导航，让用户与媒体平台交错使用视觉和语音手段进行组合式导航和对话。这将彻底改写媒体对“融合”概念的理解并阐释新的传播理念。

（三）人机耦合将改变媒体未来业态

人工智能技术对人机交互时改善用户体验、增强用户黏着力有很重要的帮助，而从人机交互走向人机耦合将是媒体智能化发展中长期的趋势。

除了语音识别技术外，2020 年在人体姿势感知、脸部动作和手势跟踪技术研究方面也有了新的进展。谷歌 AI 宣布推出 Media Pipe Holistic，提供了一种新的人体姿势拓扑结构。专门为利用加速推理（GPU 或 CPU）的复杂感知管道而设计的开放源代码框架，将它们实时地组合成语义一致的端到端解决方案，可以为很多复杂任务提供快速、准确而又独立的解决方案，比如其优化的“姿态、面部和手部”组件，为 540 多个关键点（33 个姿势、21 个手势和 468 个面部标记）提供了一个统一的拓扑结构，并在移动设备上实现了接近实时的对身体语言、手势和面部表情的同步感知，这样用户可以坐在沙发上在虚拟键盘上打字，指向或触摸特定的脸部区域来操作屏幕上的对象。ARCore 是 Google 的增强现实体验构建平台，利用不同的应用程序接口（Application Programming Interface，API）让手机能够感知其环境、理解现实世界并与信息进行交互；进一步结合 AR 技术让手机可以理解和跟踪它相对于现实世界的位置，设备能够以一种与现实世界无缝整合的方式进行操作。

脑机接口是人机耦合智能的重要分享，将大脑与外部设备进行通信并借由脑力意念控制机器，如控制机械臂。这将为老人、病人、残疾人提供精准的信息服务。马斯克新发布的 Link V0.9 技术具有代表性，通过解码 Link V0.9 记录到的脑电波，能够较好地预测猪在跑步机上运动时四肢关节的动态位置。而来自赫尔辛基大学的研究人员则开发了一项“神经自适应生成模型”，目前已经能够执行从脑到计算机的单向通信，比如拼写单个字母或移动光标。这是首次使用人工智能方法同时对计算机的信息表示和大脑信号进行建模的研究。

人机耦合对媒体而言是个全新的挑战，意味着新闻传播的目标有可能从人转移到“人—机混合体”，如何建立适合的传播理论和机制，需要重新进行审视。

结 语

从2020年各方面信息看，在移动互联网转型的大背景下，以5G为代表的新一代网络技术、人工智能技术等对媒体融合发展的渗透在不断加速，推动媒体格局出现重大转变的可能性也在不断加大。媒体融合发展在新形势下需要重新阐述自己的发展目标和路径，其中一些问题目前还没有得到行业的广泛关注，比如媒体融合运营需要强大的网络能力直接支持，需要在媒体机构和网络服务部门间建立更紧密的合作关系等。

在2021年及以后的工作中，抓住新趋势重塑媒体融合发展的目标，积极将数字化改造后的工业、金融、物流、基建、交通等都推进到信息传播的大循环中，这对所有的媒体机构而言，都是前所未有的机遇，也是必须勇敢面对的挑战。

参考文献

中国互联网络信息中心：《第47次〈中国互联网络发展状况统计报告〉》，2021年2月3日。

工业和信息化部：《2020年通信业统计数据公报》，2021年1月。

QuestMobile：《2020中国移动互联网年度大报告》，2020年10月。

B.21
融入、排斥与包容性未来：2020年中国老年人移动数字化生存研究

翁之颢　何　畅*

摘　要：　新冠肺炎疫情加速了中国社会的数字化转型进程。作为数字社会的新边缘群体，老年人的移动数字化生存呈现“融入”与“排斥”交叠的复杂图景，内部的阶层分化与鸿沟极化越发凸显。越来越多的老年人开始通过“代际反哺”与“同辈互助”等方式更积极地转向数字化生存；与此同时，受诸多因素的影响，老年人又时常在社会中面临“数字排斥”，成为数字弃民。未来，中国数字社会的建设需要在包容性层面投入更多力量。

关键词：　数字生存　数字鸿沟　数字排斥　数字包容　老年人

2020 年，一场突如其来的新冠肺炎疫情改变了人们的生活常态，一系列强制性的“社会隔离”措施迅速提升了公众在诸多领域内对移动互联网的依赖。中国社会的“数字化转型”在疫情中被再一次提速，数字技术与理念被广泛运用到生活与生产的方方面面，成为非常时期独特的社会景观。

数字技术体现出高度的便利性和普惠性，但它惠及所有群体则需要一个

* 翁之颢，复旦大学新闻学院青年副研究员、硕士生导师，上海市高峰学科引进人才，主要研究方向为新闻业务、新媒体；何畅，复旦大学新闻学院硕士研究生，主要研究方向为新闻业务、新媒体。

相当长的过渡期，“数字鸿沟”问题在疫情期间被进一步放大。作为数字化发展的负面产物，“数字鸿沟”由对信息传播技术接触和使用的不平等为开端，在更深层次上则是会导致人们社会参与的不平等。[①] 新的边缘群体逐渐受困于社会缺省设置的全面数字化，甚至为此变得寸步难行。

在我国，老年人一直是最大的非互联网用户群体。疫情迫使许多老年人“接入”互联网，迈出了走向数字社会的第一步，但他们离合格的互联网“用户”依然相去甚远——社会关照欠缺、硬件支持薄弱、数字素养匮乏等突出问题都在制约老年人数字化生存的状态与质量。

2020 年，中国老年人的移动数字化生存呈现“融入”与“排斥”交叠的复杂图景，老年人内部的阶层分化与鸿沟极化越发凸显。一方面，在被动推入移动互联网世界的老年人中，越来越多的人开始通过“代际反哺”与“同辈互助”等方式更积极地“触网”，成为群体中的数字精英；另一方面，受习惯、心态、教育、技能、适应能力、学习能力等因素的影响，一些老年人又时常在数字社会中面临“排斥”与“被排斥”的困境，成为数字弃民。

世界卫生组织早在 1999 年就提出了“积极老龄化”的口号，期望老年人能够按照自己的需求、愿望和能力去参与社会，并且在需要帮助时能获得充分的保护、保障和照料。数字技术在老年生活中的适度介入，不仅可以给日常生活的实用性，也能提升老年人的生命质量，比如降低焦虑感和孤独感。

党的十九届五中全会通过的《中共中央关于制定国民经济和社会发展第十四个五年规划和二〇三五年远景目标的建议》首次提出“实施积极应对人口老龄化国家战略”。基于宏观政策的指引，以更多人文关怀畅通数字技术与人口老龄化之间的连接，合力推动数字化社会与老年群体的良性互动和协调发展，对于中国社会意义深远。从政府、企业、社会与文化的角度看，为了让老年人群体可以更自主地连接数字设备和服务并对运用数字技术

---

① 刘丽群、成升：《社会排斥概念下的数字鸿沟治理》，《新闻与传播评论》2016 年第 1 期。

拥有足够的动力、技能和信任，未来的中国移动互联网在推进数字包容性建设上还有更多努力的空间。

一　2020年中国老年人移动数字化生存现状

（一）数据图像与应用场景

国家统计局公布的第七次全国人口普查主要数据情况显示，人口老龄化程度进一步加深。截至2020年11月1日零时，60岁及以上人口为26402万人，占18.70%。其中，65岁及以上人口为19064万人，占13.50%。[①] 中国的人口结构正面临深度转型，老龄化将成为一个突出的社会问题长期存在。

而根据中国互联网络信息中心（CNNIC）2021年2月发布的《第47次〈中国互联网络发展状况统计报告〉》，截至2020年12月，我国网民规模为9.89亿，互联网普及率达70.4%，手机网民达9.86亿，占总体网民的99.7%。老年人群体的数字化接入呈现两方面特征：网民增长的主体由青年群体向未成年和老年群体转化的趋势日趋明显，网龄在一年以下的网民中，60岁及以上网民占比较该群体在网民总体中的占比高11.0个百分点；但60岁及以上老年群体仍然是非网民的主要群体，占非网民总体的46%，较人口占比高出27.9个百分点。[②] 这意味着仍有超过1.9亿老年人未能搭上信息化的快车，被排斥在数字社会的大门之外，他们在日常生活中面临着因没有"健康码"无法出入部分公共场所、无法进行非现金支付、无法预约挂号、与数字身份相关联的线下业务办理难等现实问题。

趣头条与澎湃新闻联合发布的《2020老年人互联网生活报告》对60岁以上老年人在移动互联网上的行为偏好进行了追踪分析。报告显示，60岁

① 国家统计局：《第七次全国人口普查主要数据情况》，2021年5月，http：//www. stats. gov. cn/tjsj/zxfb/202105/t20210510_ 1817176. html。

② 中国互联网络信息中心：《第47次〈中国互联网络发展状况统计报告〉》，2021年2月，http：//www. cnnic. net. cn/hlwfzyj/hlwxzbg/hlwtjbg/202102/P020210203334633480104. pdf。

以上的老年用户日均使用 App 时长达到 64.8 分钟，比 40～60 岁的用户多 16.2 分钟，也高于用户平均水平。仅在趣头条 App 上，日均活跃时间超过6个小时的老人超过 1.2 万人。[①] 疫情期间的居家隔离改变了老年人的生活习惯，许多人的孤独感无法得到有效排遣，移动数字化生存对于深居简出、与亲人相距甚远或无所依赖的老年人意义重大，但也导致了部分老年人对移动互联网过度依赖的问题。

此外，老年人在移动互联网上的消费意愿和消费能力也在持续走高。根据阿里研究院发布的《后疫情时代的老年人数字生活》报告，疫情推动了老年群体线上消费市场的强力增长：2020 年第三季度老年人手机淘宝月活用户同比增速远高于其他年龄组，较总体水平高出 29.7 个百分点；60 岁以上用户的盒马线上订单增速最快，同比提高 10 个百分点，[②] 这与老年人数字化接入的整体发展趋势相一致。但这种连接并不稳固，在老年人线上求助场景中，多数人会求助亲友或直接放弃，遇到问题放弃占比高达 50%，放弃的主要原因是主观认为复杂和操作便利性问题。老年人的数字融入与数字排斥受城乡地域、受教育程度、社交圈层、收入、心态等因素影响，也会相互转化。

老年人使用移动数字应用与具体的场景密不可分。在居家、社交和出行不同半径的生活空间中，数字需求的对象截然不同，且需求的频次和优先度也存在差异。截至 2020 年 5 月，老年人对于陪伴类、娱乐和资讯类移动应用的需求突出，同时在生活服务和电商等领域的使用也在逐步加深；但对于泛生活应用的使用比例普遍低于全网，本地生活、用车服务、快递物流、外卖服务等由于涉及线下交互，使用门槛较高，老年人使用的频率并不高。[③]

具体看来，在 400 米半径的生活核心圈，老年人群体主要通过智能手机接触新闻、社交、长短视频、休闲游戏等数字产品，老年移动支付用户快速

---

① 趣头条、澎湃新闻：《2020 老年人互联网生活报告》，2020 年 10 月 23 日，https：//m.thepaper.cn/newsDetail_ forward_ 9680250。

② 阿里研究院：《后疫情时代的老年人数字生活》，2020 年 10 月。

③ QuestMobile：《2020 银发经济洞察报告》，2020 年 7 月，https：//www.questmobile.com.cn/research/report－new/115。

增长；在1千米半径的社交圈，老年人的数字需求主要围绕社区服务和基层医疗服务；而在30千米半径的出行圈，老年人对移动互联网的依赖度显著降低，会使用地图、交通、数字市政服务、数字金融服务等移动应用。① 老年人的集群活动往往基于共同的兴趣爱好且有更多互助的意愿，是最具活力的老年活动场景，其中的生活场景大致包括高频的文体爱好活动，以及低频的外出旅游，群体内成员热衷于通过长、短视频学习并分享广场舞、戏曲、旅游等相关内容。

（二）数字阶层与鸿沟极化

一方面，老年人在移动端“触网”的数据连续攀升；另一方面，横亘在日新月异的技术创新与持续增长的老龄化人口之间的“数字鸿沟”也在不断拉大。即使聚焦到老年群体内部，“数字精英”和“数字赤贫”的极化也在加剧，不同“数字阶层”之间的区隔显著。这是数字社会在未来相当长一段时间内的发展趋势。

数字技术的传播与扩散并不是匀质的，我国近年来一直致力于电信基础设施与通信服务的完善，在架构上给了所有人平等的接入权，但“接入”这个行为本身，却有隐性的经济和技术的要求。② 传统数字鸿沟中“信息拥有者”和“信息缺乏者”的两极化认识已经缺乏解释力，不同的社会群体在数字空间的不平等与现实社会中的不平等密切相关，现有社会阶层差异会延伸和再现于数字空间中，“移动互联网并没有像乐观者设想的那样消弭差异，而是在一定程度上以数字参与的形式复制了现存各个群体的差异”。③

老年“数字精英”具备与中青年网民无差异的数字化意识，能够无障碍地接入和使用移动互联网，自如地获取、利用、创造信息内容，并有较高

① 腾讯研究院：《城市老人生活圈和圈子里的数字温柔》，2020年12月10日，https://new.qq.com/rain/a/20201210a0d2zu00。

② 常江：《互联网、数字排斥与弱势群体》，《青年记者》2020年第28期。

③ 赵万里、谢榕：《数字不平等与社会分层：信息沟通技术的社会不平等效应探析》，《科学与社会》2020年第1期。

的数字化信息素质与数字化凝聚力。例如，抖音等短视频平台上涌现了大批老年创作者，其中“济公爷爷·游本昌”“末那大叔”等账号的粉丝数都已超过1000万，甚至超过了大部分视频MCN账号。

但老年人中的“数字底层”仍然是数字社会里沉默的大多数，在网络用户注意力被平台流量控制和引导的普遍情境下，弱势群体的声音难以受到关注而产生共情。普通人习以为常的行为，对于他们却附着了巨大的经济和认知成本。

出现数字阶层分化的原因是多方面的。从环境视角看，城市老年人相较偏远乡村地区老年人更容易享受便捷的数字服务。由于城市数字基础设施更完备，在公共交通、智慧医疗等领域的普惠政策倾斜显著；志愿服务机制完善，对老年人的数字技能培训深嵌在现有的社区组织架构中。从社会视角看，数字社会的分层现状几乎是现实社会的复刻。社会中占有资源优势的传统群体在步入老年阶段后依然能成为精英，他们往往有较高的知识素养，有能力和渠道主动学习新技术，与年轻人无差别地使用移动互联网。而更多数的老年人在接触移动互联网的进程中，则会受到教育、文化等多方面的软约束。

二　融入与排斥：老年人移动数字化生存的两种状态

（一）老年人的数字融入

1.代际反哺：数字文化的逆传承

移动互联网具有鲜明的后喻文化特征，信息垄断被打破，知识权威被消解，在数字原生一代的年轻人面前，老年人需要反向学习数字社会接入、使用和发展的相关技能素养。这种代际的反哺行为不仅局限于移动互联网技术的教学、演示，还涵盖新观念、新思潮、新知识乃至新生活方式的全方位文化反哺。

代际反哺体现了数字时代文化流动的双向性，在老年人融入移动互联网的进程中作用最为直接和有效。得益于亲代亲密关系的促进和“陪伴式交流”的实现，家庭成为推进“积极老龄化”的基本单元。这种基于血缘关系的文化传播能够充分消解老年人对新事物的陌生感和抵触情绪，改变他们的思维定式，对移动互联网与数字社会建立全面、客观的认识；年轻人也能弥合与长辈之间的代沟，提升在家庭中的归属感和责任感。以老年人为核心、以亲密关系取代传统孝道，是当前代际反哺的基本特点。在反哺过程中，年青一代不仅帮助长辈解决眼下的数字媒体使用难题，更对他们的数字媒体使用能力和惯习进行培养。[①] 根据《老年人数字适应力报告》，超过九成的老年人曾主动请教家人以使用手机。[②]

虽然代际反哺在微观的家庭层面具有重要意义，但它并非老年人融入数字社会的唯一途径，也存在明显的局限性。在代际反哺过程中，年青一代往往充当老年人“信息把关人”的角色。由于老年人的媒介素养不足，年青一代在解释相关数字行为时，会更多基于自己的理解、感受加以诠释，在数字社会中掌握着极大的话语权，例如 App 的选择、数字服务的使用等实际议题。

2. 同辈互助：社交促进数字融入

随着年龄的持续增长，老年人在各种社会正式组织中的活动不断减少，有限的社交关系会对老年人的行为产生更大的影响。同辈老年人主要包括朋友、邻居、同学、舞伴、旅友等，他们往往具有相同或相似的生活经验及生活方式、普遍一致的价值观念及生活思想理念，年龄较一致并且看待问题的视角相同。

得益于地缘邻近性、互动活跃、情感联系强等突出特征，同辈往往成为老年人获得社会支持的第一来源。例如，有研究者对北京市 60 岁以上老年人微信朋友圈使用状况进行了深度调研，发现同辈影响是老年人使用微信朋

① 景义新、孙健：《数字化、老龄化与代际互动传播——视听新媒体环境下的数字反哺分析》，《当代传播》2020 年第 4 期。

② 中国人民大学老年人数字适应力研究团队、支付宝：《老年人数字适应力报告》，2021 年 2 月 8 日。

友圈的主要动因。①

不少老年人会自发聚集形成社区、街道等小范围内的群体，而群体中的个别数字使用者会起到引领作用。在年青一代看不见的场景中，这些先行使用者更愿意付出时间、精力、耐心帮助他们的同龄人掌握基础的操作技能。而同辈间的鼓励，能有效唤醒老年人的自信心，使他们在同辈群体中克服来自自身的恐惧和畏缩感，培养起老年人对移动互联网的好奇心和持续学习的心态。

经过前期的铺垫与唤醒，老年人会在同辈的支持下开始模仿行为。模仿有助于老年个体更好地适应社会环境，通过数字学习行为与他人建立良好的人际关系。另外，模仿也来自同辈社群的压力，老年人更担心在同辈中掉队，成为没有共同话题的“异类”。可以说，老年人早期数字融合的动力来自代际，而后期则来自同辈。

与代际反哺相比，同辈互助在助推老年人数字融入的过程中有其独特的优势。一方面，同辈之间是双向平等的关系，更容易沟通交流。代际反哺中通常只存在从晚辈向长辈的单向信息流动，长辈对晚辈的影响微乎其微。老年人与同辈群体之间信息交流与教学却是一个双向流动的过程，“传”与“授”的角色也可以随时转换。同为老年人，在数字技术方面的话语平权会放大同辈互助中的信任感和学习意愿。另一方面，同辈互助来源于日常社交。在代际反哺中，交流并不是时刻方便的，而会发生于一些特定的情境中，且有“有求于人”的心理负担；而同辈教学场景往往发生在极其自然的日常生活当中。与多数老年人只能在逢年过节和子代团聚、学习相比，同辈互助更具可持续性。

（二）老年人的数字排斥

1. 数字困境

建设数字社会的本意是将传统社会的部分功能向移动端迁移，通过高

① 李彪：《数字反哺与群体压力：老年群体微信朋友圈使用行为影响因素研究》，《国际新闻界》2020 年第 3 期。

效、便捷的移动网络，提升社会的整体运作效能。社会的全面数字化具有一定的强制性，但在技术标准与技术伦理尚不完善的情况下，很容易忽视弱势群体的需求，将他们推入数字困境之中。例如，大部分数字化设备都是依照公众的收入水平、文化知识水平而设计的，而这些无疑对老年人群体提高了准入门槛；即使能成功接入，随后一整套与数字化设备相关联的支持体系（如手机银行等）也会加剧老年人群体的畏惧心理，挫伤他们融入移动互联网的积极性。

中国的人口老龄化发展速度与专门针对老年群体的数字产品设计与开发水平还不相匹配，让许多老年人在交通出行、日常就医等生活场景中陷入了数字围城。比如，时常有老年人在乘坐交通工具、外出就医时，由于缺乏智能设备或没有使用经验，无法按规定出示健康码而遭到拒绝。“健康码”带来的问题，不仅典型地反映了数字时代老年群体的窘困，也是一种隐喻：今天人们的健康与自由，不仅体现为现实空间里的状态，也体现为数字空间里的状态，而能在数字空间里“健康生存”、自由通行的老年人少之又少。①手机电子客票的推广极大地节省了旅客出行的时间，但不少老年人为了记住车次、座位情况需要另外用纸笔抄写；预约挂号有助于提升就诊的秩序，却也加剧了习惯去窗口办理的老年人的挂号难问题……如果仅有一部分社会成员可以使用数字服务，例如预约门诊、数字生活缴费，那么社会将朝着更大的不平等方向发展，老年人群体也更难走出当前的数字困境。

2. 数字排斥

当前老年人面临的数字困境可以被描述为“数字排斥”（digital exclusion）——占非网络用户主体的老年人群体在数字化进程中面临被边缘化的风险，进而对他们社会生活的基本权利产生了影响。

老年人群体数字排斥的产生原因是多重的。其中，“自我排斥”与老年人的传统观念相关，对新生事物持冷漠和消极的态度，认为超出了自身学习的能力范畴。如果没有来自代际或朋辈的关怀，自我排斥随着数字技术指数

① 彭兰：《“健康码”与老年人的数字化生存》，《现代视听》2020 年第 6 期。

式的更迭会产生滚雪球效应，最终迫使老年人放弃参与数字世界。

随着年龄增长，老年人的神经敏锐度和感官能力下降，身体机能退化直接影响了他们对新技术的接受能力。老年用户的生理特点导致该用户群不同于其他年龄层的用户，以移动应用的界面为例，老年人更倾向于大字号和图像尺寸的界面设计，这与面向主流网民的产品风格相悖。

而被动的排斥来自数字产品、社会政策中人文关怀的欠缺。数字产品和相关政策在设定目标对象时往往忽略老年人群体，在产品开发和政策制定的过程中也很少特意考虑老年人群体的诉求。大量的老年人是技术新手，当这些不利要素与他们的观念、心态、身体机能交叠在一起时，会大幅度提升数字社会对老年人群体的排斥程度。

这种特性一旦被少数人或企业利用，将老年人作为牟利的对象或工具，会加剧老年人对数字技术的抵触情绪。近年来，针对老年人的电信诈骗案件频发，就让他们对数字支付等服务的安全性始终存疑。相反，传统社会生活的安稳性使他们更加倾向于线下服务，在可感的场景服务中才能获得内心的安定。

数字排斥也对现实社会的撕裂带来诸多潜在问题。微观上，数字排斥将会使老年个体陷入更深层次的精神空虚之中，又会引发更多的健康风险；与数字社会脱节会给他们带来挫败感，容易产生对生活的消极态度，从而会加剧本已令人担忧的老年人孤立和孤独的趋势。宏观上，数字排斥与在2035年实现“中国特色养老服务体系成熟定型，全体老年人享有基本养老服务”愿景目标严重背离；“十四五”期间，全国老年人口将突破3亿，将从轻度老龄化迈入中度老龄化，[①] 届时数字排斥将进一步加剧老龄化问题的严重性。

三　数字包容性：中国数字社会建设的未来面向

“科技向善”已经成为中国移动互联网行业的共识，“数字包容性”是

① 民政部2020年第四季度例行新闻发布会。

其中重要的理念之一。为老年人建构一个具有包容性的数字空间，使其可以自主选择而非强制接入移动互联网、可以在方便的时间和地点便捷访问友善的数字设备和服务，让技术更具人性和温情，有赖于各界的通力协作。

（一）政府视角：加强顶层设计与政策引导

针对老年人面临的现实数字困境，各级政府部门应在顶层设计中体现出更多人本关怀，以回应公众更高的决策期望。通过出台一系列政策文件，国家各部委提出了切实可行的措施，正在发力推进具有包容性的数字社会建设。2020 年 11 月 24 日，国务院办公厅印发《关于切实解决老年人运用智能技术困难实施方案的通知》（以下简称《方案》），要求切实解决老年人在运用智能技术方面遇到的突出困难，为老年人提供更周全、更贴心、更直接的便利化服务。

《方案》明确指出，各类日常生活场景，必须保留老年人熟悉的传统服务方式。突出数字包容性，首先就要转变“一刀切”的服务方式。一些城市已经意识到了这个问题，并逐步落实在具体行动中：广州和杭州的老年人可以通过刷身份证和市民卡显示健康码状态；北京和深圳都上线了“老幼健康码查询”的功能；通过登录国家政务服务平台小程序，子女也可以帮助父母查询健康码。

（二）企业视角：开发“适老化”的移动智能产品

2021 年，在全国范围开展的“互联网应用适老化及无障碍改造专项行动”，首批将有八大类 115 家网站和六大类 43 个 App 进行适老化及无障碍改造，覆盖国家相关部委及省级政府、残疾人组织、新闻资讯、交通出行、金融服务等多个领域。

目前，已有大批企业开始思考移动智能产品的“适老化”问题，以进一步满足老年群体日益增长的数字需求。例如，为缓解近年来老年人打车难变相加剧的问题，滴滴上线试运行了滴滴老人打车小程序，10 个常用场景可以一键叫车；对小程序的细节进行了适老化改造，大字号简洁设计，方便

老年人操作使用；同时，在试点城市开通老年人电话叫车热线，为没有智能手机的老人提供平台代为呼叫出租车服务。又比如，腾讯 QQ 推出了“屏幕共享”与“远程协助”功能，老人们可以通过手机端的屏幕共享，将自己正面临的网络困扰分享给子女查看，让子女进行实时答疑与指导。

（三）社会视角：推进老年人数字素养培训

实践证明，通过定制化的数字素养培训，老年人群体可以更多地从数字社会中获益，比如享受廉价的网络购物、使用移动社交应用便捷地参与沟通、通过在线服务节省时间等。建立更广范围、服务老年人的数字技能培训，并将其嵌入现有的社区组织中，鼓励更多技术公司、非政府组织和投资者参与进来，对助推老年人积极融入数字社会意义深远。

作为照护老年人的重要社会力量，基层社区、NGO 组织、志愿者在未来可以探索组织更多线下帮助老年人学习数字技术的活动，同时有针对性地为老人提供促进身心健康、保持认知能力、满足特色社会服务需求的多层次信息，提高老年人的数字素养。

参考文献

胡泳：《数字位移：重新思考数字化》，中国人民大学出版社，2020。

胡延平：《跨越数字鸿沟——面对第二次现代化的危机与挑战》，社会科学文献出版社，2002。

B.22
移动互联网发展促进就业的现状、挑战与对策

韩　巍*

摘　要：　移动互联技术的发展催生新职业，创造就业岗位及就业“蓄水池”，不仅改善了劳动就业的交易规模、营销手段及评价体系，还助力劳动力市场良性发展。我国针对新就业形态的政策措施不断细化。但新就业形态仍面临劳动者技能、劳动管理、社会保险制度等方面的挑战，需要完善新就业形态的统计调查，进一步创新就业政策与服务，推动新就业形态大规模发展。

关键词：　移动互联　新就业形态　劳动保障

移动互联技术催生新业态以及其与传统业态的融合方兴未艾。2020 年，新冠肺炎疫情又极大地拓展了移动互联网的应用场景。可以说，大部分行业都与移动互联技术有交集，而移动互联网的发展普及在给劳动者就业创业提供机会的同时，也带来了巨大挑战。

一　移动互联网发展对劳动者就业的积极影响

（一）创造就业岗位，提供就业机会

移动互联网发展给就业带来的首要影响就是创造了大量就业岗位。

---

* 韩巍，博士，人社部中国劳动和社会保障科学研究院副研究员，中国劳动学会现代服务业分会秘书长，主要研究方向为社会保障、农民工问题及照护经济。

根据《中国共享经济发展报告（2021）》的数据，2020年我国共享经济参与者人数约为8.3亿人，服务提供者约为8400万人，平台企业员工数约631万人。[①] 其中，服务提供者大多借助移动互联网和手机终端开展工作，领域以劳动密集型为主，主要涉及生活服务、交通出行、居民消费等。

在网络直播营销方面，商务部数据显示，2020年全国网上零售额达11.76万亿元，重点监测电商平台累计直播场次超2400万场，春节复工后一个月内，直播相关兼职岗位数同比增长166.09%，上半年活跃主播人数超过了40万。2019年12月到2020年5月，抖音平台上共增加了285万直播主播，快手共增加72万。[②] 其他网络销售平台，如淘宝、天猫、京东、Airbnb、小猪等也都广泛引入网络直播带货。在网约车行业，2019年滴滴出行上下游总共带动就业1360万人；[③] 237万中国女性网约车司机在滴滴平台获得收入，2020年以来国内新注册的女性网约车司机超过了26.5万。[④] 在快递外卖行业，2020年上半年，通过美团获得收入的骑手总数达295.2万人，菜鸟2020年全年新增3万专职快递员。除了上述移动互联技术创造的新就业岗位外，许多传统岗位（如家政服务、文化创意、教育培训等）也纷纷借力移动互联技术扩充了容量。

（二）催生新职业，助推经济与产业发展

新职业是指国家职业分类大典中没有收录的，经济社会发展中已有一定规模从业人员且具有相对独立成熟的专业和技能要求的职业。移动互联技术

---

① 国家信息中心：《中国共享经济发展报告（2021）》，2021年2月19日，http://www.sic.gov.cn/News/557/10779.htm。

② 国家信息中心：《中国共享经济发展报告（2021）》，2021年2月19日，http://www.sic.gov.cn/News/557/10779.htm。

③ 《滴滴出行：打造就业蓄水池》，新闻联播，2021年10月26日，https://tv.cctv.com/2020/10/27/VIDEx0tmQDoy8gwxqVVh4wvI201027.shtml。

④ 《237万网约车女司机在滴滴获得收入，80后女性过半》，2021年3月8日，https://baijiahao.baidu.com/s?id=1693637257400764783&wfr=spider&for=pc。

深入多个行业，除了创造海量就业岗位之外，还催生了一批新职业，这些新职业既是技术进步和社会发展的折射，同时又将技术创新推向更深入。2019年至2021年4月，人力资源和社会保障部共向社会发布了4批56个新职业，其中有不少与移动互联网的发展密切相关，既有属于移动互联技术研发类的区块链工程技术人员、智能制造工程技术人员、工业互联网工程技术人员、人工智能训练师、全媒体运营师等，也有移动互联技术应用类的互联网营销师（含直播销售员）、在线学习服务师、网约配送员、电子竞技员、无人机驾驶员等，快递员也已在2015年被纳入《中华人民共和国职业分类大典》。分工的深化是提高生产效率的重要途径，这些诞生的新职业表明移动互联在推进社会分工方面发挥了重要作用，助推经济、产业发展。

国家对新职业的认可将有力提升这些新职业的社会认同度、公信力，有利于满足劳动力市场供求双方的需要，提高劳动力市场的运行效率，有利于增强就业人员信心、扩大就业范围。在此基础上，还将出台职业标准，将这些新职业纳入职业化发展的轨道，促进提升从业者素质，有效发挥新职业对相关产业的推动作用。

（三）创造就业“蓄水池”，缓解结构性矛盾

不同于传统的单位就业和组织化就业，依托移动互联技术的平台就业是一种社会化的就业，即平台上的劳动者不为固定或相对固定的组织或客户服务，而是基于算法面向全平台潜在客户服务，供求双方的匹配是基于移动互联技术手段，具有较强的随机性和延展性。相较于一般组织对于雇员数量的限制，平台对注册的劳动者数量并没有限制。不仅如此，平台还希望吸引更多的劳动者提供服务，同时吸引更多的服务需求者使用平台并形成良性循环。因此，在吸纳就业方面，互联网平台有传统组织无法比拟的优势，也正因为这种优势的存在，基于移动互联技术和算法的平台成为就业“蓄水池”，自谋职业、短期合同工、非全日制就业等依托互联网平台的灵活就业在就业形态中占比越来越高，显著缓解了就业市场的结构性矛盾。

有研究表明，2013年我国制造业就业人数达到1.48亿人以后就开始下

滑，此后四年（2014～2017年）制造业就业人数下降854.2万人，同期服务业就业人数则年均新增1309万人，吸纳了大量制造业流出的劳动力,[①]住宿和餐饮业，批发和零售业，文化、体育和娱乐业，信息传输、计算机服务和软件业，居民服务和其他服务业，租赁和商用服务业成为吸纳就业的重要渠道。而这一时期也正是移动互联网在居民生活服务、餐饮、文化等行业迅速普及阶段，移动互联技术的发展与就业的行业转移交错在一起，形成了庞大的就业“蓄水池”。特别是在2020年新冠肺炎疫情暴发之后，线上活动更加广泛，尤其是无接触配送、共享用工、在线教育、在线医疗等领域的就业“蓄水池”作用更加凸显。

二　移动互联网加持下的劳动就业新特征

移动互联网发展对就业的促进作用，反映了技术进步的社会属性与劳动力流动、就业之间的同向发展。在移动互联技术的加持下，劳动者就业呈现新特征。

（一）扩充和改善劳动就业的交易规模、营销手段及评价方式

1. 移动互联网技术扩充了人力资源交易规模

移动互联平台的劳动力供给和需求不像传统企业有边界，平台只有达到一定数量级后才能出现爆发式增长，而数量的增长又会给平台的进一步完善提升奠定基础。所以，无论是滴滴、美团，还是阿里、腾讯，平台上的供求规模都是传统企业无法比拟的，由此造就了一个个庞大、专业化的劳动力市场，而规模的增加、专业化水平的提升都给劳动者就业创造了条件。

2. 移动互联网技术丰富了人力资本营销手段

人力资本的信息不对称是影响劳动力市场供求匹配的重要因素。由于传

① 《中国的制造业岗位都去哪了》，澎湃新闻，2019年6月6日，https：//www.thepaper.cn/newsDetail_ forward_ 3602377。

统人力资本的隐匿性，需求方对供给方的人力资本判断存在一定困难，往往借助学历、职称、实习或工作经历等间接手段进行判断，无法保证时效性。而互联网技术的进步却极大丰富了人力资本的营销手段，营销时效性也显著增强。供求双方可以通过点对点的沟通传递信息，帮助双方做出判断，也可以通过直播等形式面向潜在客户做更生动、更直观的广告，还可以结合 AI 技术实现精准画像和精准推送。多样化的人力资本营销手段解决了人力资本营销困难，使人力资本信息得以畅通快速传递。随着区块链技术在求职招聘场景应用的不断成熟，人力资本信息的真实性将得到进一步提升，基于互联网的供求双方对接也将更顺畅。

3. 移动互联平台拓宽了人力资本评价的新途径

传统人力资本评价主要是通过考试获取证书，证书作为人力资本评价的外在表现形式发挥着重要作用。但基于证书的人力资本评价仍存弊端，比如，劳动者专注于应试，有证书却并不具备相应的水平；考试的内容、方式不合理，证书的含金量、公信力不高；甚至还存在买卖证书、乱发证书的现象，扰乱了劳动力市场的运行秩序。

在传统的人力资本评价中，“口碑”这一市场化的评价机制只能是口口相传，传播范围有限，发挥作用的空间有限。而在互联网平台上，“口碑”可以通过文字、图片、视频的形式保留，并积累成为人力资本评价的新途径。移动互联平台客户可以借此信息甄别所需的劳动者，平台的管理者也可以借此开展精细化管理，将优质劳动者留在平台上，及时清除劣质劳动者。

（二）助力劳动力市场良性发展

1. 提高劳动力资源配置效率

与传统企业的求职招聘对接相比，依托移动互联平台的供求对接效率大大提升，具体表现包括：实现了供求信息的实时发送和即时匹配，极大地避免了劳动力资源的闲置和浪费；使供求对接更加精准，供求之间的偏差被大大缩小；劳动者的收入得到一定程度的保障。

2. 提升劳动力市场灵活性

在互联网平台上，多数劳动者属于新个体经营者，其工作性质从组织劳动变为社会化劳动，这使劳动者享有了充分的自由，表现为劳动者可以自由选择上下班时间、自主决定工作区域、在平台制定的规则下自主确定收入水平等，这也是许多新生代劳动者由制造业转向平台就业的重要原因。与传统的就业形态相比，这种自由度大大提升了劳动力市场的灵活性。

3. 提升了劳动力市场的包容性

由于平台的延展性强，劳动的个体化程度高，互联网平台就业具有较强的包容性。对于劳动力市场中的弱势群体（如残疾人）以及新进入劳动力市场中的劳动者（如青年、退役军人）来说，符合需求方要求的人力资本专用性，就可以在平台上寻找工作机会，避免了传统劳动力市场中可能存在的歧视现象或不正当规定。平台在促进公平就业、增进劳动力市场包容性等方面发挥了积极作用。

三　移动互联网发展促进就业的政策引导与监管

随着平台经济、共享经济迅速发展以及随之带来的就业岗位快速增加，国家也通过政策加以引导与监管。近年来，在各种政策文件中不断出现新就业形态、灵活就业等关键词，2020 年又制定出台了专门的政策文件，明确对灵活就业的支持，针对新就业形态的政策措施不断细化。

《中华人民共和国国民经济和社会发展第十四个五年规划和2035 年远景目标纲要》提出，“促进平等就业，增加高质量就业，注重发展技能密集型产业，支持和规范发展新就业形态，扩大政府购买基层教育、医疗和专业化社会服务规模。建立促进创业带动就业、多渠道灵活就业机制，全面清理各类限制性政策，增强劳动力市场包容性”，“实现基本养老保险全国统筹，放宽灵活就业人员参保条件，实现社会保险法定人群全覆盖”，对新就业形态从业者的就业和养老保险做出了规划。

2021 年政府工作报告中明确提出，要支持和规范发展新就业形态，加快推进职业伤害保障试点。继续对灵活就业人员给予社保补贴，推动放开在就业地参加社会保险的户籍限制，对新就业形态和灵活就业参加社会保险做出了部署。

2020 年 7 月，国务院办公厅制定出台了《关于支持多渠道灵活就业的意见》（国办发〔2020〕27 号）（以下简称《意见》）。《意见》强调，个体经营、非全日制以及新就业形态等灵活多样的就业方式，是劳动者就业增收的重要途径，对拓宽就业新渠道、培育发展新动能具有重要作用。《意见》从三方面提出了支持灵活就业的举措：一是拓展灵活就业发展渠道，加大对个体经营、非全日制以及新就业形态的支持；二是优化自主创业环境，从放松限制、取消收费、场地支持等方面创新举措；三是加大对灵活就业保障支持，在新职业开发、针对性培训、人力资源服务、权益保障等方面强化扶持。

2020 年 4 月，人社部职业技能提升行动领导小组办公室发出了《关于开展新就业形态技能提升和就业促进项目试点工作的通知》（以下简称《通知》），提出要在试点地区大力推动新就业形态技能提升和就业促进项目，开展面向新就业形态的重点群体的岗前培训和技能提升培训，把职业技能提升行动优惠政策惠及拟在或正在新就业形态从业的就业重点群体，试点工作要大胆探索，勇于创新，适时总结有效做法，完善相关政策和管理规定，逐步建立适合新就业形态的工作模式。《通知》发出后，青岛、绍兴等地迅速组织开展试点工作。青岛市突破现有补贴政策要求企业与劳动者“签合同、缴保险”的传统模式，将与试点企业未建立劳动关系但通过企业平台提供服务，并获取劳动报酬的重点群体人员纳入培训范围，按规定给予试点企业培训补贴。

2020 年 11 月，国务院办公厅印发的《全国深化“放管服”改革优化营商环境电视电话会议重点任务分工方案的通知》要求，“稳定和扩大就业，破除影响就业特别是新就业形态的各种不合理限制，加快调整相关准入标准、职业资格、社会保障、人事管理等政策，适应并促进多元化的新就业形态。把灵活就业、共享用工岗位信息纳入公共就业服务范围，对设立劳务市场或零工市场给予支持、提供便利”；“推动将城乡各类用人单位全部纳入失业保险覆盖范围，研究建立灵活就业人员参加失业保险新模式，2021 年底前制定出台失业保险关系转移办法。简化工伤保险领域证明材料和事项，压减工伤认定和劳动能力鉴定办理时限，2021 年 3 月底前研究建立新就业形态人员职业伤害保险制度”。

四　移动互联网发展对劳动者就业的挑战与机遇

移动互联网背景下的劳动者就业作为新生事物，与原有的政策措施、管理和服务模式以及劳动市场规则一定程度上已经不相适应，对劳动者就业和政府治理提出了一定的挑战。

（一）对劳动者技能提出了新要求

作为与移动互联网技术广泛应用同步产生的新生事物，新就业形态中劳动者技能相对欠缺。一方面，劳动者对于社会分工细化产生的新工作没有足够经验，缺乏充足的教育培训储备。特别是新就业形态和新职业培训工作，在师资、教材、标准、实训等各个方面都处于起步阶段，与完善、成熟仍有较大差距。当前新就业形态的发展方兴未艾，开发相应的新职业标准，开展新职业技能培训，有庞大的市场需求。另一方面，依托移动互联网诞生的就业属于典型的数字就业，对从业人员的数字技能有一定的要求。“数字鸿沟”导致年龄较大、文化水平不高的劳动者进入该领域存在一定的障碍，具体表现为对移动通信工具功能的不了解、使用不畅，对出现的临时故障缺少操作处理的技能和经验等。因此，推动劳动者掌握数字技术是促进数字化就业的重要一环。

（二）对劳动管理提出了新的挑战

前文已述，互联网平台与劳动者之间的关系和传统的组织与员工之间的关系存在明显差异，双方之间的关系更加松散，劳动控制的表现更加曲折模糊，由此给劳动管理带来了重大挑战。一是在劳动关系的判定方面，是否将新就业形态纳入劳动关系规制的范围尚未定论。如果不纳入，在目前的劳动法律政策框架下，庞大的新就业形态劳动者群体将不受劳动法保护；如果纳入，将会重新调整企业和劳动者的权利义务关系，或者开辟第三条道路，为新就业形态设立特殊劳动关系，这仍然有待论证、讨论。二是在劳动标准方面，传统的工时等标准受到挑战。在新就业形态下，劳动者的工作时间更难把握，劳动安全保护的责任判定更加困难，最低工资标准的适用范围难以界定，现行劳动标准与新就业形态的契合度不高，由此引发了较多争议。三是劳动监察方面，依托移动互联网的就业在空间上分散，数量上众多，特别是平台企业的劳动管理隐藏在商业算法中，劳动违法的隐秘性更高，传统的劳动监察在取证、监管能力等方面面临着从理念到制度再到能力的全方位挑战。

（三）给社会保险制度提出了新课题

现有政策对灵活就业人员参加城镇职工基本养老保险、基本医疗保险和建筑企业按项目参加工伤保险做出了规定。但从整体来看，现有制度在新就业形态劳动者和灵活就业人员的社会保险权益保障方面仍有较大改进空间，表现为以下几点。一是社会保险制度的灵活性不足。对于以完成一定工作任务为期限或非全日制用工以及签订多份非全日制劳动合同的劳动者来说，现有制度在转移接续、制度设计等方面较难保障其权益。二是灵活就业人员参保政策要求劳动者拥有本地户籍。社会保险补贴政策只面向本地户籍的特定劳动者，非本地户籍劳动者无法享受补贴政策，而农民工等流动群体是新就业形态和灵活就业的主要承载者。三是缴费基数和比例偏高。国家规定的灵活就业人员缴费比例高于城镇职工个人，有些地方甚至比单位缴费比例还要高，而多数灵活就业者和新就业形态劳动者收入水平在社会平均工资以下，该群体以社会平均工资为基数缴纳社保压力过大。另外，还存在逆向转移支付的风险。四是经办服务方面，社会保险经办服务体系仍然比较传统，更适应正规就业者参保，与流动性较高、工作变换频繁、收入不稳定的灵活就业特点不匹配。虽然依托互联技术的新服务手段在不断完善，但与满足劳动者需求仍有较大差距。

（四）给改善公共就业服务提供了新契机

受到体制、技术、人才等多方面因素的影响，传统公共就业服务整体效率不高，表现为就业信息供给的及时性、准确性不高；人岗匹配成功率不高；服务方式以线下为主，成本较高；职业指导等专业化服务能力不足。互联网技术的普及以及数字就业的发展，使通过新技术解决上述问题有了可能。

五　移动互联网快速发展条件下促进劳动者就业的对策建议

（一）完善新就业形态的统计调查，夯实治理基础

目前，对依托互联网的新就业形态的研究和治理还远跟不上其迅速发展的步伐，需要进一步梳理新就业形态的内涵与外延，在理论层面界定新就业形态，确立判断依据和标准，厘清其基本类型。对于外在表现“新”但实质符合传统就业形态和特征的，仍按照现有法律予以规范；对于确属新形态，具备区别于传统就业形态的实质性特征的，要建立专门的分类标准和体系，并在此基础上完善统计调查体系，准确把握新就业形态的发展动向。要顺应新就业形态的数字化特征，充分利用大数据、区块链等新技术手段，搭建新就业形态大数据平台，精准判断新业态从业人员的就业、流动、收入等状况，为制定政策提供科学依据。

（二）促进依托互联网技术的新就业形态大规模发展

要在完善规则制度和加强规范监管的基础上，促进移动互联技术的普及应用和平台经济的进一步发展，创造更多就业岗位。将现有的就业促进政策延伸到新就业形态，对于吸纳特殊群体就业成效明显的平台企业，可参照相关政策给予相应扶持。通过举办专场招聘会等形式，搭建劳动者与

新业态企业的供求对接平台。将新业态从业人员纳入全方位公共就业服务体系，建立数字化服务平台，通过手机 App 实现职业信息搜索、职业指导、就业服务、课程学习等服务功能，方便新就业形态人员多渠道享受公共服务。

（三）推进新职业开发，开展大规模职业技能培训

在当前发布的 56 个新职业的基础上，继续推进基于移动互联技术的新职业开发，对于产业需求度高、社会呼声高的新职业，尽快将其纳入国家职业分类大典，制定相应的职业标准，确立职业发展通道。大力开展新职业的职业技能培训，夯实师资、教材、实训设施设备等基础，尽快制定出台相应标准规范；实行适应新就业形态特征的在线培训、数字化培训等培训形式，提升培训效率；将各行业领军的平台企业发展为培训“旗舰”，在标准研发、等级认定、培训实施、师资培养等方面发挥行业引领作用；大力推行工学一体、产教融合的培训方式，推进技能大师在培训机构兼职，畅通相应的制度通道；创新培训政策，将新就业形态培训纳入国家培训补贴的政策范围内，鼓励企业大规模开展培训。

（四）创新技术手段，完善劳动管理制度

面对新就业形态对劳动管理带来的冲击，相应的政策要坚持守正与创新同步。在劳动关系方面，对于没有“新”的实质只有“新”的外在的就业形态，仍然要坚持现有的劳动关系判定标准，依照现有的法律制度予以规范，而对于确实有别于传统就业的新形态，则要完善法律规制，将新就业形态纳入法律规制调整的范围内。在劳动标准方面，加快制定《基本劳动标准法》，将劳动保障标准与劳动关系解绑，将法定劳动基准由劳动关系的基准扩展为劳动的基准。在对不同形式的劳动者提供底线保护的同时，适度体现差异性。在劳动监察方面，积极顺应产业数字化的趋势，发展智能监察、智慧监察，将平台企业数据作为劳动监察的证据，建立判定规则体系和技术平台，推进劳动监察制度和技术创新。

（五）提高制度灵活性，完善新就业形态社会保险政策

根据新就业形态的特征，不断完善社会保险权利义务关系，合理确定平台企业与劳动者的责任。针对新就业形态高灵活度的特征，建议创新社保缴费累计办法，从业者可以分阶段、分部分参加社保并缴费，依据缴费记录合并换算出最终社保待遇享受标准。推进养老保险全国统筹，打破从业者参保的户籍和地域限制。对于建立多重劳动关系或用工关系的从业者，建议实行社会保险的各自缴费、分别计算、合并纳入的政策，即一个劳动者可以由不同用人单位代扣代缴相应社保费，实现多份非全日制就业、兼职兼业、跨平台就业等灵活就业者的多元缴费方式。建立灵活就业人员职业伤害保险制度和失业保险参保办法。创新灵活的社保缴费方式，通过平台企业 App 向从业者提供社保服务、宣传社保政策，引导平台就业者积极参保。

参考文献

莫荣：《新就业形态的概念、现状与协同治理》，《新经济导刊》2020 年第 3 期。

韩巍：《新经济时代灵活就业的结构性转向——一个生产控制权的分析框架》，《学习与实践》2017 年第 1 期。

王文珍、李文静：《平台经济发展对我国劳动关系的影响》，《中国劳动》2017 年第 1 期。

B.23
提升师生信息素养，优化在线教育质量

熊 璋*

摘 要： 本报告关注基于移动互联网的在线教育在2020年“停课不停学”中发挥的巨大作用，认为未来线下线上教育的融合模式会成为常态。通过分析在线教育对相关人群的心理冲击，讨论了在线教育相关的社会忧虑，提出快速发展的在线教育需要行业规范，要保证在线教育质量，提升师生信息素养是关键。

关键词： 在线教育 教育质量 信息素养

2020年初，新冠肺炎疫情的突袭，使教育与其他行业一样，面临巨大的挑战，基于移动互联网的在线教育，在“停课不停学”中发挥了巨大的支撑作用。但不可否认的是，基于移动互联网的在线教育，在教育模式的研究、教师学生的适切性、对学生的心理影响、教育质量的监督等方面并不十分成熟，尚须大量的研究、实验、分析和提升。线上线下教育融合的模式呈现常态化趋势，实现在线教育的可持续发展、保证教育质量、促进教育创新，提升师生的信息素养是关键。

一 2020年在线教育情况分析

基于互联网的在线教育分为两大类：首先是大中小学的各种网课，尤其

* 熊璋，北京航空航天大学教授、博士生导师、校学术委员会副主任，主要研究方向为大数据、人工智能、智慧城市、信息科技教育。

是“停课不停学”中的线上课堂；其次是大量的社会培训，也转移到基于移动互联网的在线教育领域。

（一）在线教育在“停课不停学”中的支撑作用

2020年初，为抗击新冠肺炎疫情、确保师生的安全和健康，教育部于1月27日正式发布关于2020年春季学期延期开学的通知。1月29日，教育部有关负责人在接受采访时表示，各地教育部门也为服务、保障防控疫情期间中小学校“停课不停教、不停学”做了大量工作。

保证“停课不停学”的唯一手段，就是搭建云课堂，利用互联网在线教育让孩子们在家学习。2020年，全国大多数地区利用国家网络云课堂，开展了在线课程，组织学生上网课，很好地完成了“停课不停学”的目标。

国家网络云课堂覆盖小学一年级至普通高中三年级全学段，有符合教学进度安排的统一课程表，提供网络点播课程。学校既可以采用平台上设计好的模块化课程进行教学，又可以利用平台组织教师根据本校的教学安排，形成灵活的课程表，给学生上网课。教师可以利用平台在线讲课、在线互动辅导。部分暂无网络或网速慢的农村地区和边远贫困地区则通过电视频道播出有关课程和资源，解决学生在家学习的问题。

“停课不停学”既是抗击疫情的应急之举，又是“互联网+教育”的一次应用展示。

中国教育新闻网在《2020中国基础教育年度报告》中披露：2020年，全中国1000多万教师面向1.8亿中小学生开展了史无前例的大规模在线教育，老师和学生在家通过互联网或移动互联网上课。足见基于移动互联网的在线教育在“停课不停学”中的支撑作用。在这次“停课不停学”的在线教育实践中，国家级平台发挥了支撑作用。教育部于2020年2月17日开通了国家中小学网络云平台在线课堂，同时与工信部建立了部际协调机制，协调网络运维服务企业确保网络云平台平稳、顺畅运行。截至2020

年12月31日，国家中小学网络云平台浏览次数达24.65亿，访问人次达20.24亿。①

（二）在线教育成为市场热点

在线教育的普及，引发了在线教育市场在2020年的井喷式扩张，表现为在线教育的产品大量、集中发布，以在线教育为主业的企业极度扩张，市场资金也蜂拥而至。

在线教育的产品主要有三大类：一是在线教育平台，提供网上课堂、师生互动的功能；二是网络课程，市场上传统的培训班面授课程一度都开成网络课程；三是辅助在线教育资源，如课件、演示和其他辅助数字资料。教育平台需要的人员、技术和资金的投入是最大的，一个指标是：国内有实力的IT公司几乎都在2020年开始提供在线教育的平台，对早几年在运行的平台形成巨大的冲击。

《每日经济新闻》披露的启信宝的大数据显示：企业经营范围中包含“在线”“线上”“互联”等关键词的在线教育企业2020年新增注册22万多家，平均每天新增600多家，高度集中。截至2020年底，全国共有215家在线教育企业在A股上市，其中，北京地区上市的在线教育企业数量最多，达到61家，其余拥有A股上市在线教育企业数量较多的地区分别是广东（33家）、浙江（17家）和江苏（14家）。2020年，在线教育备受市场资本的追捧，企业融资事件累计超过14000次。②

（三）在线教育备受社会关注

在线教育支撑了“停课不停学”、展现了“互联网+教育”成果的同时，也引发了一些担心和争议，主要表现在如何保障在线教育质量和学生健

---

① 《2020中国基础教育政策分析》，https：//baijiahao.baidu.com/s？id=1693097805706646552&wfr=spider&for=pc。

② 《启信宝3·15大数据：2020年在线教育企业平均每天新增610家》，每日经济新闻，2021年3月15日，https：//www.guancha.cn/ChanJing/2021_03_15_584124.shtml。

康发展，避免市场过度竞争等方面。

教育管理部门、学校、老师、学生、家长都十分关注在线教育的质量，对线上教育质量缺乏信心。他们担心适用于传统授课场景的传统评价方式是否也适合在线教育的场景，比如，课堂面对面的交流变成在线交流、课堂随考变成在线测试。在线教育普及之前，并没有开展足够的研究、试点、评估，尚无具有说服力的学业质量评价手段。基于大数据和人工智能等信息技术的辅助评价手段没有及时与在线教育同步推广，信息科技的推广在学业质量评估和保障中明显滞后。

《中国青年报》对中小学生家长进行的一项调查显示：87.2%的受访家长给孩子报了线上课程，他们考虑最多的因素是试课效果。对于线上课程，受访家长最担心的两个问题是影响孩子视力和互动性差。[①] 2021 年的全国两会上，全国政协委员、广东省政协副主席，民建中央常委、广东省委会主委李心就提交了关于规范在线教育市场、保护青少年视力的提案。全国政协委员翟美卿也提交了关于加强中小学心理健康教育建设的提案。

超热的市场和投资形成了激烈竞争的局面，大量产品、企业在抢同一块蛋糕，相关法律和管理机制尚在形成的过程中，难免出现一些恶性竞争，过度营销和虚假宣传成为社会诟病的焦点，不利于在线教育的健康发展。2021 年中央电视台的 3·15 晚会就曝光了在线教育企业的负面案例，当然这只是一个缩影。

《中国青年报》对家长的调查统计显示：线上课程存在的问题还有虚假广告泛滥（35.1%）、平台资质不明（26.3%）、贩卖焦虑（21.2%）、消费者维权难（20.7%）、师资力量弱（18.1%）、跑路问题频发（16.3%）、课程水（16.2%）、教学理念不科学（14.0%）等。[②]

---

① 《87.2%受访家长给孩子报了线上课　最担心影响视力和互动性差》，https://baijiahao.baidu.com/s?id=1693261113210860683&wfr=spider&for=pc。

② 《87.2%受访家长给孩子报了线上课　最担心影响视力和互动性差》，https://baijiahao.baidu.com/s?id=1693261113210860683&wfr=spider&for=pc。

二　在线教育需要健康的生态

一方面，在线教育在疫情防控过程中的快速普及体现了信息科技融合教育的真实价值，为未来在线课程与面授课程混合教学模式的常态化提供了实战经验；另一方面，对在线教育质量的怀疑和对社会资本过度投入的忧虑也是客观存在的，其可持续发展成为一个课题。

（一）在线课程与面授课程混合成为教学模式的常态化需求

过去一直处于踟蹰不前状态的在线教育模式被新冠肺炎疫情推到了一线，发挥重要作用，使大家突然认识到在线教育是可行的。尽管对在线教育的疑虑在疫情得到有效控制后再次出现，但是，信息科技的进步对教育的促进、变革和进步作用，加上未来精准防疫的需要，使面对面的线下课堂教育和基于移动互联网的在线教育在未来相辅相成、融合发展成为教育发展的必然趋势。我们要分析、总结过去一学期大规模在线课堂实践的经验和不足，及时提升在线学习平台的适用性，这是混合式教学模式常态化顺利推进的基础。

教育工作者要潜心关注信息科技，提出更精准的在线课程平台规范；软件开发者要潜心关注教育，秉持以教学为本、以学生为本的宗旨，推出老师和学生喜欢的通用平台，同时提高软件开发迭代频率，不断及时完善，构筑混合式教学模式常态化的基础。

（二）在线教育急需行业规范和健康的生态

在线教育的产品越来越多、相关企业大中小型皆有、市场资本充足，形式上的热，恰恰暗示着这个行业的风险。平台资源越来越多，分散了用户和收益，过度营销、服务质量降低又加深了用户的不信任感。当用户开发达到一定程度后，那些没有足够用户支撑的产品和企业就面临淘汰，毕竟用户规模是互联网企业的命根子。业内人士应该关注如下三点：一是发掘、培育更

大的客户群；二是扩展服务模式，形成产业链条；三是尽早出台相关行业规范，建立健康的行业生态。

行业规范常常落后于行业发展，对于突飞猛进的在线教育更是如此。而在线教育又和青少年关联度高，青少年的健康成长又决定了国家的未来，因此在线教育成为教育“立德树人”重要的一环。在线教育必须坚守教育属性，建立科学、合理、公平的市场准入、市场监督、质量保证等规范，只有建立了科学的行业标准、行为守则，才能保证在线教育行业的规范发展。

在线教育是促进教育公平、弭平地区差异的一个重要手段和工具。互联网产业是一个不断巩固老用户和发掘新用户的行业，下沉市场是互联网行业的共同道路。在线教育将从城市走向农村、从东部走向西部，探索开拓新市场、寻找新的用户流量。

（三）基于移动互联网的在线教育的可持续发展之路

新冠肺炎疫情防控让在线课程、远程教育强行接入了中小学教育，客观上集中体现了过去若干年教育信息化的价值，但这还不是利用信息科技促进中小学教育的主动改革和创新。在线教育必须走一条可持续发展的道路。

首先，在线教育要服务国家人才战略计划、瞄准立德树人目标，沿着素质教育的发展方向，始终与国家的教育发展大目标保持一致，这是在线教育可持续发展的核心要素。

其次，随着混合教学模式常态化的推进，在线教育要积极探索基于信息科技的教学模式创新、教学手段创新、教学资源创新和教育平台创新。用“以学习者为中心”的差异化教学和个性化学习逐步取代“以教师为主”的传统课堂教学方式。在线教育要科学地注入过程化评价，因材施教，关注个性化发展、关注创新能力，构建更加科学的教学评价体系。当然，在线教育也必须有利于实现个性化教育与规模化培养的有机统一。

最后，在线教育要关注促进教育公平，为解决教育不平衡、不充分问题发挥技术的作用，通过提升中西部教育水平来促进中西部经济社会发展，通过解决教育不平衡问题带动解决其他方面的不平衡问题。

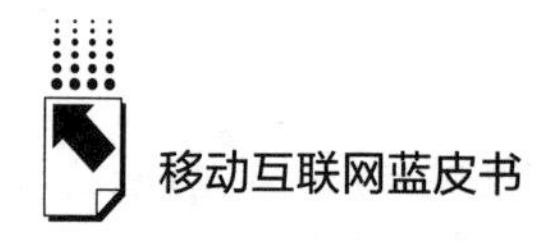

基于移动互联网的在线教育还有很多小目标，包括基础设施的改善、课程平台的完善、软件应用的友善、教学资源的丰富。

在线教育健康发展的关键，更是教育工作者教育思想和理念的更新，尤其是其信息素养的提升。信息科技与教育教学的深度融合对教师提出了学科能力与信息素养的“双核要素”要求。

教育工作者、软件开发者、老师、学生和家长都是在线教育生态中的重要主体，积极的心态、健康的行为有助于在在线社会的大环境里通过提升其信息素养，养成敏感的信息意识、科学的计算思维、适切的数字化学习与创新能力、内化的信息社会责任，让思想、理念与身体同步跨入新时代。

三　保证在线教育质量，提升师生信息素养是关键

基于移动互联网的在线教育是信息科技应用于教育的一个方面，在线教育也是在线社会的一个重要特征。在线社会的全体公民应该具备信息素养，才能保证社会的和谐进步。

（一）在线教育环境下教师的“双核要素”

信息科技与教育教学的深度融合重新定义了教师的角色，信息素养成为教师必备的核心素养之一，信息素养与学科能力组成双翼，是各级教师应该具备的“双核要素”。

教师信息素养的第一个维度是信息意识。信息意识要求教师具备内化的信息敏感性，具备主动寻获和利用积极的、真实的、准确的、实际的、合理的、有价值的信息的动机和能力。他们能够通过信息科技手段收集、整理、分析、分类和使用数据，科学地理解物理空间和数字空间的关系，在协同学习和工作中，提供和分享真实、科学、有效的信息。随着信息科技的发展，尤其是自媒体的普及，教师和学生都身处信息来源复杂、信息量过载的环境，教师主动筛选和过滤信息的行为和表现，是引导学生信息意识养成的基础。

教师信息素养的第二个维度是计算思维。计算思维不是计算机的思维，而是人在面对问题、分析问题和解决问题时的一种思维模式，这种思维模式借鉴和吸收了计算机解决问题时的一些理念和方法，比如对复杂问题的分解、对问题的抽象、构造解决问题的模型、关注解决问题的方法和效率，并且能够将有效的方法举一反三地应用到类似的问题解决中，包括跨学科领域的问题解决。数据的组织与结构、过程的迭代与优化、串并和时空的平衡、仿真和模拟等，都是解决身边实际问题时计算思维的着力点。随着社会的进步，教师和学生都不可避免地面对越来越复杂的问题和情境，教师的思维模式和解决实际问题的方式，无形中会成为学生计算思维模式的示范。

教师信息素养的第三个维度是数字化学习与创新。数字化资源越来越丰富、数字化工具越来越普及、数字化平台越来越多样，教师积极利用和科学选择合适的资源、工具和平台在各学科中都是时代性的进步，也是教学模式、教学组织、教学管理创新的重要方法和手段。利用大数据和人工智能、社交数据挖掘和情感计算，可以有效补充通过作业和试卷进行学生评价的传统手段，对学生的阶段式评价可以变成迭代式的跟踪式过程性评价，获得更加精准的评价结论，有利于个性化教学和创新人才的培养。教师根据课程目标确定教学内容和案例，也可以通过对学生学习后理解掌握的真实状况反馈，做动态的调整和更新，达到与学生认知水平相适应的衔接。

教师信息素养的第四个维度是信息社会责任。在教学活动的各个环节，教师都是学生的榜样和模范，是学生学习和模仿的对象，尤其对于青少年而言，教师言传身教的作用是显著的，教师的情感、态度、价值观无时无刻不影响着自己的学生。教师示范对国家的热爱、对法律的敬畏、对伦理道德的尊重和对民族文化的认同是信息社会责任的核心，鼓励、引导学生树立科学和创造的价值观，培植造就学生合作和团队的精神，训练、培育学生认真和严谨的治学态度，是教师信息社会责任的实际展示。

教师“双核要素”中的信息素养所包含的四个维度，并不是相互独立的，而是具有强相关性和普遍的互动作用。例如，判断一条信息的真伪、不散播虚假信息，就覆盖了信息素养的多个维度。培养学生与自然、与社会、与人工智能和谐共处，培养学生在信息社会的从容感、幸福感、危机感和使命感，就需要全面的信息素养。

（二）在线教育场景下中小学生的信息素养

在信息社会中，信息素养与人文素养和科学素养具有同等的重要性，全民具备信息素养成为信息社会和谐发展的基本要素。尤其对于青少年，信息素养不但是他们成长和学习过程中的核心要素，而且决定了他们未来的胜任力和竞争力。在线教育从一个侧面证明了信息素养在中小学生的学习和生活中起着至关重要的作用。

中小学生在学习中要具有正确的价值观、必备品格和关键能力。信息素养中的信息意识、计算思维、数字化学习与创新和信息社会责任在在线学习中缺一不可。

在线学习中，同学们面对海量的网上资源和信息，如何在老师和家长的引导下，在浩瀚的信息海洋中高效地捕捉对自己有价值的资源和信息，不被无用的、垃圾的，甚至有害的信息误导，需要具有信息意识。信息意识内化程度高的学生，具有更高的信息敏感性，获取有价值信息的动机和能力更强，能够更快地丰富自己、提升自己，不会在复杂的信息中迷失自己、进入信息茧化的误区，避免误入歧途。

在线学习中，同学们沉浸在新的场景，面对新的问题，需要更新自身的思维模式。具备计算思维的同学，能够很好地借鉴计算机科学解决问题的路线和方法去寻求最佳的方案。如何去抽象和形式化一个真实问题，是学习各门学科的起点，也是解决身边真实问题的起点。具备计算思维的学生，能够将复杂问题分解为简单问题，构造解决问题的模型，并能够将解决一类问题的方法和流程移植到其他类似问题（包括跨学科的问题）的解决上，提高自己学习的成就感和幸福感，为未来的学习和生活打下坚实的基础。

在线学习中，同学们在信息平台上学习，手边有很多信息科技工具，其中不乏大数据和人工智能的应用。各种各样的平台、形形色色的工具、千奇百怪的应用，无不令人眼花缭乱，同学们课堂上的表情被情感记录、作业被大数据分析、考试被人工智能评价。具备数字化学习与创新信息素养的同学，可以选择最适合学习某门课的平台、发现最适合解决某个问题的工具、运用最能帮助自己的应用，在在线学习中游刃有余。

在线学习中，缺不了信息分享、协同作业，具备信息社会责任信息修养的同学，会在教师和家长的指导下，在在线学习的各个环节中，胸怀对国家的热爱、对法律的敬畏、对伦理道德的尊重和对民族文化的认同。在保护自己个人隐私和安全的同时、在设计和使用各种人工智能应用的同时，扬善除恶，永远保持不伤害国家、不伤害社会、不伤害他人的责任心。

基于移动互联网的在线教育在“停课不停学”中发挥了巨大的支撑作用，并得到井喷式的发展，根据社会与科技发展的趋势和未来精准防疫的需求，面对面教育和在线教育融合模式的常态化是必然的。我们在看到在线教育市场热度的同时，应该保持冷静的思考，重新认真研究需求、细分市场，打造对师生更加友善的平台和工具，营造健康的在线教育生态；我们在看到在线教育飞速发展的同时，更应该关注师生的信息素养培育，只有这样，新一代才能够健康生活和成长在在线社会，成长为实现“两个一百年”奋斗目标和中华民族伟大复兴中国梦的坚实力量。

参考文献

翟博等：《2020 中国基础教育政策分析》，《中国教育新闻网》2021 年 3 月 2 日。

熊璋、蒲菊华、南方：《面向信息素养提升的“互联网 + 教学”体系研究》，《中小学数字化教学》2020 年第 10 期。

熊璋：《提升师生信息素养保障教育质量》，《中国教育报》2020 年 9 月 21 日。

B.24

物联网时代智慧家庭发展及趋势分析

李华刚*

摘　要：　2020年我国物联网智慧家庭建设稳步发展，消费者认可度提升。以家庭为基础，以场景为依托，建立生态圈层，为智慧家庭行业赋能增值。未来，智慧家庭建设将进入加速期，盈利模式从以产品为中心向以服务为中心转移，向多场景与多终端深入拓展，提升制造企业经济效益的同时，引导用户新消费升级，为新经济发展注入动能。

关键词：　物联网　智慧家庭　智慧生态

一　物联网智慧家庭发展现状

Lutolf最早提出“智慧家庭”的定义，其认为智慧家庭的建立是结合相关的通信系统来将家庭中各种服务集成一个整体，以此来保证家庭的经济性、舒适性与高度智能性。智慧家庭是指以住宅为主体，综合利用物联网、云边计算、人工智能等技术，实现集中管理、远程控制、互联互通、自主学习等功能，促进环境管理、安全防卫、信息交流、消费服务、生活娱乐有机结合，创造安全、健康、便捷、舒适、环保的家庭居住环境。随着科技的不断发展，物联网对人们生活产生的影响越来越明显，无论在哪里都能进行实时、无障碍的交流与通信。物联网的应用日益广泛，体现在智慧家庭建设方

* 李华刚，海尔集团高级副总裁、首席体验官、海尔智家总裁。

面，既在互联基础上实现深度融合，又表现出持续赋能的优势。

随着物联网、人工智能技术的发展，人们对智能化生活观念不断增强。智慧家庭已成为社会信息化发展的重要组成部分。近年来，国家不断出台利好政策，刺激智慧家庭消费。2016 年，由工业和信息化部、国家标准化管理委员会共同印发的《智慧家庭综合标准化体系建设指南》提出，到 2020 年初步建立符合我国智慧家庭产业发展需要的标准体系。2018 年 9 月，中共中央、国务院发布的《关于完善促进消费体制机制进一步激发居民消费潜力的若干意见》，也明确提出升级智能化、高端化、融合化信息产品，重点发展适应消费升级的中高端移动通信终端、可穿戴设备、超高清视频终端、智慧家庭产品等新型信息产品。自 2019 年我国开启 5G 商用以来，传统家居家电企业纷纷加入未来联网智慧家庭市场布局，传统家居家电设备正经历向智能白电、智慧安防、照明控制、暖通控制、数字视讯以及各类智慧家庭终端产品的加速演进。在消费升级的背景下，中国智慧家庭行业将在“十四五”时期迎来发展爆发期。2020 年，中国智慧家庭产品出货总量达到 2.8 亿台，到 2025 年出货总量将增长至 8.1 亿台，年复合增长率可达 23.7%。

（一）个性化定制服务为核心竞争力

中国特色社会主义进入新时代，我国社会主要矛盾已经转化为人民日益增长的美好生活需要和不平衡不充分的发展之间的矛盾。当下，人们对美好生活的追求不是单一的而是多样的。在解决基本生活需要的同时，提供个性化表达的解决方案，智慧家庭兼具实用性和时尚性。通过个性化定制，智慧家庭的落地形态更加丰富，用户圈层不断扩大，在适老化和特殊化服务上表现出更明显的优势。值得注意的是，个性化定制方案的提供离不开强大的服务能力，这种服务应该是以客户选择为起点从而不断深入，以此不断增值，服务是智慧场景的一部分并在智慧家庭建设过程中愈显重要。

以海尔智家推出的场景品牌三翼鸟为例，其在物联网智慧家庭建设过程中，以多重服务满足客户个性化建设需求，以“1 + N”能力为抓手推动智慧场景的升级，以软实力为智慧家庭提质增效。生态接入是三翼鸟服务能力的另一种体现，通过生态接入的方式，多种要素得以融入智慧场景，实现优势叠加，生态方共创共赢共享价值增值。例如传统美食北京烤鸭制作工艺复杂，制作过程考究，为使更多用户品尝到这道美食，北京烤鸭传承人主动接入三翼鸟食联网生态平台，烤鸭胚进入蒸烤箱 40 分钟出炉即是地道味道。健身器材、宠物用品、衣物护理等品牌也相继接入生态平台，以此建设多种智能场景，充分满足不同用户群体等智能化需求，智慧生态能力持续增强。

（二）直击用户痛点

在很长一段时间内，制造行业以粗放模式发展。制造行业整体智能化升级的关键就在于智能技术的应用和升级是否能够真正为企业带来利润。而用户痛点就是智能技术的发力点。物联网智慧家庭的应用本身就能够有效沟通用户，通过对用户使用行为的分析可以找准痛点，并制订解决方案不断改进应用的不足。解决方案更具针对性，才能提高供给质量，推动智慧家庭领域的供给侧结构性改革。

以生态品牌形象亮相的海尔智家倡导的“新居住”理念或许有启发意义：除了考量用户的生活需求，实现全场景无缝体验外，还应考量用户的情感需求，围绕用户的需求，主动提供衣食住娱一站式的生活解决方案。从需求层面深度改革，从源头给予明确的生产导向，物联网智慧家庭产业在痛点解决方案上逐渐明晰，提升企业经济效益的同时，将引导用户进行新消费升级，为新经济发展注入动能。

（三）越发成熟的市场环境

智慧家庭创设的多种智能场景，拥有广阔市场前景。近年来，随着各大品牌相继布局，物联网智慧家庭的市场份额逐年上升，多方发力造就共同繁荣。

从产品到场景，用户在物联网智慧家庭市场上有了更多选择。《2020 年智能家居行业研究报告》显示，80% 以上消费者对智能家居有一定了解，但大部分人对它的认知仍局限在手机 App 控制家电或电子产品阶段。[①] 智慧家庭消费目前集中于硬件消费，即购买一种或多种智能产品，一方面能够满足自身对于智能化的部分需求，进行多种智能体验；另一方面对于智能的消费仍比较基础，操作简单、功能丰富、造型时尚等因素也影响着用户的选择。在此情况下，以单件智能硬件产品切入智能家居生态建设，仍是企业在智能家居领域的主要布局方式。

当前，智慧家庭的建设落地已趋向专业化。2020 年 9 月，海尔智家推出全球首个场景品牌三翼鸟，开辟从智能产品到智能场景的模式，促进智慧家庭建设向第二阶段、第三阶段进化。在智能场景布局方面，三翼鸟以“1 + N”能力为全场景智慧生活赋能，实现了 1 个管家协调为中心，结合全国布局的智能家居体验店，为用户提供一体化的智能家居定制方案。

从智能场景解决方案来看，三翼鸟的解决方案包括客厅、厨房、浴室、阳台、卧室等多个场景，针对用户痛点，设计出涵盖家庭生活各个方面的方案，提出最快 24 小时的局域改造方案，以适配不同基础的家庭智慧化演进，同时整体改造也为智慧家庭提供了更多可能。

而在智能产品方面，三翼鸟提供的智能产品涵盖家电、安全、照明等多个生活领域，将全方位的智能生活体验带给每一个用户。另外，由于采用智能场景布局的方式，三翼鸟品牌产品将拥有更好的联动性和扩展性，能让用户体验到更加智能化的居家生活。这样差异化的布局，也为海尔智家在智慧家庭建设方面增添了不少竞争力。

由此可见，智慧家庭已成为共识，但其升级空间比较大。物联网智慧家庭的建设正在形成新消费热点，催生新消费形式。同时物联网智慧家庭场景衍生出智能消费场景，涵盖服务与升级，将逐渐由简单的硬件关系变为场景间的物联关系，深度赋能智慧家庭建设，最终实现场景间的无缝对接。

---

① 亿欧智库：《2020 年智能家居行业研究报告》，https：//www. dx2025. com/archives/101898. html。

二　物联网智慧家庭发展趋势

依托物联网，建设智慧家庭已经成为新发展趋势。首先体现在智能硬件的应用上，以智能音箱为代表的智能产品销量逐年上升；其次体现在智能系统的应用上，智能系统建设逐渐完备，接受多元、多品牌、多基础硬件的适配性接入；此外体现在智慧场景的应用上，智慧场景表现出的自迭代优势，横向上使物联网在家庭领域的应用面更宽，纵向上更具延展性。当前，物联网智慧家庭建设已进入稳步发展期，用户接受度显著上升，成为拉动新经济增长的又一重要力量。

（一）智慧家庭产业链迭代升级

智慧家庭是智慧城市理念和技术在家庭层面的应用和体现，是智慧城市的最小单元，智慧家庭包含多重意义，以家庭为载体，以人与人之间的情感为纽带形成新生活模式。同时因为智慧家庭具有较强的服务属性，决定了它需要展现出多种形态，智慧家庭建设要兼顾技术价值的底层逻辑和用户价值的情感维度，对其提出了更高的要求。物联网智慧家庭建设实际上是对原有实践的一次升级，基于家庭场景为物与物、人与物、人与人的交流提供相对完备的解决方案。

智慧家庭发展进程分为三个阶段：第一阶段为单品智能化，聚焦产品，重在培养智能单品使用习惯；第二阶段为多智能产品互联阶段，聚焦场景，实现智能场景的转换；第三阶段为系统化智能阶段，聚焦用户，体现个性化和全屋设施的智能协同。

智慧家庭单品应用。智能语音技术在智能终端和传统家电领域的应用，使得智能单品的种类和体验更加丰富，“万物互联”进入发展快车道。智能控制类单品有智能音箱、万能遥控器、多功能网关等；智能安防类单品有智能摄像头、智能门锁、传感器等；智能家居类单品有智能电视、智能家电、智能灯泡、智能插座、智能窗帘、扫地机器人等；家庭娱乐类单品有高清音视频、增强现实与虚拟现实（AR/VR）游戏等。

智慧家庭场景化应用。通过智能单品培养用户使用习惯并完成用户积累，加之智能语音助手的增强、智能设备的不断推出，智慧家庭人机交互模块构建系统逐步形成。随着交互方式的多元化，任意智能设备都可能成为交互接口，去网关化、去中心化使得家庭中心消失，向区域场景过渡。游戏娱乐方面：在重大新闻事件、体育比赛、演唱会和发布会等大型全景视频直播活动中，借助虚拟现实（VR）技术及头戴设备，在家收看也能获得亲临现场的体验。通过与电视陪看机器人智能互动，可以获得多人一起看电视时的感受，避免独自看电视时的孤独感。

智慧家庭系统化应用。人工智能（AI）正在语音和视像技术方面飞速发展，智能产品的细分场景越来越丰富，并从细分场景向整体方案、系统化集成等方向发展。

通过硬件设备的自动化集成，智慧家庭应用逐步向家居自动化、节能控制、系统集成方向拓展，转型为数字化运营控制。聚焦用户的系统化智能时代，注重个性化舒适体验和全屋设施的智能协同。如通过手机终端在外也能方便监控家中，查看家庭数据中心等；设置雨天自动关上窗户，查看冰箱存货情况并及时购物补充；到家之前预先打开空调，在家起床后窗帘自动打开，走进客厅电视打开，智能镜子会检测人们的身体健康状况，出门自动关灯等。这些都将为用户提供更丰富的智慧家庭体验。随着 AI 技术在越来越多的设备上得到应用，智慧家庭产业链将在智能化进程中完成迭代升级。

（二）智慧场景多元化应用

与智慧单品不同，以物联网为支撑的智慧家庭建设注重功能基础上的价值整合，从家庭的整体维度出发，充分利用场景交互实现智慧化。场景作为智慧家庭组成要素进行合理分布，场景交互和交叉实现全方位智能物联，场景选择实现个性化定制。智慧场景并不是完全独立的存在，而是满足用户痛点的同时，突出适应能力。传统场景被智能场景替代，突出进化性，通过场景交互形成更具智慧属性的新场景。“破圈”既指智慧场景破除原有单品的限制，多种智能单品在同一场景内协调共生共同服务，也指场景之间的互联互通，单场景到多场景再到智慧家庭整体场景的进化。

在三翼鸟落地的智慧家庭中，实现了场景与场景的沟通，客厅作为文娱场景，以电视屏为中心与用户沟通交互，语音控制即可拥有私家影院的感受。为进一步打造沉浸式交互场景，三翼鸟智慧家庭的屏幕可实现传屏互联，无论在冰箱的屏幕上抑或在卫生间的魔镜中，都可以不断线享受娱乐场景，打破了原有意义上的家庭功能分区，消除了场景与场景之间的违和感，重新定义了家庭场景，也通过物联网，让场景功能有效延伸，为个性化定制提供可行性。

物联网智慧家庭建设并不是一蹴而就的，而是一个逐渐上升发展的过程。事实上，部分家庭选择改变一个或几个场景进行智能体验，被选择的智慧场景就成为家庭中的关键要素，有利于培养用户的消费习惯，在场景中最大限度感受所能提供的服务，与改变前形成鲜明对比，从而提升整体幸福感，这为智慧场景的全方位落地打下基础。

物联网智慧家庭建设以场景为核心，不断丰富完善，弱化产品与人的功能关系，取而代之的是场景与人的价值关系。物联网智慧家庭建设需要走出产品孤岛，这并不意味着可以忽视传统意义上的质量要求，而是以是否能与智能场景协调为标准衡量，重视协调性和应用性，在设计层面更具前瞻性，在操作方面体现简约快捷的优势。用户在场景体验中对产品的感触是真实的，通过简易操控产生对场景的愉悦感值得关注，但这种愉悦感并不源于具象的产品，而是重构场景的价值增值，上升为情感态度的深度物联。场景中的核心产品也是物联网智慧家庭的关键，要以核心产品带动场景物联，例如在三翼鸟智慧衣帽间中，以智慧魔镜为核心实现对用户衣物的管理，用户只需将个人数据录入，智慧魔镜就可为用户穿搭提供建议，根据材质、颜色、季节等因素综合制订洗护计划，与洗衣机实现智慧互联。从衣物选择到护理，物联网智慧家庭不是简单意义上的单品功能，而是一套完备的解决方案，立足用户痛点精准预判用户选择，促使解决方案可实施性更强，促使智慧场景向智慧家庭飞跃，促使物联网智慧家庭建设质量不断提升。

（三）人工智能推动产业变革

物联网具有泛在网络广泛连接、传感器普及和海量智能设备的特点，是智慧家庭产业得以孕育的基础设施。集服务器集群、大数据储存和云服务于一体的云计算，具有深度学习算法、高性能计算芯片和大数据样本采集功能的人工智能，这二者是智能家居产业快速发展的重要支撑。

随着网络技术、人工智能（AI）技术和边缘计算的快速发展，AI + IoT（人工智能 + 物联网）设备正在走进人们的生活，物理世界正在被人工智能和物联网重新改造。物联网在使用过程中，借助互联网将定位、设备识别以及感应器有效连接，对网络中的物品进行管理、识别与控制，因此具有复合性特点。在运用物联网时，人与物能够进行信息交流。目前，AIoT（人工智能物联网）被认为是改变智能家居产业现状、实现高级智能家居生态发展的关键。相比于家用智能硬件的扩容式发展，AIoT 使智能家居产业出现了新变化，智能升级和生态构建正在成为行业的新趋势。此前格力智能家居已推出集合能源、空气、健康、安防、光照的五大管理系统，配合格力物联手机、AI 语音空调、指静脉智能门锁等，通过“格力 +”App 可实现全屋智能联动。小米智能家居生态链企业众多，标准较为统一。小米米家智能家居品类更全，智能化场景更多，更灵活更自由。华为则提出全屋智能主机将替代传统房屋中的弱电箱，集成了 Wi-Fi 6 + 路由器、光猫、全屋 PLC 控制器、中央控制器，并可以扩展全屋存储模块与全屋音乐模块。相当于在小小的弱电箱当中，华为集成了 NAS、智能家居中枢、光猫与路由器组成的二级网络中枢。

三翼鸟为代表的物联网智慧家庭，将物联网技术与生活场景深度融合，智能落地更全面。除了具象的以产品为触点的家庭物联网，还将在抽象上进行智慧家庭的建设，通过无缝场景实现用户深度依赖，满足用户更高维度的感情需求，深度赋能美好生活。

马克思指出：“人的本质并不是单个人所固有的抽象物。在其现实性上，它是一切社会关系的总和。”物联网智慧家庭的服务对象是人，最终的价值也要回归到人本身，其一，智慧家庭提供更优质的生活条件，也代表了生活水平的提升；其二，根据需要选择智能场景，与人的发展目标有契合性；其三，智慧家庭实现科技基础上的情感维系，用户价值得以上升，获得使用层面的满足感和精神层面的获得感。将人作为核心，物联网智慧家庭持续赋能尚有充足空间，

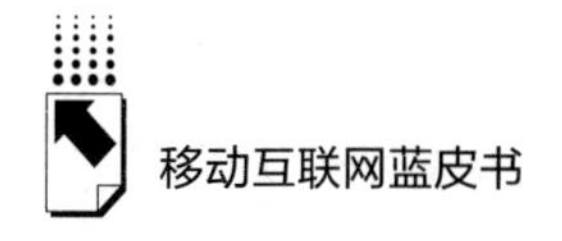

直指生活发展的远景目标，始终围绕人民美好生活的核心问题。

以三翼鸟为例，其在进行物联网智慧家庭的建设过程中，将健康需求融入多个场景中，洗空气空调、矿泉水饮水机等与健康联系紧密的智能应用在场景中持续发挥价值增值的作用，凸显情感价值。同时在服务领域上坚持服务无界的理念，推出无感支付，为用户提供更多自我发展的时间。

三　物联网智慧家庭发展策略

物联网智慧家庭建设以家庭为基础，以场景为依托，实现持续赋能，全面整合各种要素，建立物联网智慧家庭生态圈层，以此支撑物联网智慧家庭落地，也成为驱动智慧家庭自进化自迭代的重要动力。

曾几何时，智慧家庭只是一个遥不可及、纯粹想象中的概念。而如今，随着科技的发展、人们生活水平的提高以及国家政策扶持与规范引导、智慧城市建设的逐步深入，智慧家庭行业已经取得了迅猛的发展并日益渗透到生产生活中。2021 年，智慧家庭建设将进入加速期。随着智慧家庭市场的进一步扩大，消费者使用习惯日渐培育成熟，家庭大智能化时代必将到来。

（一）产品服务不断优化

目前智慧家居市场还处于发展期，消费者对于该市场的认识有限，但市场潜力巨大，众多实力雄厚的厂商纷纷投入该行业，致力于持续提升整个行业的发展水平，提高产品的用户体验满意度，降低行业内智能设备的成本，激烈的市场竞争带来的是产品及服务的不断优化。有着高科技含量和极具客户体验满意度的智慧家庭解决方案必定会在不久的将来进入寻常百姓家中。

从智慧家庭行业来看，部分智慧家庭子系统的价格竞争相对于完整的智慧家庭系统更为激烈。而长期来看，智慧家庭行业的盈利模式会从以产品为中心的模式向以服务为中心转移。三翼鸟已在服务赛道上进行前瞻性布局，率先在一整套解决方案上发力，在服务层面已经度过起步期，通过不断完善物联网智慧家庭的各个要素，落地成果将进一步呈现。

智慧家庭已成为一个新生产业，目前各品牌纷纷入局，使得整个产业处于一个导入期与成长期的临界点，市场消费观念仍需培养。抓住中国目前消费结构转型，进行供给侧结构性改革的时机，在环保、设计、文化方面下足功夫，智能家居市场的消费潜力是巨大的，同时市场竞争也将趋于激烈。

（二）服务升级满足多场景需求

场景是智慧家庭的重要组成部分，就物联网智慧家庭而言，场景并不是囿于家庭的物理环境中，而是以场景为起点展开物联，基于用户场景提供配套要素支持，提高场景的整体质量。物联网智慧家庭在未来将在服务方式、整体质量、拓展深度等方面实现综合竞争力的提升。智慧家庭场景在未来也将与智慧办公场景和智慧交通场景等贯通，从而形成智慧城市的整体性建设，也将基于智慧家庭场景需要，形成多种互补场景，从而深度满足用户多场景需求。

目前场景中的多种硬件设备作为终端入口实现局部控制，未来将实现任意端口即可实现整体控制或交互式无端口智慧控制，因此做强系统，实现技术层面的逻辑统一，智慧家庭建设也将反向推动物联网向更深层次发展。

在场景创设上，以智慧家庭为核心的智慧化场景将为智慧生产场景、智慧消费场景、可持续发展场景提供发展空间，以期实现一场景需求多场景配合全要素流动的智慧落地方案。向多场景与多终端深入拓展，物联网迭代能力将深度赋能智慧家庭落地。

（三）产品功能满足消费者个性化需求

智慧家庭的目标是实现家庭信息化发展，从而提升家庭生活舒适度以及满足家庭成员个性化需求。将用户群体进一步细分，可分为“老年人、成年人、小孩”三类用户群体。

老人群体更多是将家庭当庇护所，追求的是安全感和幸福感的满足。在设计产品时需从家庭安全、照顾和陪伴这几部分去满足用户需求。比如安保系统应联网并增加一键报警功能，实时关注老人在家的状态，如遇特殊情况能及时发现并寻求帮助。此外，智能语音功能的引入，可提醒老人注意天气变化以调整穿着，或者陪伴老人聊天避免出现孤单问题。

针对成年人群体，则是通过提供多样化的服务，从而满足用户个性化需求。如智慧客厅、智慧厨房、智慧卧室等场景根据用户喜好及习惯进行差异化设置，以满足用户个性化需求并极大地节省用户时间和成本。

针对小孩群体，则突出对孩子的陪伴、照顾和学习帮助这几部分，如海尔推出的智慧安防系统，用户可通过手机 App 进行远程控制，实时监控家里情况，可实现安防报警，该功能极大地给家庭安全提供了保障。

随着技术不断成熟，全要素链条的完善，智慧产品的生产周期将缩短，短时间可以提出行之有效的智慧家庭建设方案，定制化将成为智慧家庭发展中不可忽视的一部分。

结　语

随着生活水平的不断提升，人们也更加追求美好、便利的生活方式，智能家居将以其个性化、定制化的特点，建立以用户为中心的智能式家居服务，快速走进中国的消费市场。同时，5G、大数据、云计算及物联网技术的进步，为智慧家庭的发展提供了强有力的支持。智慧家庭的技术也在不断完善，一面满足着用户对美好家居的憧憬，一面引领着物联网服务的新的变革，为中国的经济市场开辟新的赛道，并为用户带来更舒适、便捷、高效的生活环境。

参考文献

李彩珊：《物联网与移动互联网的融合发展研究 》，《电信技术》2019 年第 12 期。

《物联网智能家居设备描述方法》（GB/T 35134 - 2017）。

时长征：《物联网——智慧城市必不可缺的通信技术》，《建筑工程技术与设计》2019 年第 33 期。

赛迪顾问：《2020年中国智慧家庭物联网模组细分市场概况》，《中国计算机报》2021年3月8日。

亿欧智库：《2020年智能家居行业研究报告》，https：//www.dx2025.com/archives/101898.html。

《马克思恩格斯选集》（第一卷），人民出版社，1995。

附　录

Appendix

B.25
2020年中国移动互联网大事记

1. 国内首颗5G通信卫星成功发射

1月16日，国内首颗通信能力达10Gbps的低轨宽带通信卫星——银河航天首发星成功发射升空。它将通过地面站逐步为各地提供5G通信服务，实现了天地一体的立体覆盖。

2. 网络直播迅猛发展的同时强化规范管理

1月13日，北京冬奥组委在淘宝直播上首次开通了官方直播间“北京2022”，推荐冬奥吉祥物相关衍生商品。3月21日，淘宝启动史上首个直播购物节，延续7天。4月，中央广播电视总台、《人民日报》等媒体及一些艺人纷纷加入直播带货，吸引众多用户关注。5月11日，人社部发布公告，拟新增“互联网营销师”职业，其下增设“直播销售员”工种。6月6日，国家网信办等8部门集中开展网络直播行业专项整治行动，强化规范管理；6月26日，中国广告协会发布国内首份《网络直播营销行为规范》。

3. 互联网平台助力抗击新冠肺炎疫情

1月22日，阿里巴巴、京东、苏宁易购等互联网企业表示将保障平台口罩等防疫物资供应及价格稳定，禁止平台商家涨价。哈啰顺风车、美团单车、自如、58到家、淘票票及猫眼电影等分别制定相应政策，减少居民出行、住房、观影等方面受疫情影响的经济损失。快手、今日头条、西瓜视频、抖音等通过云蹦迪、在家玩、线上音乐节、云游博物馆等“云娱乐”方式丰富疫情期间居民文化生活。

4. 中国广电5G在抗击疫情中实现首次实战应用

2月2日，湖北广播电视台长江云联合全国38家主流媒体40多个端口组建的战“疫”集结号报道联盟，通过中国广电提供的5G信号向全网直播了湖北省抗疫新闻发布会。这标志着700MHz+4.9GHz广电5G在抗击疫情最前线实现全球首次实战应用。

5. “健康码”助力人员跨地区安全有序流动

2月29日，国家政务服务平台上线“防疫健康码”，利用汇聚的卫生健康、民航、铁路等方面数据，为公众提供防疫健康信息相关查询服务，包括个人防疫健康信息码查询、老幼健康码助查询、每日健康打卡、扫一扫防疫信息码等。《第47次〈中国互联网发展状况统计报告〉》显示，疫情期间，累计注册近9亿人，使用次数超过400亿人次，支撑全国绝大部分地区实现“一码通行”。

6. “新基建”迎来发展新机遇

2020年，中央密集部署加快“新基建”进度。3月4日，中共中央政治局常务委员会召开会议指出，要加大公共卫生服务、应急物资保障领域投入，加快5G网络、数据中心等新型基础设施建设进度。3月12日，国家发展改革委、工业和信息化部联合组织实施2020年新型基础设施建设工程，在5G领域发布7大创新应用提升工程。5月22日，国务院总理李克强向全国人大作政府工作报告，新基建写入政府工作报告。随着5G网络、数据中心等新型基础设施加快建设，人工智能、区块链、云计算、大数据、边缘计算、物联网等数字技术将更为广泛地应用实施，移动互联网进入新的发展时代。

7. 教育部同工信部开通“国家中小学网络云平台”

为统筹做好2020年春季学期教育教学和新冠肺炎疫情防控工作，教育部整合国家、有关省市和学校优质教学资源，于2020年2月17日开通国家中小学网络云平台，免费供各地自主选择使用，可供5000万学生同时在线学习。平台资源包括防疫教育、品德教育、课程学习、电子教材及影视教育、生命与安全教育、心理健康教育等资源。为保证平台稳定运行，工业和信息化部部署百度、阿里、中国电信、中国移动、中国联通网宿、华为等企业提供技术保障支持。

8. 两部门联合发布《关于推进新冠肺炎疫情防控期间开展“互联网+”医保服务的指导意见》

3月2日，国家医保局、国家卫生健康委联合印发《关于推进新冠肺炎疫情防控期间开展“互联网+”医保服务的指导意见》（以下简称《意见》）。《意见》明确，对符合要求的互联网医疗机构为参保人提供的常见病、慢性病线上复诊服务，各地可依规纳入医保基金支付范围。互联网医疗机构为参保人在线开具电子处方，线下采取多种方式灵活配药，参保人可享受医保支付待遇。医保部门加强与互联网医疗机构等的协作，诊疗费和药费医保负担部分在线直接结算，参保人如同在实体医院刷卡购药一样，仅需负担自付部分。为防止出现虚构医疗服务等违规行为，《意见》还要求落实线上实名制就医和处方审核等措施，确保医保基金安全。

9. 5G网络建设迎来“新基建”发展机遇

3月4日，中共中央政治局常务委员会召开会议指出，要加大公共卫生服务、应急物资保障领域投入，加快5G网络、数据中心等新型基础设施建设进度。3月12日，国家发展改革委、工业和信息化部联合组织实施2020年新型基础设施建设工程，在5G领域发布7大创新应用提升工程。5月22日，国务院总理李克强在2020年政府工作报告中提到要加强新型基础设施建设，发展新一代信息网络，拓展5G应用等。

10. 智能网联汽车标准化发展

4月16日，工业和信息化部发布《2020年智能网联汽车标准化工作要点》，以推动标准体系与产业需求对接协同、与技术发展相互支撑，建立国标、行标、团标协同配套新型标准体系为重点，促进智能网联汽车技术快速发展和应用。

11. 工业和信息化部深入推进移动物联网全面发展

5月7日，工业和信息化部发布《关于深入推进移动物联网全面发展的通知》，要求准确把握全球移动物联网技术标准和产业格局的演进趋势，推动2G/3G物联网业务迁移转网，建立NB-IoT、4G（含LTE-Cat1）和5G协同发展的移动物联网综合生态体系。

12. 国内首个SA独立组网的5G行业应用试验网正式开通

5月9日，由信通院南方分院联合深圳移动、联通、电信以及华为、中兴等企业共同建设的深圳第五代移动通信试验网络正式开通。该试验网是全国首个采用SA独立组网技术、具有一定网络覆盖规模（270个基站）、多频段且面向5G三大业务场景的试验网络，支持云AR/VR、超高清视频、工业互联网等5G典型业务应用。

13. 我国首次实现8K超高清节目卫星直播

2020年5月两会期间，新华社借助中国航天科技集团有限公司中国卫通运营的通信卫星中星6C，实现了全国第一次“5G+8K+卫星”实况转发、第一次“5G+8K+卫星”直播两会实况。此次进行的“5G+8K+卫星”两会直播，除了8K摄像机现场采集，5G信号超高速传输和8K转播车实时编辑，还利用中星6C通信卫星去地理限制、广域覆盖的优势，实现了北京、漠河、三亚、喀什和威海五地的超高清视频信号传输。

14. 我国部分移动应用遭印度、美国等国打压

6月29日，印度信息技术部宣布禁用59种中国移动应用，包括抖音国际版TikTok、微信、快手等App。7月26日，微信在印度正式停止服务。此外，韩国、澳大利亚也以侵犯数据隐私为由，表露出对中国移动应用打压之意。7月，美国政府以所谓“涉嫌威胁美国国家安全”为由频繁打压抖音国际版TikTok。9月19日，TikTok母公司字节跳动与甲骨文、沃尔玛进行合作的“云上加州”方案已得到时任美国总统特朗普“原则上”的批准。

11月12日，美商务部表示，暂不执行TikTok禁令，等待进一步的法律进展。

15. 工业和信息化部印发《工业互联网专项工作组 2020 年工作计划》

7 月 10 日，工业和信息化部印发《工业互联网专项工作组 2020 年工作计划》（以下简称《计划》）。《计划》提出，将申请协调批复 5G 工业互联网专网频率试验使用许可，适时出台物联网、工业互联网频率使用指南；建成国家工业互联网大数据中心，引导各地建设一批工业互联网大数据分中心；推动超高清视频、虚拟现实等技术在工业互联网领域的融合应用。

16. 央行首次颁发区块链相关规范文件

7 月 13 日，央行下发《推动区块链技术规范应用的通知》及《区块链技术金融应用评估规则》，要求金融机构建立健全区块链技术应用风险防范机制，定期开展外部安全评估，推动区块链技术在金融领域的规范应用，开展区块链技术应用的备案工作。

17. 五部委联合印发《国家新一代人工智能标准体系建设指南》

8 月 6 日，国家标准化管理委员会、中央网信办、国家发展改革委、科技部及工业和信息化部印发《国家新一代人工智能标准体系建设指南》，为加强人工智能领域标准化顶层设计，推动人工智能产业技术研发和标准制定，促进产业健康可持续发展。

18. 国务院批复建设京沪车联网公路

9 月 7 日，国务院批复了《关于深化北京市新一轮服务业扩大开放综合试点、建设国家服务业扩大开放综合示范区工作方案》，方案提出向外资开放国内互联网虚拟专用网业务（外资股比不超过 50%），支持开展车联网和自动驾驶地图应用，建设京沪车联网公路等。

19. 美国商务部针对华为及其子公司的芯片升级禁令正式生效

9 月 15 日，美国商务部针对华为及其子公司的芯片升级禁令正式生效。台积电、高通、联发科、三星及 SK 海力士、美光等芯片公司正式“断供”华为。

20. 国务院办公厅发布《关于加强全民健身场地设施建设发展群众体育的意见》，推进“互联网 + 健身”

10 月 10 日，国务院办公厅发布《关于加强全民健身场地设施建设发展群众体育的意见》，提出推进“互联网 + 健身”。依托现有平台和资源，委

托专业机构开发基于PC端、移动端和第三方平台的国家社区体育活动管理服务系统，集成全国公共健身设施布局、科学健身知识、社会体育指导员情况等内容，实现健身设施查询预订、社会体育指导员咨询、体育培训报名等功能，并作为“全国社区运动会”的总服务保障平台。

21. 第七次全国人口普查采用电子化登记方式

本次普查标准时点是2020年11月1日零时，采取电子化方式开展普查登记，探索使用智能手机采集数据。

22.《个人信息保护法（草案）》提交全国人大审议

《个人信息保护法（草案）》首次提交10月13日至17日举行的十三届全国人大常委会第二十二次会议审议。草案明确，关键信息基础设施运营者和处理个人信息达到国家网信部门规定数量的处理者，确需向境外提供个人信息的，应当通过国家网信部门组织的安全评估；对于其他需要跨境提供个人信息的，规定了经专业机构认证等途径。草案规定侵害个人信息权益的违法行为，情节严重的，没收违法所得，并处5000万元以下或者上一年度营业额5%以下罚款。

23. 工业和信息化部等印发《“工业互联网+安全生产”行动计划（2021－2023年）》

10月15日，工业和信息化部等部门印发《“工业互联网+安全生产”行动计划（2021－2023年）》，提出要推动技术创新和应用创新，加快互联网、大数据、人工智能、区块链等新一代信息技术在“工业互联网+安全生产”领域的融合创新与推广应用，探索安全生产管理新方式，推动现场检查向线上线下相结合检查转变、一次性检查向持续监测转变，提升行政管理效率。

24. 国家网信办对手机浏览器等进行专项整治

10月26日，国家网信办对手机浏览器扰乱网络传播秩序突出问题开展专项集中整治；11月5日，国家网信办开展推进移动应用程序信息内容乱象专项整治，集中整治网络“有偿删帖”“软色情”问题，规范“知识社区问答”。

25. 国家重点解决老年人运用智能技术困难问题

12 月，工业和信息化部印发《互联网应用适老化及无障碍改造专项行动方案》，自 2021 年 1 月起，在全国范围内组织开展为期一年的专项行动。商务部、人力资源和社会保障部、文化和旅游部、民政部、国家体育总局等也出台相关政策，解决老年人运用智能技术方面遇到的困难和问题。

26. 国家医保局积极推进“互联网 +”医疗服务医保支付工作

11 月 2 日，国家医保局发布《关于积极推进“互联网 +”医疗服务医保支付工作的指导意见》，提出做好协议管理、完善支付政策、优化经办管理服务、强化监管措施等多项细化、可执行的指导意见。

27. “十四五”规划建议加快 5G、工业互联网等建设

11 月 3 日公布的《中共中央关于制定国民经济和社会发展第十四个五年规划和二〇三五年远景目标的建议》提出要推动互联网、大数据、人工智能等同各产业深度融合，推动先进制造业集群发展，系统布局新型基础设施，加快第五代移动通信、工业互联网、大数据中心等建设。

28. 天猫京东双十一双双破纪录

截至 2020 年 11 月 11 日 24 时，天猫双十一狂欢夜的总成交额为 4982 亿元，同比增长 85%；京东 11 · 11 全球热爱季累计下单金额超 2715 亿元，再创新纪录。

29. 10 部门联合发布《关于深化“互联网 + 旅游”推动旅游业高质量发展的意见》

11 月 30 日，文化和旅游部、国家发展改革委、教育部、工业和信息化部、公安部、财政部、交通运输部、农业农村部、商务部、市场监管总局联合发布《关于深化“互联网 + 旅游”推动旅游业高质量发展的意见》，提出到 2022 年，建成一批智慧旅游景区、度假区、村镇和城市，全国旅游接待总人数和旅游消费恢复至新冠肺炎疫情前水平。到 2025 年，国家 4A 级及以上旅游景区、省级及以上旅游度假区基本实现智慧化转型升级。

30. 2020 中国 5G + 工业互联网大会在武汉开幕

11 月 20 日，2020 中国 5G + 工业互联网大会在湖北省武汉市开幕。中共中央总书记、国家主席、中央军委主席习近平发贺信，向大会的召开表示热烈祝贺。

31. 世界互联网大会·互联网发展论坛在浙江乌镇召开

11 月 23 日，世界互联网大会·互联网发展论坛在浙江乌镇开幕，“乌镇时间”第七次开启。2020 年的主题是“数字赋能　共创未来——携手构建网络空间命运共同体”。

32. 互联网租赁平台蛋壳公寓“爆雷”

2020 年底，断裂的资金链最终造成互联网租赁平台蛋壳公寓的“爆雷”，引发了房东与租客的冲突。房东收不到房租赶出租客，租客办理了租金贷仍需按月交房租，却无家可归。由此也引发市场对金融分期的质疑。

33. 国家强化反垄断和防止资本无序扩张

11 月 3 日，上海证券交易所发布关于暂缓蚂蚁科技集团股份有限公司科创板上市的决定。11 月 10 日，为预防和制止平台经济领域垄断行为，市场监管总局起草了《关于平台经济领域的反垄断指南（征求意见稿）》，向社会公开征求意见。12 月 14 日，阿里巴巴投资有限公司、腾讯阅文集团、顺丰丰巢网络违反反垄断法被市场监管总局分别处以 50 万元的罚款。12 月 24 日，市场监管总局根据举报，依法对阿里巴巴集团控股有限公司实施“二选一”等涉嫌垄断行为立案调查。12 月 26 日，人民银行、银保监会、证监会、外汇局等金融管理部门联合约谈了蚂蚁集团。12 月 30 日，京东、天猫、唯品会三家平台因不正当价格行为，被市场监管总局处以 50 万元罚款的行政处罚。

34. 工业和信息化部向三大运营商颁发 5G 中低频段频率使用许可证

12 月 22 日，工业和信息化部组织中国电信、中国移动、中国联通召开 5G 频率使用座谈会，部党组成员、总工程师田玉龙向三家基础电信运营企业颁发 5G 中低频段频率使用许可证。

35. 我国一新型互联网交换中心落户宁夏中卫

12 月 16 日，国家（中卫）新型互联网交换中心正式揭牌，这是继杭州之后工业和信息化部批复的又一国家新型互联网交换中心试点。新型互联网

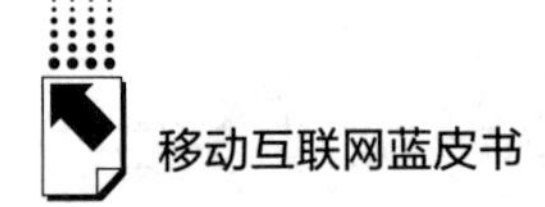

交换中心集中汇聚网络资源和互通流量，实现“一点接入，全网联通”，能有效提升网络性能，降低网络接入和流量交换成本，促进网络资源开放共享，是重要的网间互联基础设施。

36. 2020 年国内智能手机累计出货量 2.96 亿部

2021 年 1 月 11 日，中国信息通信研究院发布 2020 年 12 月国内手机市场运行分析报告。报告显示，2020 年，国内智能手机累计出货量 2.96 亿部，同比下降 20.4%，占同期手机出货量的 96.0%。国内市场 5G 手机累计出货量 1.63 亿部、上市新机型累计 218 款，占比分别为 52.9% 和 47.2%。

37. 2020 年中国实现所有地级以上城市 5G 网络全覆盖

2021 年 1 月 26 日，工业和信息化部新闻发言人在国务院新闻办举行新闻发布会上表示，2020 年全年中国新建 5G 基站超过 60 万个，实现所有地级以上城市 5G 网络全覆盖；5G 终端连接数突破 2 亿；5G + 工业互联网项目超过 1100 个，5G + 远程会诊在 19 个省份的 60 多家医院上线使用，5G + 自动驾驶、5G + 智慧电网、5G + 远程教育等新模式新业态不断涌现。5G 正日益成为支撑经济高质量发展的重要驱动力量。

38. 2020 年我国手机网民规模达 9.86 亿

2021 年 2 月 3 日，中国互联网络信息中心（CNNIC）在京发布第 47 次《中国互联网络发展状况统计报告》（以下简称《报告》）。《报告》显示，截至 2020 年 12 月，我国网民规模达 9.89 亿，较 2020 年 3 月增长 8540 万，互联网普及率达 70.4%。我国手机网民规模达 9.86 亿，较 2020 年 3 月增长 8885 万，网民使用手机上网的比例达 99.7%，较 2020 年 3 月提升 0.4 个百分点。2020 年，我国互联网行业在抵御新冠肺炎疫情和疫情常态化防控等方面发挥了积极作用，为我国成为全球唯一实现经济正增长的主要经济体，国内生产总值（GDP）首度突破百万亿元，圆满完成脱贫攻坚任务做出了重要贡献。

Abstract

Annual Report on China's Mobile Internet Development (*2021*) is a collective effort written by experts, scholars and researchers from the Research Institute of People's Daily Online. The report comprehensively summarizes the development of China's mobile Internet in 2020, analyzes the annual development characteristics of mobile Internet, and forecasts the future development trend of mobile Internet.

The report is composed of six major sections: The General Report, Overall Reports, Industry Reports, Market Reports, Special Reports and Appendix.

The General Report points out that in 2020, due to the influence of the COVID-19 epidemic and the "new infrastructure", China's mobile Internet infrastructure has further optimized and upgraded, users and traffic consumption has showed a "dual growth". and the mobile Internet has become a "strong traction" for economic development. Meanwhile, The mobile Internet has played an important role in supporting precise prevention and control of the COVID-19 epidemic, ensuring the lives of citizens, helping to resume production and promote comprehensive recovery of society, enabling poverty alleviation, etc. In the future, the mobile Internet will further facilitate high-quality economic development and provide significant support for the construction of a new development pattern of "dual cycles".

The Overall Reports section points out that in 2020, China has strengthened the construction of new rules and new systems for mobile Internet in terms of network security, information content governance and industrial development, etc. The development of mobile Internet technology and the continuous improvement of network infrastructure has strongly support the battle against poverty and continue to promote urban governance innovation. As a main platform for the production and fermentation of public opinion, The status of mobile public opinion field has been more prominent. At the same time, the global mobile Internet has entered a historic turning point, and the governance dilemma caused by digital technology has become a new challenge in the digital era. As a result, All regions in the world are making their own responses.

The Industry Reports section points out that in 2020, the construction of China's broadband mobile network has developed steadily, The 5G application has also developed deeply in China and laid in a solid foundation. What's more, China's mobile terminal development has presented a new trend, mobile applications has lead the global market and released enormous industrial values. All in all, The deep integration of China's mobile Internet development and the entity economy has played a crucial role in promoting the transformation and development of China's entity economy.

The Market Reports section points out that in 2020, the educational practice of "Suspending Classes without Suspending Learning" in China has stimulated the vitality of online education. China's mobile Internet medicine has ushered in a period of comprehensive and rapid development based on online hospital, telemedicine and online medical diagnosis. Meanwhile, The short video is rising strongly, The demand for online entertainment is growing, the mobile game industry is developing rapidly, the ecology of live broadcast e-commerce industry is improving day by day, and autonomous driving industry have moved from experimental products to the early stage of commercialization and industrialization.

The Special reports section points out that the personal information legislation should distinguish between personal information and personal data, and strive to balance personal interests and industrial interests reasonably. Media convergence need to pay attention to the new breakthroughs of systematic improvement, multimodality and human-computer coupling, In the future, the construction of China's digital society should put more efforts into the inclusive level of the elderly and other new marginal groups in the digital society. Meanwhile, For the new jobs created by the development of mobile Internet technology, we need to further innovate employment policies and services. Under the background of normalization of online and offline education integration, it is crucial to improve the information literacy of teachers and students. In the future, the construction of smart homes will enter a period of acceleration.

The Appendix lists notable and significant events of China's mobile internet in 2020.

Keywords: Mobile Internet; New Infrastructure Construction; 5G Application; New Development Paradigm

Contents

I General Report

B.1 China Mobile Internet Amid Profound Changes

Tang Weihong, *Tang Shenghong and Liao Canliang* / 001

1. The Development of China's Mobile Internet in 2020 / 002
2. The Characteristics of China's Mobile Internet in 2020 / 008
3. The Challenges of Mobile Internet / 024
4. The Trends of Mobile Internet / 027

Abstract: In 2020, the mobile Internet infrastructure will be further optimized and upgraded, and the user and internet market will show a "dual growth" due to the influence of the COVID-19 epidemic and the "new infrastructure". The mobile Internet will become a "strong traction" for economic development, supporting precise prevention and control of the COVID-19 epidemic. It has played an important role in ensuring the lives of citizens, helping resumption of production and work and extensive economic and social recovery and empowering poverty alleviation. As COVID-19 epidemic prevention and control become normal, 5G will further integrate with industrial Internet, car networking, and ultra-high-definition video, the construction of smart cities, digital government and digital villages will accelerate, and the process of industrial digital transformation and upgrading will accelerate, and mobile Internet will help high-quality economic development gradually and provides stronger support for the construction of a new development pattern of "dual cycles".

Keywords: Mobile Internet; New Infrastructure; Epidemic Prevention and Control; Industrial Internet; New Development Pattern

Ⅱ Overall Reports

B.2 Development and Trends of Mobile Internet Laws and Policies in 2020

Liu Jiakun, Ding Wenjie and Zhi Zhenfeng / 030

Abstract: In 2020, China has strengthened the construction of new rules and systems of mobile Internet, involving national governance, network security, information content governance and industrial development, etc. Special campaigns have been launched in areas such as personal information protection, minors protection, information content governance, intellectual property rights protection and anti-monopoly. In the face of the problems and challenges brought by COVID-19, the government should further enhance the protection of personal information, build an information-supported social governance platform, promote the vigorous development of new business forms and models of the cyber economy, and create a new landscape for the development of the mobile Internet.

Keywords: Mobile Internet; Network Security; Policies and Regulations; Content Governance; Industrial Development

B.3 Consolidating the Gains in Ending Abject Poverty Through Network Toward Jointly Building the Digital Countryside

Guo Shunyi, Jia Hui, Hu Mu, Han Weina and Lei Ming / 047

Abstract: The launch of network-based poverty alleviation has been riding on the five major projects to contribute to the victory of the anti-poverty war by improving the network infrastructure, rural e-commerce speed, and information service system in poverty-stricken areas of China. China has set the strategies of rural revitalization and digital village as the major momentum for growth. Therefore, it is necessary to cement the fruits of network-based poverty alleviation, for which due attention should be paid to ensure the areas being lifted out of poverty take appropriate measures that suit local conditions and lead to the completion of beautiful and happy digital villages.

Keywords: Rural Revitalization; Network-based Poverty Alleviation; Digital Villages; Digital Gap

B.4 Urban Governance Innovation of China in Mobile Internet Age

Zhang Yanqiang, Tang Sisi and Shan Zhiguang / 059

Abstract: In 2020, the mobile Internet has played positive role in promoting comprehensive poverty alleviation, helping COVID-19 prevention and control, bridging the digital gap between the elderly, innovating government service mode, and expanding urban governance space. It has promoted the rapid development of new industries and new formats, and emerged a number of innovative practices of urban governance. To further deepen the application of mobile Internet in urban governance, we need to accelerate the construction of new infrastructure, strengthen the governance of data resources, strengthen the cooperation between government and enterprises, build block chain government network, and deepen the application of artificial intelligence.

Keywords: Mobile Internet; Urban Governance; Data Governance

B.5 Research Report on Mobile Public Opinion Field of China in 2020

Liu Zhihua, Meng Zhu and Tian Shuo / 073

Abstract: The public opinions in 2020 were characterized by a prominently rising status of the mobile public opinion field, an enhancing role of mainstream media as an authoritative information source, and the promotion of video contents and platform influences. Under the shock of the Covid-19 pandemic to the economic and social life, the public opinion field was marked by overlapped public sentiment issues at home and abroad, various and constantly emerging topics on people's livelihood pressure, and increasing popularity of enterprise related public opinions. Though the overall public opinion ecology presented a positive development trend, there were still multiple challenges. Therefore, continuously strict and more refined regulation is required for the public opinion ecology governance.

Keywords: Mobile Public Opinion Field; Short Video; People's Livelihood Topics; Public Opinion Ecology Governance

B.6 The Global Digital Governance Reign Opens: Global Mobile Internet Development Report (2020 -2021)

Fang Xingdong, Zhong Xiangming and Xu Zhongliang / 088

Abstract: Under the impact of the global COVID-19 and Hi-tech war between China-US, the global mobile Internet entered the historic turning point in 2020. Under the disorder of technology, economy, society and international order, the global digital governance reign gradually opens. International governance, national governance, social governance and technological governance are facing a fundamental paradigm shift. The governance dilemma caused by digital technology has become a new challenge and conflict focus in the digital era. The United States, Europe, Asia and other regions of the world are responding passively and actively. In the face of the arrival of the digital era, digital governance needs to be based on human-oriented principle, establish digital civilization values identity, reconstruct global leadership, and form a new community of destiny in the digital era.

Keywords: Digital Governance; Data Governance; Antitrust; Platform Governance; Global Governance

Ⅲ Industry Reports

B.7 Analysis on Trend of Broadband Mobile Communication Development in 2020

Pan Feng, Lu Changkai and Zhang Chunming / 106

Abstract: In 2020, the construction of China's broadband mobile network was keeping a steady growth, and China has built the largest 4G and 5G network in the world. In the meanwhile, the mobile traffic flow in China was growing rapidly. 5G applications were widely used in the world, and the 5G application developed fast in China and laid a solid foundation. In 2021, the construction of 5G network in China will be continuing promoted, and the high-quality network will continue to stimulate the 5G connections and traffic demand to maintain high-speed growth, and enable the digital transformation of the industry to support stable economic growth. The research on next generation mobile communication technology will be carried out gradually.

Keywords: Broadband Mobile Network; 5G Application; Preliminary Research on 6G

B.8 Analysis on The Development of 5G Core Technologies and Applications

Zhang Pei / 121

Abstract: This article analyzes the key technologies and developments of fifith networks, terminals and vertical industry applications. With the freezing of 5th-Generation (5G)'s R16 standard, core technical capabilities such as edge computing and network slicing have led the 5G pan-terminal industry to develop vigorously. Baseband chips and antenna modules are evolving in the direction of nano - level high integration. In the context of our country's "new infrastructure", 5G accelerates the integration and coordinated development of various standards and core technologies in vertical industries such as the Internet of Vehicles, Industrial Internet, and Ultra High Definition (UHD), and gradually commercializes them, and brings many opportunities.

Keywords: 5G; Edge Computing; Network Slicing; Terminal; Vertical Industries; Industrial Internet; Ultra High Definition

B.9 Overview of the Development Trend of Mobile Communication Terminals Under the Epidemic Situation

Li Juan, Kang Jie, Zhao Xiaoxin and Li Dongyu / 136

Abstract: Affected by the epidemic, the global and domestic mobile phone shipments declined significantly in 2020, and the share of domestic brands in the global mobile phone market also declined. With the improvements of 5G network infrastructure, the shipment and proportion of 5G mobile phones had increased significantly. The wave of 5G mobile phone replacement has arrived.

Rapid charging and folding screen technology continue to upgrade. Comprehensive screen, high refresh rate and other performance parameters have shown a high-tech form.

Contrasting with the mobile phones, wearable devices bucked up, and vehicle wireless terminals becoming intelligent. The new focus of the terminal industry will be the 5G Special scenario design and User Experience Design.

Keywords: 5G; Mobile Communication Terminal; Wearable Device; Vehicle Wireless Terminal

B.10 The Mobile Internet Promotes the Development of Real Economy Transformation *Sun Ke* / 148

Abstract: The development of China's mobile Internet has entered a new phase, and promoting the deep integration of the mobile Internet with the real economy plays a crucial role in promoting the transformation and development of China's real economy and building a new development pattern. At present, it still faces challenges such as the lack of key core technologies, increased network security risks, and a governance system that needs to be improved. In the future, it is necessary to start by strengthening the construction of mobile network infrastructure, deepening the integration of mobile Internet applications, and expanding international exchanges and cooperation, so that the fruits of mobile Internet development can better benefit the economy and society.

Keywords: Mobile Internet; Real Economy; Structural Transformation

B.11 China Industrial Internet Development Report 2020

Gao Xiaoyu / 161

Abstract: In 2020, China's industrial Internet network coverage, quality and security capabilities have continued to improve, platforms have accelerated development and become a system, and investment and financing activities have grown against the trend. Meanwhile, it has been facing challenges, including insufficient core technology accumulation, mature solutions, difficulties in financing for small and medium-sized enterprises, unbalanced talent supply and demand structure, and incomplete ecosystem. The next step is to promote the innovative development of the Industrial Internet into a wider, deeper and higher level from the government side, supply side, demand side, and ecological side.

Keywords: Industrial Internet; Industry-finance Cooperation; Innovative Development

B.12 Analysis on the Development Status and Trend of China's Mobile Application Market in 2020

Dong Yuejiao, *Hu Xiuhao* / 177

Abstract: In 2020, China's mobile application services have developed rapidly, leading the global mobile application market, helping epidemic prevention and control, upgrading services in various vertical fields, releasing huge industrial value and creating new job opportunities. But at the same time, it faces challenges such as data security, anti-monopoly, and competition in overseas markets. In the future, innovative technologies such as 5G, AI, and the Internet of Things will further empower the mobile application market. Enterprise ecological competition will intensify, and independent research and development will be accelerated. Data security technology and data circulation specifications will be gradually improved.

Keywords: Mobile Application; New Forms of Business; Mobile Application Supervision

Ⅳ Market Reports

B.13 Report on the Development of Mobile Online Education in 2020

Huang Ronghuai, *Wang Yunwu*, *Yang Junfeng and Zhuang Rongxia* / 193

Abstract: Mobile online education (MOE) has become a new form of online education. In 2020, during the prevention and control of COVID-19 pandemic, the strategy of "Suspending Classes without Suspending Learning" in China has stimulated the vitality of online education and promoted its vigorous development. However, there are still many challenges, such as the quality of resources, teachers' instructional ability, learners' self-regulated learning ability, online learning space, and supervision. With the development of technology and society, Short Video + live education will become a new form of mobile online education. Mobile online education will penetrate into a wider learning field, which makes it possible to organize flexible teaching.

Keywords: Mobile Online Education (MOE); Online-Merge-Offline (OMO); Flexible Learning; Short Video +Live Education

B.14 New Development of On-line Healthcare Service

Shu Ting / 211

Abstract: With the rapid development of new technologies such as 5G and blockchain, as well as the national attention to health care, China's telemedicine has ushered in a period of comprehensive and rapid development based on online hospital and online medical diagnosis. Starting from a new point of economic growth, the scale of the medical market will be further expanded. But at the same time, there are also some problems, such as the lack of industry norms, the weak information foundation of primary hospitals, medical service quality control and so on. In the future, we should promote its development from the aspects of policies and regulations, hospital management, industry norms and so on.

Keywords: Telemedicine; Medical Market; Online Hospital

B.15 "Short video +" Reshapes Media Pattern And Industrial Ecology *Shen Ning*, *Meng Linda and Sun Fengxin* / 223

Abstract: In 2020, facing up to the new situation in global epidemic prevention and control, benefit from the transmission characteristics of the mobile Internet era, the short video is rising strongly, firmly occupying the eyes, ears and fragmented time of users. Taking the development of People Video in the short video business as an example, we can see that the short video industry has gradually bid farewell to the "barbaric growth", entered a stable period after rapid development, after high-speed development into a stable period。 It presents the development characteristics of professionalization, boutique, industrialization, standardization of the direction, accelerate the media integration in depth.

Keywords: Short Video; Media Integration; Main Stream Media; Content Ecosystem

B.16 Development Status and Trend of China's Mobile Game Market 2020 *Gao Dongxu* / 236

Abstract: In 2020, under the influence of COVID-19, the offline activities were limited, 5G starts full application, while the demand for online entertainment is growing. China Mobile Game Industry has developed rapidly. China's mobile game enterprises actively expand overseas markets with constantly mature strategy and increasing influence. Those practitioners earnestly implement the spirit of the central government, pay more attention to social benefits, and continue to deepen the protection of minors. They focus on strengthening the construction of quality products, pay more attention to cultural connotation, and continue to create high-quality content. They also promote industrial innovation and integration, and pay more attention to technology empowerment and continuous expansion of the industrial ecology in order to make the mobile game market in a healthy, prosperous and diversified development trend.

Keywords: Mobile Game Market; Sea Going Strategy; Cloud Game; Game

B.17 Live E-commerce: Industrial Development from Eyeball Show to New Economy *Zhang Yi*, *Wang Qinglin* / 251

Abstract: The continuous popularization of Internet-related technologies has gradually developed China's live broadcast e-commerce into a new outlet. The new crown epidemic in 2020 has further accelerated the development of the live broadcast e-commerce industry. According to data from iiMedia Research, the live broadcast e-commerce market will reach 961 billion yuan in 2020. However, the industry has not yet formed a complete supervision mechanism, and anchors, brand owners and consumers have not yet formed a complete protection mechanism and need to be improved. In the future, the vertical platforms of live broadcast e-commerce still have a chance to survive, and the anchors are facing greater challenges and must develop professionally, and wholesale e-commerce brings new challenges to retail e-commerce.

Keywords: Live E-commerce; Live Delivery; MCN; Live Streamer

B.18 China Autonomous Driving Industry Development Report 2020

Meng Xing, Zhao Xinghua and Gao Hong / 266

Abstract: In 2020, the autonomous driving industry developed rapidly, with the domestic and foreign policies more open, regulations and standards more specified. At present, the road test and demonstration application have gradually changed from policy-oriented to market-oriented, but it's still far from large-scale commercial use. Industrialization process needs to be accelerated, and key technologies and product compliance should be matched and advanced. Policy, industry, commercialization and technology are not in harmony with each other, which is the key factor that restricts the autonomous driving from a brilliant technology to become a real mobility service. China has the industrial advantages of intelligent, connected and green vehicles, and make simultaneous efforts in smart road infrastructure and smart city system, altogether will accelerate the formation of "people-oriented" service-oriented future city system.

Keywords: Autonomous Driving; C-V2X; Smart City; Shared Mobility

V Special Reports

B.19 Value Conflict and Coordination Between Big Data Strategic Goals and Personal Information Legislation

Liu Deliang, *Jin Yulu* / 280

Abstract: In 2020, our country's big data strategy has been developed by leaps and bounds. However, the current strategic goals of big data conflict with the value of personal information legislation. In order to resolve this conflict and realize the coordination between the strategic goals of big data and the value of personal information legislation, we should re-examine the existing concepts of personal information legislation, correctly understand big data technology and its applications, and establish correct privacy concept, distinguish between personal information and personal data, take how to effectively prevent abuse as the purpose and goal of personal information legislation, and reasonably balance personal interests and industrial interests.

Keywords: Big Data Strategy; Personal Information Legislation; Privacy; Personal Information Abuse; Value Conflict and Coordination

B.20 New Mobile Internet Technology and Media Convergence

Yang Kun / 292

Abstract: The innovation of mobile Internet has always been an important support for the development of media convergence. Mobile means make online and offline complement each other, and make virtual and reality interact. New generation network technology, video technology and artificial intelligence technology play an important role in it. We need to pay attention to the new breakthroughs that artificial intelligence technology may bring in the aspects of

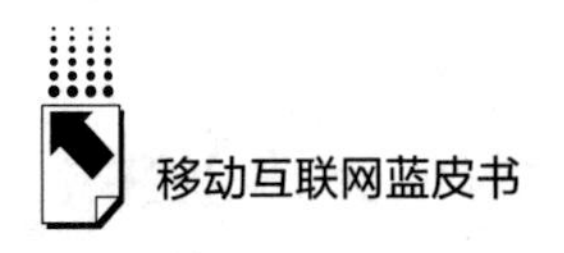

systematic improvement, multimodality and human-computer coupling, which is particularly important for improving the level of media intelligence, and will affect the entire evolution route of media convergence development.

Keywords: Mobile Internet Technology; Media Convergence

B.21 Inclusion, Exclusion and Inclusion of the Future: A Study on Mobile Digital Survival of the Chinese Elderly in 2020

Weng Zhihao, *He Chang* / 306

Abstract: The COVID-19 has accelerated the transformation process of China's society digitally. As a new marginal group in the digital society, the mobile digital survival of the elderly presents a complex picture of "integration" and "exclusion", and the polarization of stratum differentiation and gap within the elderly is becoming more and more prominent. More and more elderly people begin to turn to digital survival by means of "intergenerational feedback" and "peer assistance"; at the same time, affected by many factors, the elderly often face "digital exclusion" in society and become digital deserters. In the future, the construction of China's digital society needs to invest more efforts in the inclusive level.

Keywords: Digital Survival; Digital Divide; Digital Exclusion; Digital Inclusion; The Elderly

B.22 The Status, Challenges and Countermeasures of Promoting Employment with the Development of Mobile Internet

Han Wei / 318

Abstract: The development of mobile Internet technology gives birth to new jobs, creating jobs and employment "reservoir", which improving the trade scale, marketing means and evaluation system of labor employment, and also helping the benign development of labor market. China's policies and measures for new forms of employment are constantly refined. However, new forms of employment still face challenges in terms of workers' skills, labor management and social insurance system. It is necessary to improve the statistical investigation of new forms of employment, innovate employment policies and services, and promote the large-scale development of new forms of employment.

Keywords: Mobile Internet Technology; New Forms of Employment; Labor and Social Security

B.23 To Optimize the Quality of Online Education Based on Improving the Information Literacy of Teachers and Students

Xiong Zhang / 330

Abstract: This article focuses on the key role of mobile Internet-based online education in the "classes out of school" in 2020, and believes that the integration of offline and online education will become the norm in the future. By analyzing the psychological impact of online education on relevant people and discussing the social worries related to online education, it is proposed that the rapid development of online education requires industry standards, ensuring the quality of online education, and improving the information literacy of teachers and students.

Keywords: On-line Education; Quality of Education; Information Literacy

B.24 Analysis of the Development and Trend of Smart Homes in the Internet of Things Era *Li Huagang* / 340

Abstract: In 2020, the smart home construction of the Internet of Things in China will develop steadily, and the consumer recognition will improve. Based

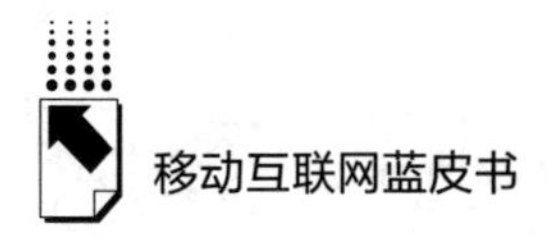

on the family, based on the scene, to build an ecological layer, for the smart home industry to add value. In the future, the construction of smart homes will enter a period of acceleration, and the profit model will shift from product-centered to service-centered, and expand to multi-scene and multi-terminal. While improving the economic benefits of manufacturing enterprises, it will guide users to carry out new consumption upgrades and inject momentum into the development of the new economy.

Keywords: Internet of Things; Smart Home; Wisdom Ecology

Ⅵ Appendix

B.25 The Memorable Events of China's Mobile Internet in 2020 / 352

皮 书

智库报告的主要形式
同一主题智库报告的聚合

皮书定义

皮书是对中国与世界发展状况和热点问题进行年度监测，以专业的角度、专家的视野和实证研究方法，针对某一领域或区域现状与发展态势展开分析和预测，具备前沿性、原创性、实证性、连续性、时效性等特点的公开出版物，由一系列权威研究报告组成。

皮书作者

皮书系列报告作者以国内外一流研究机构、知名高校等重点智库的研究人员为主，多为相关领域一流专家学者，他们的观点代表了当下学界对中国与世界的现实和未来最高水平的解读与分析。截至 2021 年，皮书研创机构有近千家，报告作者累计超过 7 万人。

皮书荣誉

皮书系列已成为社会科学文献出版社的著名图书品牌和中国社会科学院的知名学术品牌。2016 年皮书系列正式列入“十三五”国家重点出版规划项目；2013~2021 年，重点皮书列入中国社会科学院承担的国家哲学社会科学创新工程项目。

S 基本子库
SUB DATABASE

中国社会发展数据库（下设 12 个子库）

整合国内外中国社会发展研究成果，汇聚独家统计数据、深度分析报告，涉及社会、人口、政治、教育、法律等 12 个领域，为了解中国社会发展动态、跟踪社会核心热点、分析社会发展趋势提供一站式资源搜索和数据服务。

中国经济发展数据库（下设 12 个子库）

围绕国内外中国经济发展主题研究报告、学术资讯、基础数据等资料构建，内容涵盖宏观经济、农业经济、工业经济、产业经济等 12 个重点经济领域，为实时掌控经济运行态势、把握经济发展规律、洞察经济形势、进行经济决策提供参考和依据。

中国行业发展数据库（下设 17 个子库）

以中国国民经济行业分类为依据，覆盖金融业、旅游、医疗卫生、交通运输、能源矿产等 100 多个行业，跟踪分析国民经济相关行业市场运行状况和政策导向，汇集行业发展前沿资讯，为投资、从业及各种经济决策提供理论基础和实践指导。

中国区域发展数据库（下设 6 个子库）

对中国特定区域内的经济、社会、文化等领域现状与发展情况进行深度分析和预测，研究层级至县及县以下行政区，涉及省份、区域经济体、城市、农村等不同维度，为地方经济社会宏观态势研究、发展经验研究、案例分析提供数据服务。

中国文化传媒数据库（下设 18 个子库）

汇聚文化传媒领域专家观点、热点资讯，梳理国内外中国文化发展相关学术研究成果、一手统计数据，涵盖文化产业、新闻传播、电影娱乐、文学艺术、群众文化等 18 个重点研究领域。为文化传媒研究提供相关数据、研究报告和综合分析服务。

世界经济与国际关系数据库（下设 6 个子库）

立足“皮书系列”世界经济、国际关系相关学术资源，整合世界经济、国际政治、世界文化与科技、全球性问题、国际组织与国际法、区域研究 6 大领域研究成果，为世界经济与国际关系研究提供全方位数据分析，为决策和形势研判提供参考。